Alles über die Mercedes-Benz E-Klasse

Christof Vieweg

Technik transparent

Alles über die Mercedes-Benz E-Klasse

Mercedes-Benz AG, Stuttgart

1. Auflage 1995

Herausgeber:
Mercedes-Benz AG, Abteilung VP/SD, D-70322 Stuttgart
Projektleitung:
Dr. Alfred Neher, Hans Keppler

Konzept und Redaktion:
Christof Vieweg, CH-6918 Figino

Grafische Gestaltung und Produktion:
Grandpierre & Partner Design, D-65510 Idstein

Redaktionelle Mitarbeit:
Dr. W. Markus Schmitt, Peter Thul

Fotografie:
Markus Bolsinger, Harry Ruckaberle, Archiv Mercedes-Benz AG

Druck:
Druckhaus Darmstadt GmbH, D-64295 Darmstadt

Buchbinderische Verarbeitung:
C. Fikentscher GmbH, D-64295 Darmstadt

ISBN 3-9804457-0-4

Mercedes-Benz-Bestellnummer: 6510 1300 00

„Technik Transparent" ist auf chlorfrei gebleichtem Papier unter Verwendung mineralölfreier Farben gedruckt.

Stand per Redaktionsschluß am 15. Mai 1995.

Inhalt

Programm:
Für die neue E-Klasse hat Mercedes-Benz die Design- und Ausstattungslines Classic, Elegance und Avantgarde entwickelt, die dem Wunsch der Autofahrer nach mehr Individualität entsprechen.

Drei Richtige

Die Zeiten ändern sich. Wünsche und Werte, die Automobilkäufern noch vor wenigen Jahren wichtig waren, rangieren heute in der Skala der Kaufgründe weit hinten. Waren früher beispielsweise Aspekte wie Robustheit, hoher Wiederverkaufswert oder Markentreue beim Autokauf maßgebend, so beeinflussen jetzt mehr denn je Design, Preis-Wert-Verhältnis, Platzangebot und Ausstattung eines Automobils die Kaufentscheidung. Traditionelle Werte wie Sicherheit, Zuverlässigkeit oder Umweltverträglichkeit gelten heute eher als selbstverständlich.

Deutlich ist auch der Wunsch nach mehr Flexibilität: Sowohl bei der optischen als auch bei der technischen Ausstattung ihres Wagens wollen die Autofahrerinnen und Autofahrer eigene Vorstellungen verwirklichen und sich ihr ganz persönliches Automobil zusammenstellen. Auf diese veränderten Kundenerwartungen hat sich Mercedes-Benz eingestellt. Dem verstärkten Wunsch nach automobiler Individualität wird die Automobilmarke durch verschiedene Lines gerecht, die jede für sich ein ganz besonderes Flair ausstrahlen und die das notwendige Maß an Flexibilität für die Verwirklichung persönlicher Wünsche bieten. Mit der C-Klasse begann dieses erfolgreiche Modellkonzept, bei der neuen E-Klasse wird es konsequent fortgesetzt.

Die Lines der neuen E-Klasse heißen Classic, Elegance und Avantgarde. Unterschiedliche Designelemente, Ausstattungsumfang und Technikdetails prägen den Charakter dieser Varianten und geben jeder von ihnen eine eigenständige Note, die verschiedene Käufergruppen anspricht:

- Classic: Das Basismodell der neuen E-Klasse ist ein komplett ausgestatteter Mercedes-Benz, der unaufdringliche Eleganz mit mercedestypischer Funktionalität verbindet und auf diese Weise die traditionellen Käufer einer Limousine der gehobenen Mittelklasse anspricht. Als klassisches Einsteigermodell bietet er hohen Komfort im Interieur und eine eigenständige Optik im Exterieur.
- Elegance: Chromblenden an den Oberseiten der Stoßfänger, den Türgriffen und den Seitenschutzleisten sowie Leichtmetallräder prägen den vornehmen Auftritt dieser Line. Im Innenraum sorgen Wurzelnußholz und farbiges Leder an Lenkrad und Schalthebel für ein stilvolles Ambiente. Die Elegance-

Einblick:
Die Instrumententafel zeichnet sich durch leicht bedienbare Schalter und übersichtliche Instrumente aus. Beim Elegance (oben) bestehen die Holzapplikationen aus Wurzelnuß, beim Avantgarde (Mitte) aus Vogelaugenahorn und beim Classic (unten) aus Platane.

Line entspricht dem Wunsch vieler Autofahrer, die beim Autokauf auf besondere Designmerkmale und eine elegante Erscheinung Wert legen.

- Avantgarde: Diese Modellversion hat ein betont innovatives, sportliches Erscheinungsbild, dessen wichtige Elemente unter anderem die spezielle Kühlermaske mit schwarzlackierten Lamellen, die 16-Zoll-Leichtmetallräder und die blaugetönten Colorglasscheiben sind. Im Innenraum treten Holzelemente aus Vogelaugenahorn und effektvolle Sitzbezüge in Erscheinung. Kein Zweifel: Die Avantgarde-Line spricht sportlich-technologisch orientierte Autofahrerinnen und Autofahrer an.

Was die Motorisierung dieser Modellvarianten angeht, so stehen den Mercedes-Kunden alle Möglichkeiten offen: Jedes Triebwerk ist mit jeder Line kombinierbar. Die Avantgarde-Modelle rollen also beispielsweise je nach Kundenwunsch als E 220 DIESEL oder als E 420 von der Montagelinie, und die Classic-Line ist ebenso mit dem V 8-Motor wie mit dem neuen Diesel-Direkteinspritzer lieferbar.

Solide und innovativ

Ob Classic, Elegance oder Avantgarde – die mercedestypischen Qualitätsmerkmale wie Sicherheit, Umweltverträglichkeit, Komfort, Solidität, Zuverlässigkeit und Wertbeständigkeit sind allen Limousinen der neuen E-Klasse gemeinsam. Dafür sorgen nicht nur bewährte technische Meisterleistungen, die jeden Mercedes-Benz seit jeher auszeichnen, sondern auch eine Reihe zusätzlicher Innovationen, die in der neuen E-Klasse ihre Premiere im automobilen Serieneinsatz feiern. Sidebag, Gurtkraftbegrenzer, Regen- und Luftgütesensor sind nur einige Beispiele für die neue, intelligente Technik der E-Klasse, die den Autofahrern in der Summe noch mehr Komfort, noch mehr Sicherheit, noch mehr Wirtschaftlichkeit, aber vor allem mehr Fahrvergnügen bietet.

Topversion:
Die Avantgarde-Line macht vor allem durch eine spezielle Kühlermaske, blaugetönte Scheiben und 16-Zoll-Räder auf sich aufmerksam.

Ein reichhaltiges Programm mit Sonderausstattungen bietet Mercedes-Kunden weitere Möglichkeiten, „ihre“ E-Klasse nach individuellem Geschmack und persönlichen Erfordernissen auszurüsten. Die Palette der Extras reicht von „A“ wie Anhängevorrichtung über „M“ wie Multikontursitz bis „X“ wie Xenon-Scheinwerfer und umfaßt insgesamt fast 80 verschiedene Ausstattungsdetails. Darüber hinaus hat Mercedes-Benz für die neue E-Klasse ein ebenso umfangreiches Zubehörsortiment entwickelt, mit dem das Sonderausstattungsprogramm in idealer Weise ergänzt wird (siehe auch Seite 196).

Ab 1996 gibt es von der neuen E-Klasse auch eine Sportlimousine aus dem Hause AMG: den E 50 AMG mit 5,0-Liter-V 8-Motor und Fünfgang-Automatikgetriebe. Darüber hinaus liefert der Mercedes-Partner spezielle Optik- und Technikpakete, die Mercedes-Kunden ab Werk ordern können und ihrer Limousine damit ein noch sportlicheres Outfit verleihen.

Sportler:
Unter der Motorhaube des E 50 AMG arbeitet ein leistungsstarker V 8-Motor mit fünf Litern Hubraum.

Die neue E-Klasse und ihre Lines

Classic

- Stahlscheibenräder mit Radzierblenden
- Grüne Colorglasscheiben
- Zierstäbe an Dach und Bordkante, Front- und Heckscheibe aus Eloxal Hämatit
- B-Säulenblenden und Fensterstege optisch auf das Eloxal abgestimmt und hochglänzend schwarz lackiert
- Stoßfänger mit aufgesetzter Schutzleiste in Kontrastfarbe
- Sichtbare Flächen der Stoßfängerverkleidung in Wagenfarbe
- Holzverkleidungen in Platane
- Sitzbezugstoff im Dessin „Welle“ in den Farben Schwarz, Blau, Champignon oder Grau
- MB-Tex in den Farben Schwarz, Blau, Safran, Champignon oder Grau
- Schalthebel und Lenkrad schwarz geschäumt
- Niedrige Mittelkonsole mit offener Ablage

Elegance

- Leichtmetall-Scheibenräder im 10-Loch-Design
- Grüne Colorglasscheiben
- Zierstäbe an Bordkante, Front- und Heckscheibe aus Eloxal Hämatit
- Dachzierstäbe in Wagenfarbe
- B-Säulenblenden und Fensterstege der Fondtüren optisch auf das Eloxal abgestimmt und hochglänzend schwarz lackiert
- Seitliche Schutzleisten in Kontrastfarbe mit Chromblende
- Türgriffe mit Chromauflage
- Stoßfänger in Wagenfarbe und Schutzleisten in Kontrastfarbe mit Chromleiste
- Holzverkleidungen in Wurzelnuß
- Sitzbezugstoff im Dessin „Presto" in den Farben Schwarz, Blau, Champignon oder Grau
- Lederausstattung in Schwarz, Blau, Safran, Champignon oder Grau
- Schalthebel und Lenkrad mit Lederbezug in der Farbe der Instrumententafel
- Pompadourtaschen an den Rückenlehnen der Vordersitze
- Hohe Armauflage mit zusätzlichem Ablagefach
- Fondraumbelüftung

Avantgarde

- Leichtmetall-Scheibenräder im 5-Loch-Design (16 Zoll)
- Tiefergelegtes Fahrwerk
- Blaue Colorglasscheiben
- Zierstäbe an Bordkante, Front- und Heckscheibe aus Eloxal Hämatit
- Dachzierstäbe in Wagenfarbe
- B-Säulenblenden und Fensterstege der Fondtüren in Wagenfarbe mit Farbverlaufsfolie
- Stoßfänger und Schutzleisten in Wagenfarbe mit Chromblende
- Fondraumbelüftung
- Pompadourtaschen an den Rückenlehnen der Vordersitze
- Exklusive Metallic-Lackierungen Violan und Amazonitgrün
- Türgriffe mit Chromauflage
- Kühlerschutzgitter mit hochglänzend schwarz lackierten Lamellen
- Xenon-Scheinwerfer
- Holzverkleidungen in Vogelaugenahorn
- Sitzbezugstoff im Dessin „Tiffany" in den Farben Schwarz/Grün, Schwarz/Rot oder Schwarz/Grau
- Lederausstattung in Schwarz, Blau oder Grau
- Schalthebel und Lenkrad mit schwarzem Lederbezug
- Hohe Armauflage mit zusätzlichem Ablagefach

Enorm in Form

Was 1895 als simples Fahrgestell mit aufgesetztem Kutschenaufbau begann, ist heute ein High-Tech-Netzwerk mit hohem Anspruch an Sicherheit, Festigkeit, Umweltschutz – und Ästhetik. Dennoch hatte die erste von Carl Benz kreierte Limousine in ihrer groben Struktur lange Gültigkeit. Erst nach dem zweiten Weltkrieg wich die von einem Rahmen getragene Karosseriebauweise der selbsttragenden Stahlblechkarosserie als Standard. Hohlkörper und Schalenteile aus Blech bildeten von nun an eine stabil verschweißte Einheit, nur noch die vorderen Kotflügel, Hauben und Türen wurden angeschraubt. Die damit erzielte höhere Steifigkeit war ein großer und wichtiger Schritt in Richtung maximaler Sicherheit und Haltbarkeit. Mit den ständig wachsenden technischen Möglichkeiten und Ansprüchen der letzten Jahre sowie durch die unermüdliche Arbeit der Mercedes-Ingenieure wurden die Karosserien mit dem Stern auf der Motorhaube in Qualität und Aufbau mehr und mehr verfeinert. Stabile, aber gleichzeitig leichtere Materialien, eine elegante strömungsgünstige Form und schließlich der effektive Korrosionsschutz sind beste Voraussetzung für ein möglichst sicheres, umweltschonendes und langlebiges Auto.

Design mit Langzeitqualität

Neben diesen technischen Kriterien kommt bei einer Mercedes-Karosserie ein weiteres Qualitätsmerkmal hinzu: das Design. Denn auch das Erscheinungsbild der Limousinen, Kombilimousinen, Roadster, Cabrios und Coupés aus Stuttgart hat Langzeitqualität – und Langzeitwirkung. Das Mercedes-Design folgt keinen kurzlebigen Modetrends, sondern ist zeitlos. Es setzt nicht auf kurzzeitiges Erstaunen, sondern auf ästhetische Langzeitwirkung. So ist es auch bei der neuen E-Klasse. Mit ihrem attraktiven, dynamischen Auftreten hat sie das stilistische Rüstzeug eines typischen Mercedes-Benz, das sie in den Augen ihrer Schöpfer zum automobilen Klassiker prädestiniert.

Zeichen zu setzen, das war die Intention der Designer bei der Gestaltung der neuen Mercedes-Benz E-Klasse – unverwechselbare und unverkennbare Zeichen, die Aufmerksamkeit und Emotionen wecken. Dies ist ihnen gelungen.

Neues Gesicht:
Mit ihren ovalen Doppelscheinwerfern und den elegant geformten Kotflügeln weckt die E-Klasse Aufmerksamkeit und setzt formale Akzente.

Ovale Doppelscheinwerfer und elegant geschwungene Kotflügel geben der neuen E-Klasse ein ausdrucksstarkes „Gesicht“, das der Limousine ein dynamisches Auftreten verleiht und zugleich eine doppelte Symbolwirkung hat. Die Linienführung ist ebenso innovativ und zukunftsorientiert wie die Technik der neuen Modellreihe und gilt zugleich auch als Signal für den Aufbruch der Marke Mercedes-Benz in eine erfolgversprechende Zukunft. „So attraktiv und dynamisch, wie sich die neue Limousine präsentiert, wird auch unser Unternehmen in Zukunft sein“, sagt Helmut Werner, Vorstandsvorsitzender der Mercedes-Benz AG. Damit setzt die neue Modellreihe Zeichen für weiteres innovatives Denken und Handeln – sie wird zum symbolträchtigen Botschafter einer ganzen Automobilmarke.

Tradition und Moderne in perfekter Balance

Was auf den ersten Blick den Eindruck einer völlig neuen Designphilosophie vermittelt, entpuppt sich bei näherer Betrachtung als ein spannungsreiches Wechselspiel aus Tradition und Innovation. Die neue Formensprache der E-Klasse ist eine andere, zeitgerechte Interpretation des Mercedes-Gesichts, fügt sich aber trotzdem harmonisch in die stilistischen Grundregeln der Automobilmarke mit dem Stern ein. Tradition und Moderne vereinen sich zu einem markanten Gesamtbild. Neue wegweisende Stilelemente gehen mit markentypischen Gestaltungsmerkmalen wie der Kühlermaske eine Symbiose ein und machen die neue E-Klasse unverwechselbar zu dem was sie ist: einem typischen Mercedes-Benz.

Individualität, Dynamik und Zeitlosigkeit – das waren drei der wichtigsten Ziele bei der Designgestaltung der neuen Limousine. Um sie zu erreichen, wichen die Mercedes-Designer von althergebrachten Thesen wie dem bekann-

Technik-Info Coupé-Studie: Vorläufer einer neuen Modellreihe

Schon anläßlich des Genfer Automobilsalons im März 1993 stellte Mercedes-Benz eine Auto-Studie vor, die durch elliptische Scheinwerfer, eine schlanke Kühlermaske und schwungvoll modellierte Kotflügel Akzente setzte. Die Studie war der formale Vorläufer der neuen E-Klasse. Ihr Ziel war es, das neue Gesicht mit den vier ovalen Scheinwerfern zu positionieren und damit die Weichen in Richtung neue E-Klasse zu stellen.

Idee:
Mit solchen Skizzen gingen die Mercedes-Designer schon 1988 auf die Suche nach einer neuen Karosserieform für die E-Klasse des Jahres 1995.

ten Slogan „Form follows Function" ab, den der amerikanische Architekt und Designer Louis Sullivan bereits 1896 formulierte und der eine ganze Ära der Produktgestaltung bestimmte. Die Form folgt der Funktion – das bedeutet, daß sich die Designer an Sachzwängen und technischen Zweckmäßigkeiten orientieren. Sie sollen Produkte bedienungsfreundlich, sicher und umweltgerecht gestalten. Für Mercedes-Benz ist dies seit jeher selbstverständlich.

Form mit Funktion

Viele meinen aber auch, Sullivan sei gründlich mißverstanden und seine These immer wieder zur dogmatisch erstarrten Formel verkürzt worden. Deshalb haben die Designer von Mercedes-Benz die Grundregel für ihre Arbeit anders definiert: Sie sind bestrebt, ein Wechselspiel zwischen „Form follows Function" und „Function follows Form" herzustellen. Zu Recht: Denn jedes Automobil besitzt einen individuellen Charakter, und es ist mehr denn je die Aufgabe des Designs, diesen Charakter zum Ausdruck zu bringen, um damit beim Publikum Emotionen zu wecken. Insofern gewinnt die Umkehrung von Sullivans These an Bedeutung: „Function follows Form".

Das neue „ABC“ der Formensprache

Bei der neuen E-Klasse wird die stilistische Grundregel der Mercedes-Designer zur Realität. Beispiel Frontpartie: Ob rechteckig, rund oder schmal – die Scheinwerfer eines Automobils erfüllen ihre Aufgabe in nahezu jeder Form. Doch bei der neuen Mercedes-Limousine haben diese Bauteile weit mehr als nur funktionale Bedeutung. Sie prägen das Erscheinungsbild der neuen Modellreihe und sind deshalb wichtige Design-Merkmale. Also: Die Funktion folgt der Form. Dies zeigt sich auch bei der Seitenansicht. Die coupéähnliche Linienführung harmoniert einerseits mit der Dynamik der neugestalteten Frontpartie und lehnt sich andererseits an die gewohnten, zeitlosen Merkmale des Mercedes-Designs an. Mit der Gestaltung der Dachsäulen lassen die Designer ebenfalls die mercedestypische Formensprache erkennen, setzen mit den weichen und harmonischen Übergängen die Markenidentität fort und finden zugleich eine neue, moderne Designsprache. An den Dachsäulen wird das ABC dieser neuen Sprache deutlich:

- Die A-Säule mit der flach anlaufenden Frontscheibe greift die coupéhafte Linienführung auf, die sich in dem relativ kurzen Dach und der langgestreckten Heckscheibe fortsetzt.
- Die B-Säule fungiert als formales Bindeglied und sorgt durch schwarzlackierte, hochglänzende Blenden für eine nahtlose Einheit zwischen den Seitenscheiben.
- Die C-Säule ermöglicht dank ihrer kraftvollen, prägnanten Formgestaltung einen fließenden Übergang zum Heck der Limousine.

Bereits ein Blick auf die Seitenschutzleisten zeigt, mit welcher Akribie die Designer bei der neuen Mercedes-Benz E-Klasse ans Werk gegangen sind. Denn diese Einzelelemente wurden in die Gesamtform so integriert, daß von einer Form-in-Form-Lösung gesprochen werden kann: Es gibt keine aufs Karosserieblech aufgesetzten Einzelleisten mehr, sondern profilierte Kunststoffteile mit kleineren Chromapplikationen, die – je nach Ausführung – mit feinen Einlegearbeiten bestückt sind.

Am Heck setzt sich das Formenspiel aus neuen Elementen und vertrauten Zügen fort. Auch hier geben runde Formen den Ton an. Der feinmodellierte Heckabriß und die horizontal gerippten Heckleuchten sind typische Mercedes-Merkmale, die mit der zweiteiligen Anordnung der Rückleuchten harmonieren. Die Integration eines Teils der Leuchteneinheit im Kofferraumdeckel läßt das Heck breiter erscheinen und betont somit auch hier den dynamischen Auftritt der Limousine. Alle Rückleuchten sind rot – aluminiumfarbene Reflektoren verstärken die Eleganz der Heckansicht. Auch am Kofferraumdeckel bleibt das formale Grundkonzept linientreu. Die Unterkante des Kofferraumdeckels ist bis zu den Stoßfängern heruntergezogen und bringt somit mehr Ruhe in die Gestaltung der Heckpartie. Dem gleichen Zweck dient die Lackierung des

Stoßfängers. Er präsentiert sich in der jeweiligen Wagenfarbe und stört damit das Gesamtdesign nicht. Im Gegenteil: Die Lackierung sorgt dafür, daß Stoßfänger und Karosserie eine optische Einheit bilden.

Auftakt im Jahre 1988

Schon 1988 entstanden die ersten Skizzen für das Karosserie- und Innenraumdesign der neuen E-Klasse. Die Vorgaben waren seinerzeit noch weit gesteckt. Es galt vor allem, das Thema der Individualisierung in ein formales Korsett einzubinden. Denn es war klar: Die neue E-Klasse würde die bis dahin größte Modell-Spreizung innerhalb einer einzigen Baureihe seit Bestehen der Marke erleben. Allein ein Blick auf die Motorisierung führte zu dieser Erkenntnis. Vom Zweiliter-Vierzylinder über den neuen Diesel-Direkteinspritzer bis hin zum großvolumigen Achtzylinder würde ein weites Spektrum für einen ebenso breitgefächerten Kundenkreis entstehen. Dementsprechend sollten die Designer ihren Beitrag zur Abgrenzung der einzelnen Modelle und Modellvarianten leisten.

Vorläufer:
Ab April 1989 entstanden über 20 Automodelle im Maßstab 1:5. Sie machten die unterschiedlichen Ideen der Designer in dreidimensionaler Form deutlich.

Das war vor sieben Jahren. Und diese reine Entwurfsphase, wie sie für die neue E-Klasse im Herbst 1988 begann, trug natürlich noch den Geschmack fast uneingeschränkter, stilistischer Freiheiten. Die Vorstellung, daß längst der Computer die Herrschaft über das Schaffen automobiler Stilistik übernommen hat, kann getrost über Bord geworfen werden. Papier und Zeichenstifte waren und sind in der Ideenphase nach wie vor verläßliche Partner der Mercedes-Designer, wenn es darum geht, Kreativität ohne Grenzen auszuleben.
In einem fortgeschritteneren Stadium des gestalterischen Entwicklungprozesses kommt allerdings auch der Computer zu Ehren – beispielsweise wenn es darum geht, entstandene Formen elektronisch abzutasten und einzelne Formteile, Radien oder Lichtkantenverläufe zu präzisieren und als Datensätze an die Konstruktionsabteilung zu liefern.

Mehr als zwei Dutzend Designer brachten ab 1988 ihre Vorstellungen zu Papier, lieferten ungezählte Entwürfe und Skizzen ab. Darunter waren viele futuristische Pläne auf Basis der vorformulierten Grundidee. „Schwebende" Dächer waren ebenso darunter wie Scheinwerfer mit Knicken oder formintegrierte Stoßfänger mit „schwimmenden" Leuchten. Kurzum: Die Geburt der neuen Mercedes-Benz E-Klasse fand auf einer großen, bunten Spielwiese der Designer-Kreativität statt. Und das war gut so.

Weit über 100 Skizzen wurden schließlich rigoros durchgesiebt. Denn natürlich gelang der schwierige Balance-Akt zwischen Tradition und glaub-

Maßarbeit:
Nach der Design-Freigabe wurde jede Rundung, jede Linie und jedes Karosseriedetail des originalgetreuen Tonmodells per Computer abgetastet.

würdiger Innovation nicht immer auf Anhieb. So entstanden zwischen April und Oktober 1989 in Stufe zwei des Design-Prozesses über 20 Modelle im Maßstab 1:5, mit denen die automobile Zukunft zusehends greifbarer wurde. Erst in der Dreidimensionalität beweisen sich die wahren Designqualitäten, zeigen sich Umsetzbarkeit und Machbarkeit eines Entwurfs. Besonders Scheinwerfer- und Heckleuchten-Details beschäftigten die Designer in dieser Phase ausgiebig und auf vielfältigste Art.

Am Ende standen schließlich sechs verschiedene Design-Modelle mit Originalmaßstab auf den Rädern. Parallel dazu gab es sogar noch 25 weitere Zeichnungen, ebenfalls im Maßstab 1:1. Täuschend echt, als seien es wahrhaftige Mercedes-Automobile, standen die Modelle im Sommer 1990 zur internen Präsentation im sogenannten Kuppelbau des Sindelfinger Mercedes-Benz-Werks parat. Jeder einzelne Entwurf trug damals bereits jene Attribute im Ton-Kleid, die heute mitentscheidend für den starken Auftritt der neuen E-Klasse sind: eine Silhouette, die Eleganz verkörpert, sowie eine dynamische Front- und die dazu passende, coupéhafte Heckgestaltung.

Aus den sechs Modellen wurden im Verlauf der folgenden sechs Monate zwei. Verbunden mit einer Menge Design-Feinarbeit. Oft ergibt sie sich für die Designer aus den unerläßlichen Dialogen mit den verschiedenen Technikabteilungen des Hauses. Als Beispiel sei die Heckgestaltung erwähnt. So ergaben Windkanalversuche an den Modellen zwar hervorragende aerodynamische Ergebnisse, doch wurden die Designer noch damit beauftragt, das Heck mit einer formintegrierten Abrißlippe zu versehen. Dies setzten sie meisterhaft behutsam und zur Zufriedenheit der Aerodynamiker um. Zu bewundern am Serienobjekt.

Gleichsam wie aus einem Kokon sollte aus den einzelnen Ton- und Variantenmodellen schließlich die E-Klasse-Welt fürs Jahr 1995 und folgende schlüpfen. Zunächst in Form zweier präzise bis ins Detail ausgearbeiteter „Hartmodelle“, die auch im Innenraum detailgetreu gestaltet waren und sich dank eines kleinen Elektromotors als roll- wie lenkfähig erwiesen. Im Dezember 1990 waren sie einsteigebereit. Und am 6. Februar 1991 standen sie hochglanzpoliert in jenem berühmt gewordenen Kuppelsaal, der schon so viele wichtige Design-Entscheidungen erlebt hat. Es galt, vor den prüfenden Augen des Mercedes-Vorstandes zu bestehen. Und an jenem Wintertag erfolgte dann auch die so wichtige Form-, sprich Design-Freigabe.

So entstand ein Automobil mit ausgeprägtem Charakter. Seine Form folgt dem Inhalt: Design und Technik bilden einen harmonischen Gleichklang – ganz im Sinne von Bauhaus-Gründer Walter Gropius (1919): „Auf die Dauer macht es sich bezahlt, wenn man neben technischer Vollendung und Preiswürdigkeit auch um den künstlerischen Wert seiner Produkte besorgt ist.“

Blechkleid:
Die Karosserie der neuen E-Klasse zeichnet sich nicht nur durch ein hohes Maß an Stabilität und Crashsicherheit aus, sie ist auch ein Beispiel für intelligenten Leichtbau mit dem traditionellen Automobilwerkstoff Stahl.

Blech in Bestform

Bei Mercedes-Benz steht vor allem eine Forderung an erster Stelle des Entwicklungslastenhefts für neue Automobile: Jede Karosserie muß ein langes Autoleben lang unter härtesten Bedingungen rund um den Erdball jeden Ansprüchen gerecht werden. Daß dies so ist, beweisen Mercedes-Automobile, die auch in fast „biblischem“ Alter selbst am Ende der Welt zuverlässig ihren Dienst verrichten. Der Mercedes-Stern hat sich geradezu ein legendäres Image an Solidität und Qualität „made in Germany“ erworben.

Bis eine Karosserie das O. K. der Mercedes-Ingenieure bekommt, wird sie schon im Labor auf Herz und Nieren geprüft. Mit Hilfe moderner Prüfstände werden an jedem Rad jene Kräfte eingeleitet, denen das automobile Blechkleid auch im Alltagsbetrieb standhalten muß. Dadurch kann die Rohkarosse schon in der Konstruktionsphase ausgiebig getestet werden. Zum Testprogramm gehören Dauerlauferprobungen für Karosseriekomponenten wie Türen, Hauben, Schlösser und Schiebedach. Auf Rüttelprüfständen werden in bis zu 70stündigen Testläufen Belastungen simuliert, wie sie normalerweise nur bei 200 000 Kilometern Fahrt über schlechte Straßen auftreten. Zusammen mit den Straßentests legen Mercedes-Prototypen und Vorserienmodelle auf diese Weise pro Jahr insgesamt etwa 25 Millionen Kilometer unter extremsten Straßen- und Klimabedingungen zurück (siehe auch Seite 190).

Die Insassensicherheit steht dabei von Beginn an an erster Stelle: Jährlich müssen weit über 100 Karosserien härteste Crashtests bestehen, bei denen nahezu alle Unfalltypen simuliert werden: Offset-Crashs mit 40 Prozent Überdeckung (laut Unfallstatistik die häufigste Art der Frontalkollision), Seitenkarambolagen, Überschlagunfälle und Kollisionen mit Bäumen, Straßenlaternen, Lastwagen oder Bussen (siehe auch Seite 53/54). Damit eine selbsttragende Karosserie sämtlichen Anforderungen eines modernen Automobils möglichst gerecht wird, muß sie vor allem sechs Kriterien erfüllen:

- Die Steifigkeit: Bei hohen Fahrgeschwindigkeiten werden Kräfte frei, denen das Chassis unter jeder Bedingung standhalten muß. Veränderungen der Struktur durch Verbiegungen und Verwindungen unter dem Einfluß der Fliehkräfte können sich nämlich in unerwünschter Weise auf das Fahrverhalten auswirken und beeinträchtigen somit die Sicherheit. Hauben und

Türen dürfen während der Fahrt keinen starken elastischen Verformungen unterliegen, um die Passungen und damit die Dichtheit zu erhalten.

- Die Deformierbarkeit: Kommt es zu einer Kollision, so ist es für die Sicherheit der Insassen wichtig, daß möglichst viel Aufprallenergie in Verformungsarbeit umgewandelt wird, um die Wucht des Aufpralls abzufangen. Die Struktur der betroffenen Karosserieteile sollte sich dabei auf definierte Weise verformen und gewährleisten, daß die Fahrgastzelle nicht schwer beschädigt wird.
- Die Aerodynamik: Das Strömungsverhalten ist ein wichtiger Schlüssel zu guten Fahrleistungen und niedrigem Kraftstoffverbrauch. Durch eine günstige Aerodynamik kann der Luftwiderstand reduziert und der Energieaufwand bei gleicher Leistung gesenkt werden. Außerdem muß die aerodynamische Gestaltung einer Karosserie gewährleisten, daß auch bei höheren Geschwindigkeiten ausreichend Abtrieb ein „Abheben" des Autos verhindert.
- Die Haltbarkeit: Eine solide Konstruktion ist nur ein Schritt zur Dauerhaltbarkeit einer Karosserie. Ebenso wichtig sind ein wirkungsvoller Korrosionsschutz und die Verwendung widerstandsfähiger Materialien. Nur so können Funktionsfähigkeit und Sicherheit auch über einen langen Zeitraum garantiert werden.
- Die Reparaturfreundlichkeit: Die problemlose Wiederinstandsetzung einzelner beschädigter Karosserieteile sollte gewährleistet sein, ohne dabei die Stabilität zu gefährden und den Geldbeutel des Autobesitzers allzu stark zu strapazieren.
- Das Schwingungsverhalten: Akustische Schwingungen und Vibrationen von Fahrwerk, Motor oder Getriebe müssen kompensiert werden, so daß sie sich nicht auf die Insassen übertragen.

Weniger Gewicht ist mehr

Und der Umweltschutz ? Was hat eine Automobilkarosserie mit Umweltschutz zu tun? Eine ganze Menge. Denn die Reduktion von Kraftstoffverbrauch und Abgasemissionen ist nicht ausschließlich ein Problem der Motoreningenieure. Ein meßbarer Fortschritt verlangt ganzheitliche Lösungen – und die schließt eine intelligente Karosserietechnik mit ein. Rohbau, Aerodynamik und möglichst geringes Gewicht sind tragende Größen einer effektiven Senkung von Schadstoffausstoß und Verbrauch. Die E-Klasse ist das rollende Beispiel für die Richtigkeit dieser Theorie. Scheinbare technische Widersprüche wie „Leichtbau/Sicherheit" oder „Ausstattung/Verbrauch" wurden gelöst und zu einem idealen Gesamtkompromiß verbunden. Auf diese Weise entstand ein Automobil, das noch größere Sicherheit bietet, noch mehr Komfort und noch mehr Raum hat als sein Vorgänger und das gleichzeitig aber sparsamer und umweltverträglicher wurde.

Berechnung:
Die Karosseriekonstruktion der neuen E-Klasse begann am Computerbildschirm. Jedes Blechteil wurde hinsichtlich Stabilität und Gewicht in Bestform gebracht.

Die konsequente Umsetzung des Leichtbauprinzips trug zu den Kraftstoffeinsparungen bei. Denn der Anteil des Gewichts am Energieverbrauch eines Personenwagens ist nicht zu unterschätzen – im Stadtverkehr beispielsweise beträgt er insgesamt rund 23 Prozent. Davon sind 17 Prozent für die Massenbeschleunigung erforderlich, während die restlichen sechs Prozent der Energie für die Überwindung des Rollwiderstandes benötigt werden, der ebenfalls vom Fahrzeuggewicht abhängig ist. Im konkreten Fall bedeutet das: Durch eine Verringerung des Fahrzeuggewichtes um 100 Kilogramm sinkt der Kraftstoffverbrauch im Stadtverkehr – je nach Modell und Fahrweise – um 0,3 bis 0,6 Liter je 100 Kilometer.

Das primäre Ziel der Karosserie-Ingenieure bei der Entwicklung der E-Klasse war deutlich formuliert: „Abspecken ja, aber nicht um jeden Preis." Denn Gewichtsverringerung ist nur ein wichtiger Schritt zur intelligenten Lösung. Ebenso viel Beachtung verdienen Aspekte wie Sicherheit, Fahrkomfort, Verläßlichkeit und Wirtschaftlichkeit. Aus dieser Erkenntnis heraus hat Mercedes-Benz ein Leichtbaukonzept entwickelt, das alle genannten Anforderungen gleichermaßen erfüllt.

Es ist ein alter Bekannter, der die Hauptrolle im Leichtbaukonzept spielt: Stahl. Mit einem guten Leistungsgewicht bei gleichzeitiger hoher Stabilität ist Stahl in der tragenden Rohbaustruktur von Personenwagen der ideale Kompromiß zwischen Gewicht und Sicherheit. Dieses große Potential für den Bau leichterer und stabiler Karosserien machte Mercedes-Benz sich für die neue E-Klasse zunutze. Die optimierte Form des Stahlrohbaus entstand zunächst am Computer. Einzelne Bauteile wurden gezielt untersucht und deren Festigkeit per Simulation verschiedenster Praxisbedingungen berechnet. Auf diese Weise konnten bereits in der Konzeptphase die am meisten beanspruchten Zonen

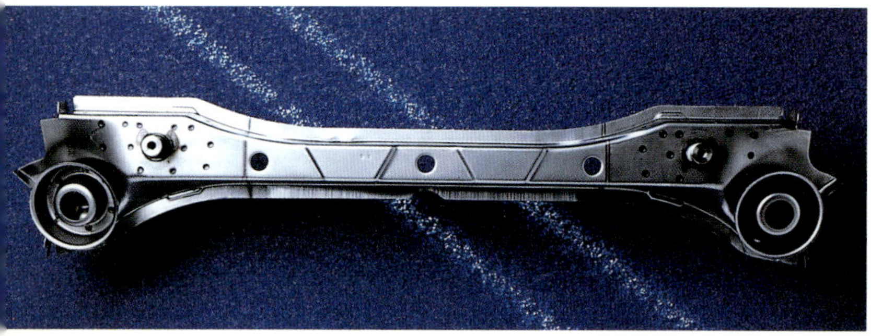

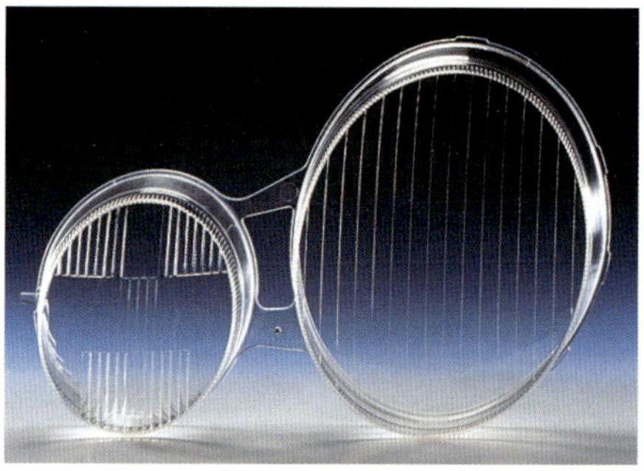

Leichtgewichte:
Der Hinterachsquerträger der E-Klasse wurde nach dem gewichtsreduzierenden Prinzip der „Tailored Blanks“ konstruiert. Die neuen Streuscheiben der Scheinwerfer bestehen aus Kunststoff und wiegen nur halb soviel wie die bisherigen Glasscheiben.

der Karosserie erfaßt werden – mit dem Ziel, genau jene besonders anfälligen Stellen durch die lokale Verstärkung der Blechdicke robuster zu machen. Für andere, weniger belastete Bereiche wurde Stahl geringerer Stärke verwendet. So entstand eine Karosserie, die zwar mit Gewicht, jedoch nicht mit Stabilität geizt. Auch die Qualität kommt nicht zu kurz. Die Tiefziehwerkzeuge zur Herstellung der Karosserieteile werden ebenso wie die Preßteile strengsten Qualitätskontrollen unterzogen. Die gute Passung aller Karosseriekomponenten wird durch eine ständige Überwachung der Maßhaltigkeit gewährleistet. In punkto Kontrolle gehen die Mercedes-Ingenieure noch einen Schritt weiter: Täglich werden zwei Karosserien aus der laufenden Produktion gezogen und an etwa 800 Meßpunkten überprüft. Bevor ein Mercedes-Benz das Werk verläßt, ist er rund 350mal inspiziert worden. Alle Prüfungen werden in einem Protokoll festgehalten – Qualität ist kein Zufall!

Nicht allein der Computer entscheidet über das Leichtbaupotential einer Stahlkarosserie. Auch die Materialauswahl ist maßgebend. Denn Stahl ist nicht gleich Stahl, und so greift Mercedes-Benz immer öfter auf höherfeste Stahlsorten zurück. Diese erlauben nämlich die Verwendung geringerer Blechdicken bei gleichbleibender Festigkeit, was eine weitere Gewichtseinsparung bedeutet. Rund ein Drittel aller Bleche in der Rohbaustruktur der neuen E-Klasse bestehen aus solchem höherfesten Stahl.

Leichtbau mit Titan

Ein neuer Vertreter der höherfesten Stahlsorten ist der „mikrolegierte isotrope Stahl“ – eine neuartige Speziallegierung, die aus titanhaltigem Feinblech besteht und über eine besonders gleichmäßige Struktur verfügt. Sie kommt dort zum Einsatz, wo herkömmliche höherfeste Bleche aus produktionstechnischen Gründen nicht verwendbar sind. Ebenso wie andere höherfeste Stahlsorten erlaubt auch die Speziallegierung eine Verringerung der Blechdicke und hat somit positiven Einfluß auf die Gewichtsbilanz der Limousinen. Dank des Titanzusatzes läßt sich das Feinblech besser umformen, so daß es sich vor allem für großflächige Karosserieteile eignet. Bei der E-Klasse werden unter anderem Teile des Integralträgers, die Fondtüren, die Rückwand sowie der hintere Unterboden aus titanhaltigem Feinblech hergestellt. Die Gewichtseinsparungen gegenüber herkömmlichem Stahlblech betragen je nach Bauteil zwischen vier und sieben Prozent.

High-Tech-Puzzle aus Blech

Ein interessanter Name für eine clevere Idee: „Tailored Blanks“. Diese zwei Wörter stehen für maßgeschneiderte Bauteile unterschiedlicher Blechdicke oder -güte und bilden ein weiteres Element des Leichtbaukonzepts. Die verschiedenen Blechtafeln werden mittels Laserstrahl zusammengeschweißt und anschließend in die gewünschte Form gebracht. So läßt sich das eingesetzte Material exakt der jeweiligen Beanspruchungsintensität anpassen. Ein Beispiel für dieses „High-Tech-Puzzle“ ist der Hinterachsquerträger der E-Klasse. Hier wurde eine Blechplatte eingesetzt, die aus unterschiedlich dicken Teilen zusammengeschweißt wurde. Damit beträgt die Blechdicke an den äußeren, hochbelasteten Bereichen dieses Bauteils 1,25 Millimeter, während die mittlere Zone mit nur 0,8 Millimeter starkem Stahlblech ein ausreichendes Maß an Festigkeit bietet. Die gezielte Blechdickenverringerung ermöglicht allein bei diesem Bauteil eine Gewichtsreduzierung von rund 460 Gramm.

Abspecken an allen Stellen

Den größten Anteil am Gewicht der neuen Limousinen hat mit rund 380 Kilogramm der Karosserierohbau. Leichtbaumaßnahmen machen sich hier also besonders bemerkbar. Aber auch in anderen Entwicklungsbereichen läßt sich Gewicht einsparen. Hier einige Beispiele:

- Durch den Einsatz leichtgewichtiger Materialien wie Kunststoff, Blech und Aluminium verringerte sich das Gewicht der Motoren um mehr als acht Prozent. Das Vierzylindertriebwerk des E 200 bringt 154 Kilogramm auf die Waage – im Vorgängermodell wog es 167 Kilogramm. Das Gewicht des 2,8- und 3,2-Liter-Motors reduzierte sich um 18 auf 200 Kilogramm.
- Die Auspuffanlage der neuen E-Klasse wiegt bis zu 25 Prozent weniger als beim Vorgängermodell.
- Die neuen Kunststoffstreuscheiben der Frontscheinwerfer wiegen nur halb soviel wie die bisher verwendeten Deckgläser aus Glas.
- Das Trägerteil der Türinnenverkleidungen besteht aus einer Flachs-Sisal-Kombination, die 20 Prozent leichter ist als der bisherige Werkstoff.
- Die Sitzanlage der neuen E-Klasse ist acht Kilogramm leichter als im Vorgängermodell.

- Das elektronische Traktionssystem ETS ermöglicht gegenüber dem bisherigen Automatischen Sperrdifferential eine Gewichtseinsparung von neun Kilogramm.
- Die neuentwickelte Zahnstangenlenkung wiegt sechs Kilogramm weniger als die Kugelumlauflenkung des Vorgängermodells.

Praxis-Tip

Werterhalt durch regelmäßige Lackpflege

Wer lange Freude an seinem neuen Automobil haben möchte, wäscht es regelmäßig – ganz gleich, ob Sie sich für Handwäsche oder die Waschanlage entscheiden. Achten Sie bei der Handwäsche auf ein mildes Shampoo und sparen Sie nicht an Wasser. Je mehr, desto besser. Auf keinen Fall sollten Sie Ihr Fahrzeug in der prallen Sonne waschen – auch die Motorhaube sollte abgekühlt sein. In Waschanlagen sollten Hochdruckstrahler nur zur Vorreinigung eingesetzt werden, nicht aber zur Beseitigung von Insektenresten. In jedem Fall sollten Sie den Wagen nach der Wäsche trockenledern, um unschöne Wasserflecken zu vermeiden. Weitere Tips:

- Insektenreste, Teerflecken und Vogelkot (die Säure kann für häßliche Ausbleichungen am Lack sorgen) nach der Autowäsche mit speziellen Reinigungsmitteln entfernen. Wer chemische Reiniger einsetzen muß, sollte den Lack anschließend mit Polish und Glanzkonservierer wieder schützen.
- Konservieren Sie den Lack Ihres Autos. Eine Pflege mit Polish und Glanzkonservierer im Abstand von drei bis sechs Monaten erhält Glanz und Schutz des Lackes. Älteren Fahrzeugen verhilft nicht selten eine Intensivkur mit Lackreiniger zu neuem Glanz.
- Bessern Sie größere Lackschäden nicht selbst aus. Das kann Ihre Mercedes-Vertragswerkstatt besser. Beim Anblick ihres „ausgebesserten" Mercedes ärgern Sie sich viel mehr, als eine vermeindliche Ersparnis ausmacht. Denken Sie hierbei auch an den Wiederverkaufswert Ihres Autos.
- Kleinere Lackschäden (Steinschlag) können Sie hingegen mit einem Grundierstift und Lackierstift bedenkenlos ausbessern. Doch warten Sie nicht zu lange damit, denn ungeschützte Karosserieflächen werden unerbittlich vom Rost attackiert.

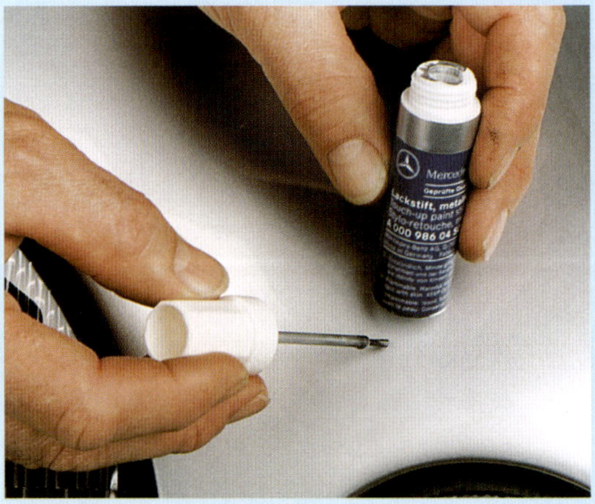

All diese Entwicklungsschritte und Maßnahmen führten dazu, daß die meisten Varianten der neuen E-Klasse nicht mehr, einige sogar weniger wiegen als die vergleichbaren Vorgängermodelle – und das trotz größerer Karosserieabmessungen, verbesserter Sicherheitsmaßnahmen und höherem Komfort bei der Ausstattung. Besonders deutlich wird der Erfolg des Leichtbaus, wenn man das Gewicht im Vergleich zu den Raummaßen sieht. Legt man den „umbauten Raum" der Limousinen zugrunde, so ergibt sich für die Fahrzeuge der neuen E-Klasse im Vergleich zu den Vorgängermodellen ein Gewichtsdefizit von immerhin sieben bis neun Prozent.

Keine Chance für den Rostteufel

Kein Zweifel: Der Stern auf der Motorhaube eines Autos ist ein Symbol für Zuverlässigkeit und Wertbeständigkeit. Wesentlichen Anteil an diesem guten Ruf hat die aufwendige Korrosionsvorsorge, die allen Mercedes-Modellen „ein dickes Fell" verschafft. Selbstverständlich ist dabei eine aufwendige Hohlraumkonservierung mit Wachs. Kunststoffschalen in den Radhäusern ergänzen die Bemühungen im Kampf gegen die Korossion. Unabhängige Organisationen wie ADAC oder TÜV bestätigen immer wieder die Wirksamkeit der Schutzmaßnahmen. So stellten die Technischen Überwachungsvereine den Limousinen der E-Klasse 1994 in der Prüfdisziplin „Korrosion" hervorragende Noten aus, die weit unter dem Durchschnittswert der Mängelquoten aller geprüften Personenwagen liegen.

Auch die neue E-Klasse wird Haltbarkeit beweisen. Beim Korrosionsschutz der Limousinen wurde kein Aufwand gescheut. Karosseriebereiche, die besonders anfällig sind, werden aus verzinktem Stahlblech gefertigt. Die Zinkschicht schützt den darunterliegenden Stahl vor Korrosionsprozessen und wirkt auch bei tiefschichtigen Lackschäden korrosionshemmend. Um die Schutzfunktion zu optimieren, erhöhten die Ingenieure den Anteil der verzinkten Blechoberflächen von bisher 40 auf 64 Prozent. Ein noch höherer Zinkanteil ist nach Ansicht der Mercedes-Fachleute aus technischer Sicht nicht erforderlich und wäre damit eine unnötige Belastung von Ressourcen und Umwelt.

Fünf Schutzschichten für das Blech

Zum Korrosionsschutz eines jeden Automobils gehört zweifellos auch der Lack. Er setzt bei Mercedes-Benz den glänzenden Schlußpunkt unter ein ausgefeiltes Schutzsystem, das bereits mit der Konzeptphase und der Konstruktion neuer Modelle beginnt. Die sogenannte Drei-Schicht-Lackierung besteht in Wahrheit nicht aus drei, sondern aus fünf jeweils hauchdünnen Schichten: Phosphatierung, kathodische Elektro-Tauchgrundierung, Steinschlagzwischengrund, Polyurethanfüller und dem Zweikomponenten-Uni-

Decklack. Bei Metallic-Lacken besteht die letzte Schicht aus dem Metallic-Basislack und dem Klarlack.

Jede Rohkarosserie wird in einem aufwendigen Arbeitsprozeß für die Lackierung vorbereitet: Nachdem die unlackierte Karosserie sorgfältig entfettet und von anderen Rückständen befreit wurde, durchläuft sie ein Phosphatbad. Dieses Bad hinterläßt eine Zinkphosphatschicht auf der Karosserieoberfläche, die wiederum eine gute Basis für die nachfolgende Elektro-Tauchgrundierung und einen lang anhaltenden Korossionsschutz darstellt. Nach dem Phosphatieren taucht die Karosserie in ein Bad mit elektrisch aufgeladenem Grundlack auf Epoxidbasis ein. Durch diese Elektro-Tauchgrundierung stellen die Mercedes-Fachleute sicher, daß der Lack auch die entferntesten Ecken, Ritzen, Falze und Kanten der Karosserie erreicht und sie vor Korrosion schützt. Der Unterboden wird schließlich noch durch eine PVC-Beschichtung gegen Steinschlag geschützt.

Beim Vier-Schicht-Lackaufbau werden Vor- und Decklack in je einer Schicht hintereinander aufgetragen. Man spricht von einer sogenannten Uni-Lackierung. Zwischen dem Spritzen des Vor- und Decklacks liegt ein Trockenvorgang bei 140 Grad Celsius. Beim Drei-Schicht-Lackaufbau bestehen die Zweikomponenten-Decklacke aus Stammlack und Härter. Beide Komponenten werden in der Spritzpistole miteinander vermischt. Es setzt eine chemische Reaktion zwischen den beiden Komponenten ein, die den aufgetragenen Lackfilm auch bei Raumtemperatur allmählich aushärten läßt. Der Trockenvorgang wird jedoch bei einer Temperatur von 130 Grad Celsius beschleunigt. Die aus-

Vergleich: Deutliche Emissionsverringerung durch Wasserlacktechnik

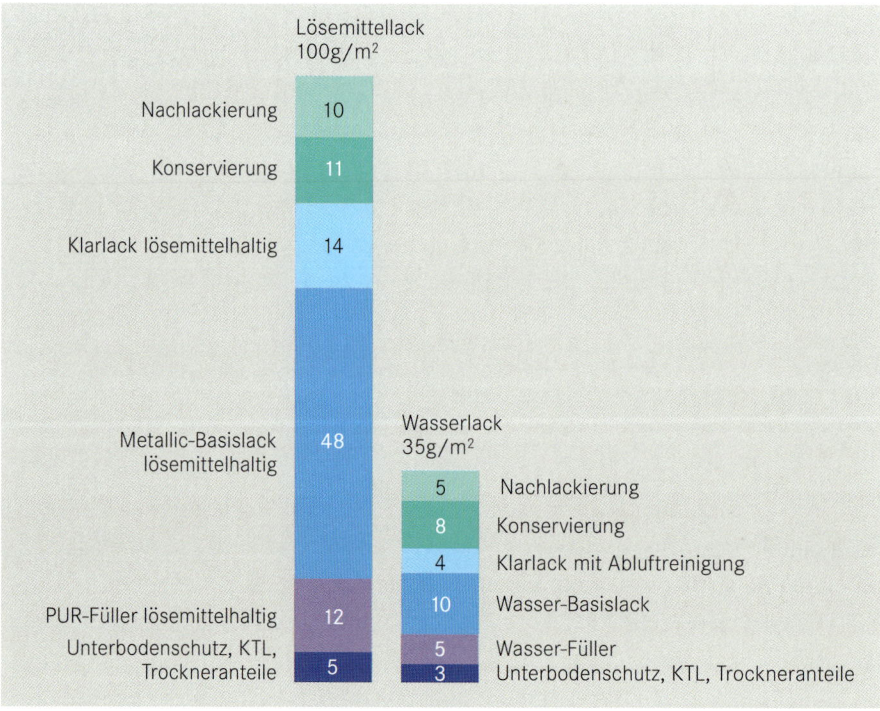

Technik-Info Wasserlack: Ein Plus für die Umwelt

Wer beim Begriff „Wasserlack" an den aus der Schule bekannten Wasser-Farbkasten denkt, ist auf dem Holzweg, auch wenn eine zumindest begriffliche Verwandschaft mit den Wasserfarben besteht. Wasser-Basislacke enthalten bis zu 80 Prozent weniger Lösemittel als konventionelle Lacke. Die farbgebenden Decklacke der E-Klasse sind wasserverdünnbar. Während beim üblichen Lack dreiviertel des Volumens aus organischen Verbindungen wie Ester, Aromaten und Alkohol bestehen, kommt beim Wasser-Basislack 70 Prozent Wasser zum Einsatz. Das Wasser dient wie die organischen Verbindungen dazu, den Lack bis zur Verarbeitung flüssig zu halten. Anschließend ist die Dünnflüssigkeit des Lacks nicht mehr gefragt. Ganz im Gegenteil: Die Lackierung soll möglichst schnell trocknen und eine dauerhafte und schöne Schutzschicht für die Karosserie bilden. Der Umweltvorteil der Wasser-Basislacke liegt klar auf der Hand: Lösemittelemissionen in Höhe von bis zu 3,5 Kilogramm pro Fahrzeug entfallen. Der Auftragswirkungsgrad erhöht sich nochmals durch ein elektrostatisches Lackierverfahren, bei dem die Lacktröpfchen vom Spritzaggregat (Pluspol) elektrisch positiv aufgeladen und vom Minuspol der Karosserie angezogen werden. Die winzigen Tröpfchen werden in einem hochdrehenden Turbinenrad mit 16 000 Umdrehungen pro Minute so fein zerstäubt, daß ein sehr homogener Farbauftrag gewährleistet ist. Der hohe Wirkungsgrad der Elektrostatik ermöglicht Lackeinsparungen von bis zu 1,4 Kilogramm pro Fahrzeug. Ganz gleich, ob Uni- oder Metallic-Lackierung: Die Automaten in den Mercedes-Lackierereien stellen sich auf jeden Mix der verschiedenen Farbtöne ein und lackieren die unterschiedlichen Modelle in verschiedenen Farben in beliebiger Reihenfolge. Dieses Verfahren beschleunigt den Ablauf und erhöht zugleich die Qualität, spart Kosten und dient der Umwelt. Der Auftragswirkungsgrad der modernen Automaten ist im Vergleich zu manueller Arbeit unerreicht hoch: Das, was daneben geht – der sogenannte Overspray – wird wesentlich verringert. Der Lack kommt dort hin, wo er hingehört – auf die Karosserie.

gehärtete Lackoberfläche zeichnet sich durch Glanzbeständigkeit und hohe Resistenz gegenüber Chemikalien aus.

Bei der Metallic-Lackierung werden im Gegensatz zum Uni-Lackaufbau ein Metallic-Basislack als farb- und effektgebende und ein Klarlack als glanzgebende und schützende Komponente verwendet.

Von diesen technischen Lackaspekten einmal abgesehen: Wer seinen individuellen Farbton sucht, hat bei der neuen E-Klasse die Qual der Wahl. Insgesamt stehen 15 verschiedene Außenlackierungen zur Auswahl.

BB-DE 410

Gut im Wind

Universität Stuttgart, Institut für Aerodynamik. „Streng geheim. Zutritt verboten“ steht auf dem Schild an der Eingangstür zu einem unterirdischen Labor. Hier läuft ein ungewöhnliches Experiment, in dessen Mittelpunkt zwei Hauptdarsteller stehen: die neue Mercedes-Benz E-Klasse und ein Taucher. Das Labor ist der Wasserkanal der Hochschule – ein geschlossenes Röhrensystem, in dem ständig rund 70 Kubikmeter Wasser zirkulieren. Im Auftrag von Mercedes-Benz soll der Froschmann in den Wasserkanal eintauchen und dort ein Auto „parken“ – ein originalgetreues 1:5-Modell der E-Klasse. Keine leichte Aufgabe, denn die rund 95 Zentimeter große Miniatur-Limousine muß nicht nur zentimetergenau positioniert, sondern auch mit dem gläsernen Boden fest verankert werden.

Ein Auto im Aquarium? Tatsächlich: Der Wasserkanal hat sich als eines der wichtigsten Hilfsmittel der Mercedes-Ingenieure bei der Aerodynamikentwicklung neuer Modelle bewährt. Unter Wasser werden die unsichtbaren Strömungsverhältnisse an der Karosserie sichtbar, so daß die Fachleute die komplizierten Vorgänge besser verstehen und ein entsprechendes Entwicklungsprogramm aufstellen können. Rund 180 Volt Gleichspannung fließen durch einen Draht, der in das Wasserbecken gehalten wird und dort eine Elektrolyse bewirkt: Der elektrische Strom spaltet Wasser in Wasserstoff und Sauerstoff, was sich in Form kleiner Bläschen bemerkbar macht. Sie bilden sich an dem Draht und schwimmen mit der Wasserströmung fort. Der Trick: Die Bewegung der Wasserstoffbläschen entspricht genau dem Verlauf der Luftströmung an der Karosserie. So entstehen eindrucksvolle Stromlinienbilder, die den Fachleuten verraten, an welchen Stellen sich störende Wirbel bilden und wie sich diese „Luftbremsen“ verhindern lassen.

Der Vorteil: Unter Wasser laufen solche Vorgänge im Zeitlupentempo ab. Weil das nasse Element naturgemäß viel zäher ist als Luft, bewegen sich die Wasserstoffbläschen langsamer und machen die aerodynamischen Verhältnisse deshalb besonders gut sichtbar. Die Techniker verstärken diesen Effekt, indem sie die Strömungsgeschwindigkeit des Wassers auf höchstens zehn km/h begrenzen. Die kinematische Zähigkeit von Wasser beträgt gegenüber Luft 15:1. Das bedeutet: Ein Wasserkanalversuch mit zehn km/h entspricht der üblichen Luftströmung im Windkanal von rund 150 km/h.

Windspiel:
Durch Rauchsonden machen die Aerodynamikingenieure die Luftströmung an der Karosserieoberfläche im Windkanal sichtbar. Mit einem Luftwiderstandsbeiwert (c_W-Wert) von 0,27 liegt die E-Klasse besonders gut im Wind. Keine andere Serienlimousine erreicht diesen vorbildlichen c_W-Wert, der eine der wichtigsten Voraussetzungen für günstigen Kraftstoffverbrauch ist.

Grundlagenforschung am Potentialmodell

Im Wasserkanal begann der aerodynamische Entwicklungsprozeß der E-Klasse. Und zwar lange bevor das endgültige Design der Limousine feststand. Allein auf Basis der Maßkonzeption für die neue Modellreihe entwickelten die Aerodynamikingenieure im Team mit Designern ein sogenanntes Potentialmodell im Maßstab 1:5, dessen Karosserieform aus strömungstechnischer Sicht das Optimum darstellte, was in dieser Fahrzeugklasse möglich erscheint. Immerhin: Der Luftwiderstandsbeiwert (c_W-Wert) dieses automobilen Grundkörpers betrug nur 0,15. Nur: Mit einer „richtigen" Limousine war dieses Modell nicht zu vergleichen. Dafür fehlten ihm Details wie Außenspiegel, Scheibeneinfassungen, Türgriffe und andere Karosserieelemente, die einerseits zwar fürs Autofahren unverzichtbar sind und die andererseits aber den c_W-Wert in die Höhe treiben. Doch mit dem Potentialmodell war eine wichtige Basis geschaffen. Denn die aerodynamische Qualität eines Autos wird zu 80 Prozent durch die Grundform seiner Karosserie bestimmt. Deshalb wurden mit Hilfe des Potentialmodells von Anfang an die Weichen in die richtige Richtung gestellt.

Der praktischen Grundlagenforschung folgten viele Monate akribischer Detailarbeit. Schritt für Schritt paßte sich das Idealmodell Technik, Funktion und Design der E-Klasse an, ohne dabei seine aerodynamisch perfekte Grundform zu verlieren. Rund zwei Dutzend 1:5-Modelle aus Plastilin gingen auf „Testfahrt" durch Wasser- und Windkanal. Sie bewährten sich als Versuchsobjekte, denn Detailänderungen lassen sich im Modellmaßstab schneller und kostengünstiger testen als an einem richtigen Auto. Noch besser: Die Mercedes-Aerodynamikmodelle sind so originalgetreu konstruiert, daß die Meßer-

Technik-Info c_W-Wert: Reine Formsache

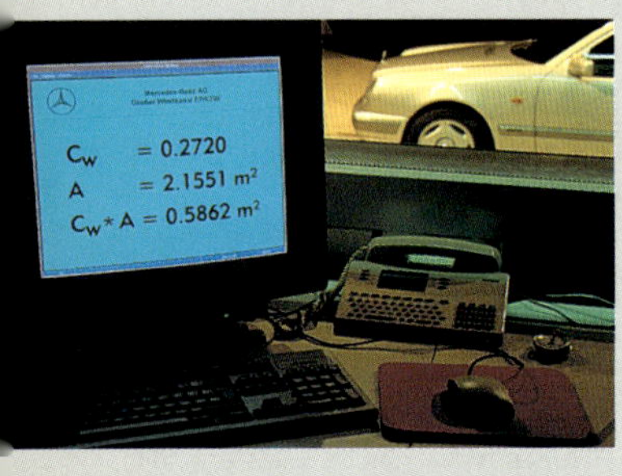

Der Luftwiderstand wird aus der Stirnfläche (A) einer Karosserie, aus dem Luftwiderstandsbeiwert (c_W-Wert), der Luftdichte und der Fahrgeschwindigkeit berechnet. Die Formel lautet: Luftwiderstand = c_W x A. Auf zwei Faktoren dieser Formel können die Automobilingenieure Einfluß nehmen: die Stirnfläche und den c_W-Wert als Maß für die aerodynamische Qualität einer Karosserieform. Das bedeutet: Die Verringerung des Luftwiderstands ist im wesentlichen nur durch die aerodynamische Optimierung der Form (= c_W-Wert) möglich. Deshalb arbeiteten Aerodynamiker und Designer bei der Gestaltung der E-Klasse eng zusammen und entwickelten eine Vielzahl von Einzelmaßnahmen, die in der Summe zu einem mehr als ansehnlichen Gesamtergebnis führt: schöne Form plus perfekte Aerodynamik mit einem c_W-Wert von nur 0,27.

gebnisse nur um wenige Prozentpunkte von den Werten abweichen, die Mercedes-Ingenieure mit „erwachsenen" Limousinen messen. Aufgrund der Unterwasser-Experimente nahmen vor allem Unterboden, Kofferraumdeckel und Heckscheibe der neuen E-Klasse eine aerodynamisch perfekte Gestalt an. Hier entwickelten Ingenieure und Designer Formen, die eine verwirbelungsfreie Ablösung des Luftstroms gewährleisten. Auch die neuartigen Mini-Spoiler an den Radkästen sind ein Ergebnis der Wasserkanal-Tests. Die Radspoiler verringern den Staudruck des Fahrtwindes an den Reifen, reduzieren den Auftrieb der Karosserie und helfen somit, den c_W-Wert der Karosserie um rund zwei Prozent zu senken.

Tauchstation:
Die aerodynamische Entwicklung der Mercedes-Benz E-Klasse begann unter Wasser. An originalgetreuen Modellen im Maßstab 1:5 untersuchten die Ingenieure die Strömungsverhältnisse und optimierten die Karosserie Schritt für Schritt.

Messung bei Tempo 220

Im bis zu 220 km/h schnellen Luftstrom des Modellwindkanals im Mercedes-Entwicklungszentrum Sindelfingen bestätigten sich Monate später die Ergebnisse der Unterwassertests. Auf trockenem Boden bedienen sich die Ingenieure anderer, nicht minder aufschlußreicher Methoden, um die Umströmung der Karosserie sichtbar zu machen: Sie lassen ein Gemisch aus Helium und Seifenlauge durch den Kanal strömen, das sich in kleine Bläschen verwandelt, und sie lassen Rauch über die Mini-Karosserie strömen. Besonders aufschlußreich sind jedoch die sogenannten Anstrichbilder: Das Automodell wird mit einer Mischung aus Waschbenzin, Petroleum und fluoreszierender Farbe besprüht, die nur unter ultraviolettem Licht sichtbar wird. Durch den Wind verläuft die Farbe über die gesamte Karosserieoberfläche und hinterläßt Spuren, die genau den Strömungsverhältnissen entsprechen. Nach einiger Zeit trocknet die Leuchtfarbe ein, so daß die Strömung praktisch „eingefroren" wird. Bei solchen Tests sehen die Experten beispielsweise, wie der Fahrtwind über das Auto strömt, wie er sich an den Außenspiegeln ablöst oder wie er sich im Heckbereich verhält.

Doch mit dem Erkennen der strömungstechnischen Vorgänge ist es auf Dauer nicht getan. Auch in der Aerodynamik zählen letztendlich nur Fakten – zum Beispiel konkrete Meßwerte über Richtung und Geschwindigkeit der Luftströmung. Das Problem war bisher nur, an der Autokarosserie Meßgeräte zu installieren, die den Luftstrom nicht behindern und die Meßergebnisse nicht verfälschen. Erst die moderne Lasertechnik macht es möglich: Mit dem Super-Licht läßt sich die Umströmung einer Karosserie berührungslos abtasten und aerodynamisch vermessen. Die Ingenieure richten bis zu sechs Laserstrahlen auf die Stelle, die sie genauer unter die Lupe nehmen wollen. Dort, wo sich

Vom Oldtimer bis zum Stromlinien-Coupé:
So verringert sich der Luftwiderstandsbeiwert (c_W-Wert)

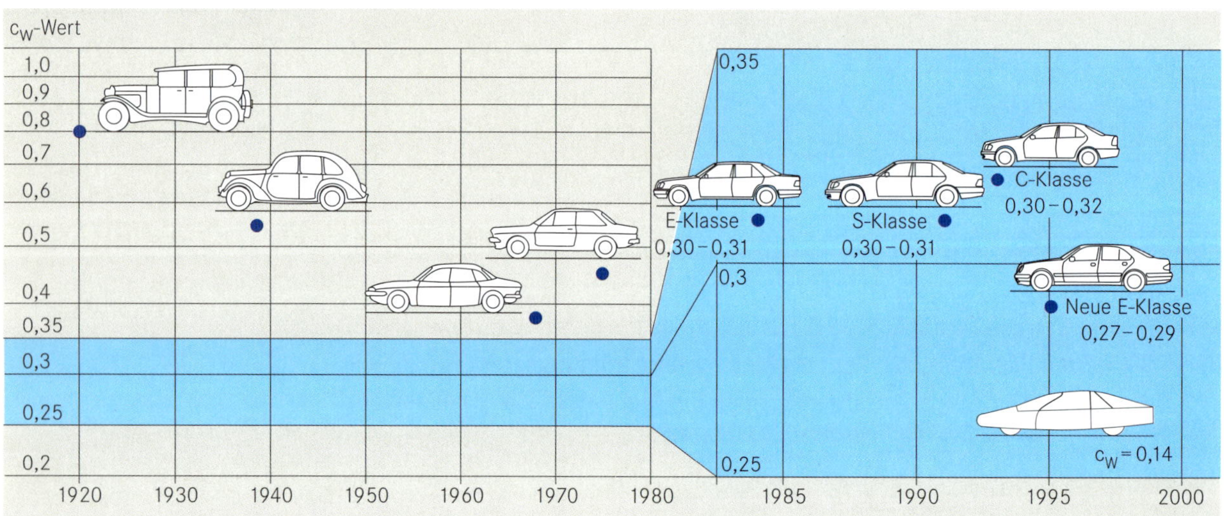

Farbeffekt:
Im Modellwindkanal lassen die Ingenieure eine Mischung aus Waschbenzin, Petroleum und fluoreszierender Farbe über die Karosserie strömen (oben). Die Farbe hinterläßt Spuren, die den tatsächlichen Strömungsverhältnissen entsprechen. Auch die moderne Lasertechnik hilft bei der Messung von Luftgeschwindigkeit und -strömung (unten).

jeweils zwei Strahlen kreuzen, ist der Meßpunkt. Winzige Staubteilchen reichen aus, um die Luftbewegung zu messen. Die Partikel streuen das Licht mit einer veränderten Frequenz zurück – die Differenz zwischen der ausgestrahlten und der reflektierten Lichtfrequenz dient als Maß für die Strömungsgeschwindigkeit.

Mit diesem High-Tech-Verfahren können die Ingenieure jeden beliebigen Punkt der Karosserie anpeilen. Noch besser: Mit Hilfe einer gläsernen Motorhaube dringt der Laser sogar in den Motorraum von Prototypen oder Vorserienmodellen ein, um dort die Strömung der Kühlluft zu analysieren. Bei der Ent-

Verbrauchsbilanz: Anteil der Fahrwiderstände am Kraftstoffverbrauch im Stadtverkehr

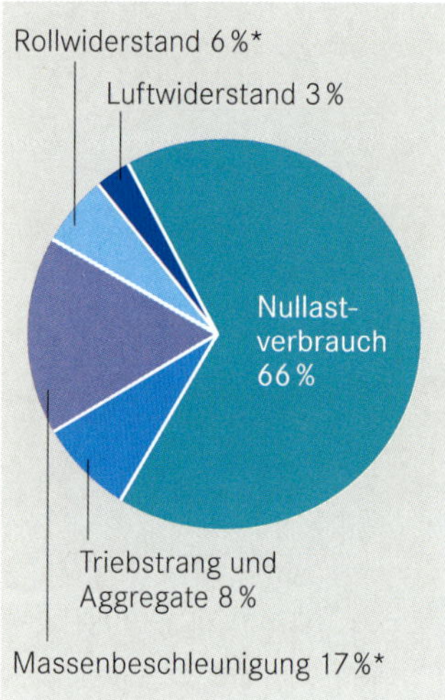

* massenabhängige Verbrauchsanteile

Verbrauchsbilanz: Anteil der Fahrwiderstände am Kraftstoffverbrauch bei 120 km/h

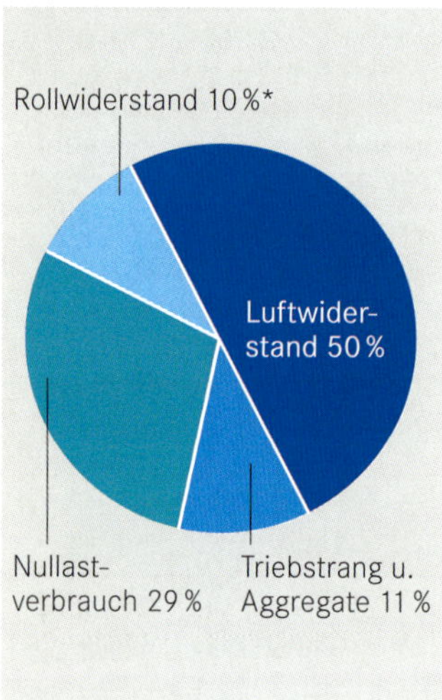

* massenabhängige Verbrauchsanteile

wicklung der E-Klasse half der Laser vor allem bei der Optimierung der Heckform. Die Ingenieure sprechen hier vom sogenannten „Nachlauf“ und meinen damit die Art und Weise, mit der sich die Luft von der Karosserie trennt. Wirbel beispielsweise, die sich unmittelbar hinter dem Heck bilden, entwickeln eine Sogwirkung und erhöhen somit den Luftwiderstand der Karosserie. Für die Aerodynamik ist nämlich ganz entscheidend, was hinter dem Auto passiert: Die perfekt geformte Dachhinterkante, die genau berechnete Heckscheibenneigung, die kleine Spoilerkante auf dem Kofferraumdeckel – das sind wichtige Karosseriedetails, die den c_W-Wert deutlich verringern.

Wie gut die neue Limousine wirklich im Wind liegt und wie erfolgreich die akribische Detailarbeit im Wasser- und Modellwindkanal war, erfuhren die Aerodynamiker Monate später – beim ersten Test mit einem serienmäßigen Vorserienmodell im Stuttgarter Mercedes-Windkanal. Nach nur knapp fünf Minuten „Testfahrt“ bei Tempo 120 kam die Bestätigung des Computers: „$c_W = 0{,}2720$; $A = 2{,}1551\ m^2$; $c_W \times A = 0{,}5862\ m^2$,“ meldete der Rechner als Meßergebnisse auf dem Monitor. Zahlen, die bei den Ingenieuren Erleichterung auslösten: Mit einem Luftwiderstandsbeiwert (c_W-Wert) von 0,27 ist der neue E 220 DIESEL eine der strömungsgünstigsten Serienlimousine der Welt. Und auch die anderen Modellversionen der neuen E-Klasse gehören mit c_W-Werten von 0,27 bis 0,29 in puncto Aerodynamik zu den besten Automobilen ihrer Klasse.

Aerodynamik mit Spareffekt

Mit diesem c_W-Erfolg haben die Aerodynamiker eine wichtige Voraussetzung für günstigen Kraftstoffverbrauch geschaffen. Neben den optimierten Motoren und dem konsequenten Leichtbau sorgt die beispielhafte Form der neuen E-Klasse dafür, daß der Spritverbrauch um durchschnittlich sechs Prozent unter den Werten des Vorgängermodells liegt. Mit einzelnen Modellvarianten wie dem neuen E 420 erzielen die Mercedes-Ingenieure sogar Kraftstoffeinsparungen von bis zu zehn Prozent.

Wie gut die Karosserie mit dem Wind spielt, macht sich vor allem bei Autobahntempo bemerkbar. Bei 120 km/h hat der Luftwiderstand bereits einen Anteil von rund 50 Prozent an allen Fahrwiderständen. Anders ausgedrückt: Bei 120 km/h verbraucht der neue E 200 7,6 Liter Benzin je 100 Kilometer – ohne die Widerstandskraft des Fahrtwinds wären es nur 3,8 Liter. Zugegeben, das ist Theorie. Doch das Beispiel zeigt, wie wichtig die Verringerung des Luftwiderstands für die Verbrauchsbilanz ist. Jeder Prozentpunkt zählt, jede c_W-Verringerung macht sich bezahlt – an der Tankstelle.

Trotzdem: Der Luftwiderstandsbeiwert ist für die Fachleute nicht das Maß aller Dinge. Sie haben ihre Aufgabe erst dann erfüllt, wenn neben dem c_W-Wert auch in puncto Fahrstabilität, Verschmutzungsverhalten, Komfort, Bremsen- und Motorkühlung Spitzenleistungen erzielt werden. Deshalb hatten bei der aerodynamischen Entwicklung der neuen E-Klasse auch Fachleute aus den Bereichen Fahrwerks- und Motorentwicklung ein Wörtchen mitzureden. Auch die aktive Sicherheit spielt eine wichtige Rolle. Wenn beispielsweise bei längerer Autobahnfahrt im Regen Spiegel und Seitenscheiben stark verschmutzen und den Durchblick des Fahrers trüben, dann haben die Aerodynamiker ihre Hausaufgaben nicht gemacht. Die Karosserie sollte nämlich so geformt sein, daß der Fahrtwind auch Regen und Schmutz an den Seitenscheiben vorbeiführt.

Praxis-Tip

Sparsam fährt am längsten

Bei aller Diskussion über die Technik, die ein Automobil bietet, um möglichst benzinsparend von A nach B zu kommen, wird oft das wichtigste „Instrument" an Bord eines Fahrzeugs vergessen: der rechte Fuß des Fahrers. Dies soll keineswegs ein Aufruf zum Schleichen in hohen Gängen oder für extrem niedrige Drehzahlen sein. Statt dessen gibt es durchaus ein paar sinnvolle und praxisgerechte Tips zum Benzinsparen:

- Achten Sie auf den richtigen Reifendruck.
- Lassen Sie Ihr Fahrzeug nicht unnötig im Stand warmlaufen.
- Rekordverdächtige Drehzahlen strapazieren nicht nur Motor und Gehör, sondern auch ihr Portemonnaie, schalten Sie rechtzeitig! Wenn Sie es nicht allzu eilig haben, fahren Sie die Gänge nur zu zwei Drittel aus.
- Keinen unnötigen Ballast mitführen (die Mineralwasser- und Bier-Kästen vom letzten Großeinkauf gehören in den Keller, nicht als Dauergepäck in den Kofferraum).
- Bauen Sie nicht mehr benötigte Dachgepäckträger und Ski-Halter ab, es sei denn, Sie wollen auch im Hochsommer der Nachbarschaft zeigen, wie oft Sie sich einen Ski-Urlaub leisten können. Bedenken Sie: Selbst Aerodynamik-Rekordler wie die neue E-Klasse bekommen mit unnötigen Dachaufbauten irgendwann den c_W-Wert eines Lastwagens.
- Den Motor während verkehrsbedingter, längerer Wartezeiten abstellen.

Die Tabelle zeigt, wie schnell sich der c_W-Wert eines Personenwagens rapide verschlechtern kann:

Verbrauchsvergleich: So beeinflussen Anbauteile den Kraftstoffverbrauch*

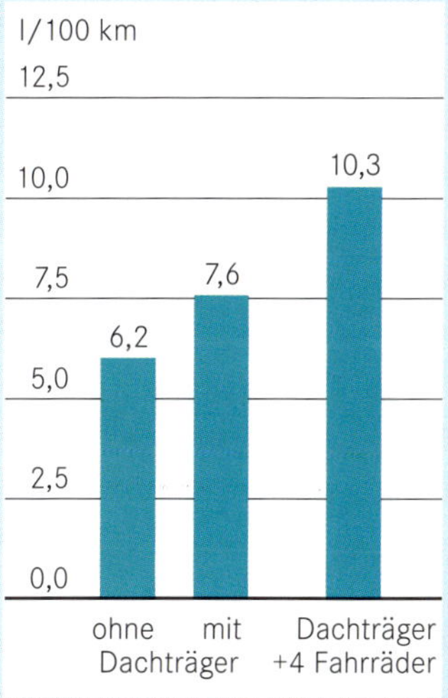

* am Beispiel des E 230 bei Tempo 100

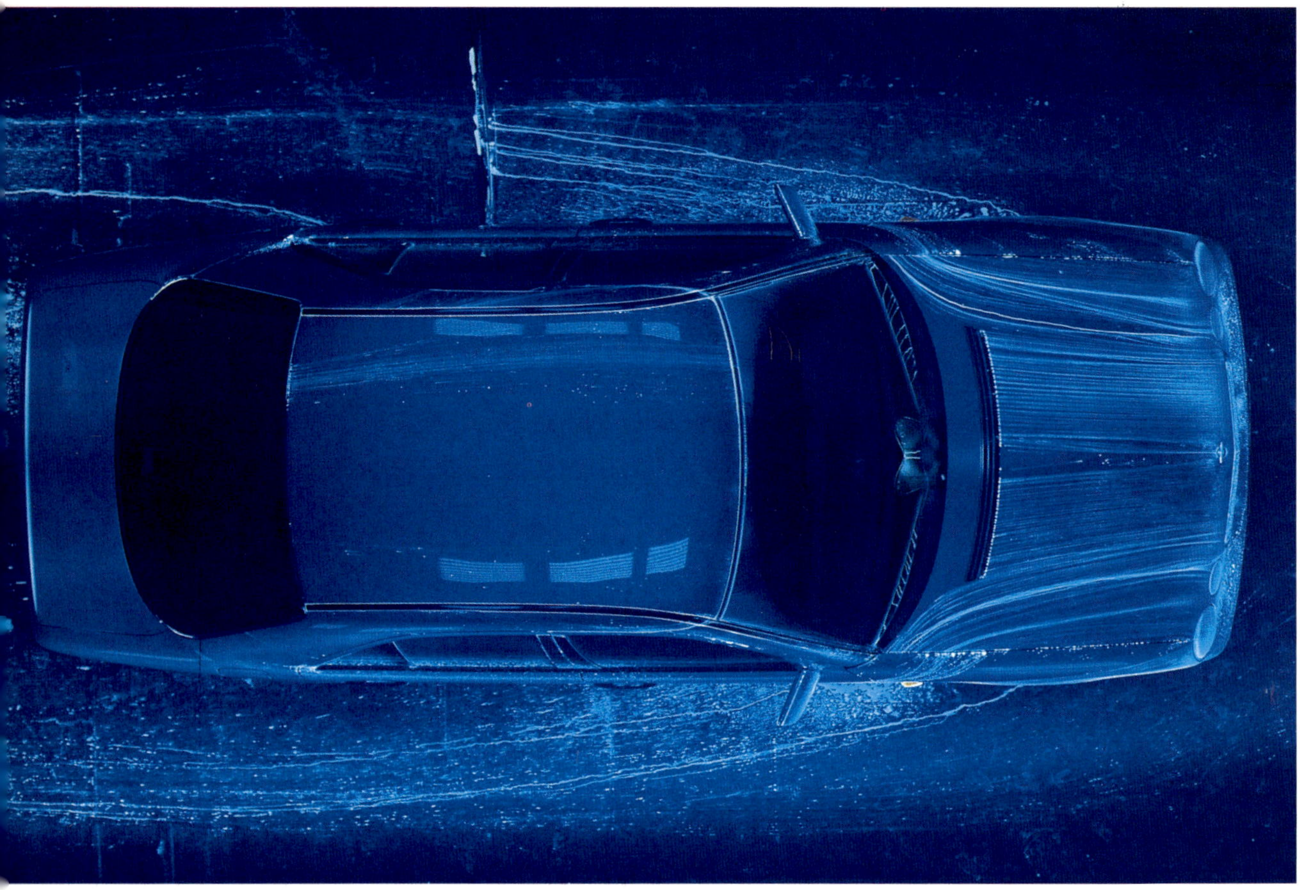

Testfahrt:
Unter ultraviolettem Licht beobachten die Aerodynamikfachleute die Verschmutzung der Seitenscheiben.

So beeinflußt die Aerodynamik die Fahrzeugfunktionen

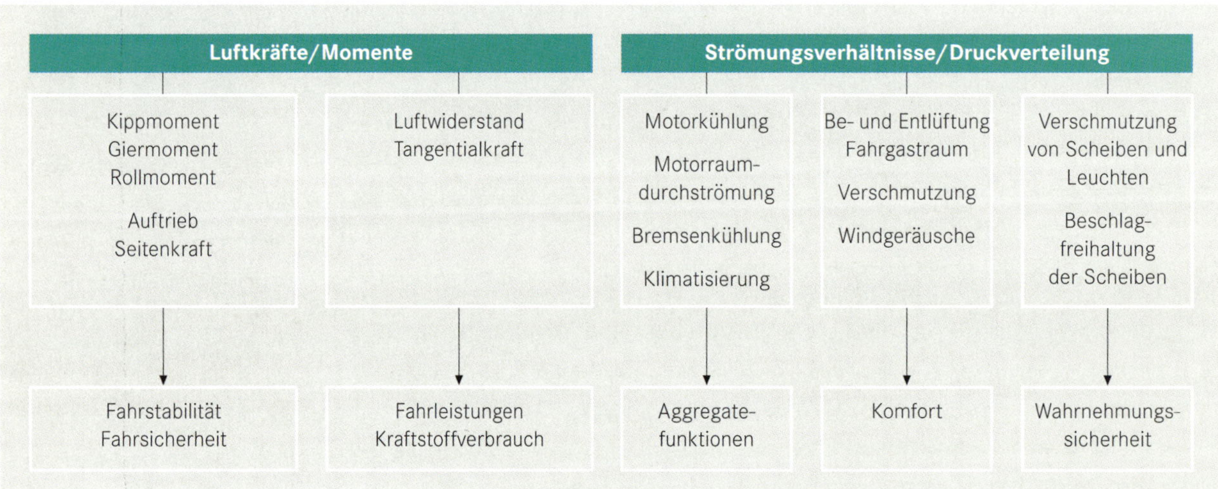

Testfahrt unter UV-Licht

Dieses Ziel haben die Mercedes-Ingenieure ebenfalls erreicht. Das bestätigen Tests im Windkanal: Bei Luftgeschwindigkeiten von 80 bis 120 km/h wird Wasser über die Karosserie gesprüht, das mit einer fluoreszierenden Testflüssigkeit vermischt wird. Sie dient als Schmutz-Ersatz. Große Lichtwände mit UV-Lampen beleuchten die regenreiche Szene und machen den Verlauf der Chemikalie an der Karosserieoberfläche sichtbar. Wird das Licht ausgeschaltet, bleibt nichts als Wasser zurück. Der Wassertest dauert nur drei bis fünf Minuten, hinterläßt aber die gleiche Schmutzwirkung wie eine halbstündige Autobahntour bei strömendem Regen. Kein Problem für die neue E-Klasse: Außenspiegel und Seitenscheiben bleiben weitgehend sauber, so daß der Autofahrer selbst bei Schmuddelwetter stets eine ungetrübte Rundumsicht hat.

Ein ebenso wichtiger aerodynamischer Sicherheitsaspekt ist die Seitenwindempfindlichkeit der Karosserie. Um auch in diesem Punkt auf Nummer Sicher zu gehen, machten die Mercedes-Ingenieure die Probe aufs Exempel und luden 50 Autofahrerinnen und Autofahrer zur Testfahrt ein. Sie bewerteten die Fahrstabilität mehrerer Karosserievarianten, die sich durch aerodynamisch wirksame Karosseriedetails voneinander unterschieden. Auf den notwendigen Seitenwind mußte das Testteam nicht lange warten. Den gab's nämlich per Knopfdruck – die Tests fanden im Berliner Fahrsimulator von Daimler-Benz statt.

Technik-Info aerodynamische Karosseriedetails: Feinschliff am Blechkleid

- Radspoiler vor allen Radkästen verringern den Auftrieb der Karosserie, den Staudruck der Luft vor den Reifen und die Bremsentemperatur.
- Aerodynamisch geformte Außenspiegel verhindern dank einer integrierten Spoilerkante die Verschmutzung der Seitenscheiben.
- Die dezente Spoilerkante im Kofferraumdeckel hält den Heckauftrieb in engen Grenzen und sorgt überdies für eine verwirbelungsfreie Abströmung des Fahrtwinds.
- Die nach innen eingezogenen C-Säulen ermöglichen zusammen mit dem flachen Neigungswinkel der Heckscheibe eine enganliegende Umströmung der Karosserie.
- Die schrägstehende Kühlermaske und die im Luftstrom gestaltete Bugschürze führen den Fahrtwind ablösungsfrei über und um die Karosserie.
- Der speziell geformte Windabweiser des Schiebedachs dient mit seinen markanten Einkerbungen der Geräuschreduzierung.

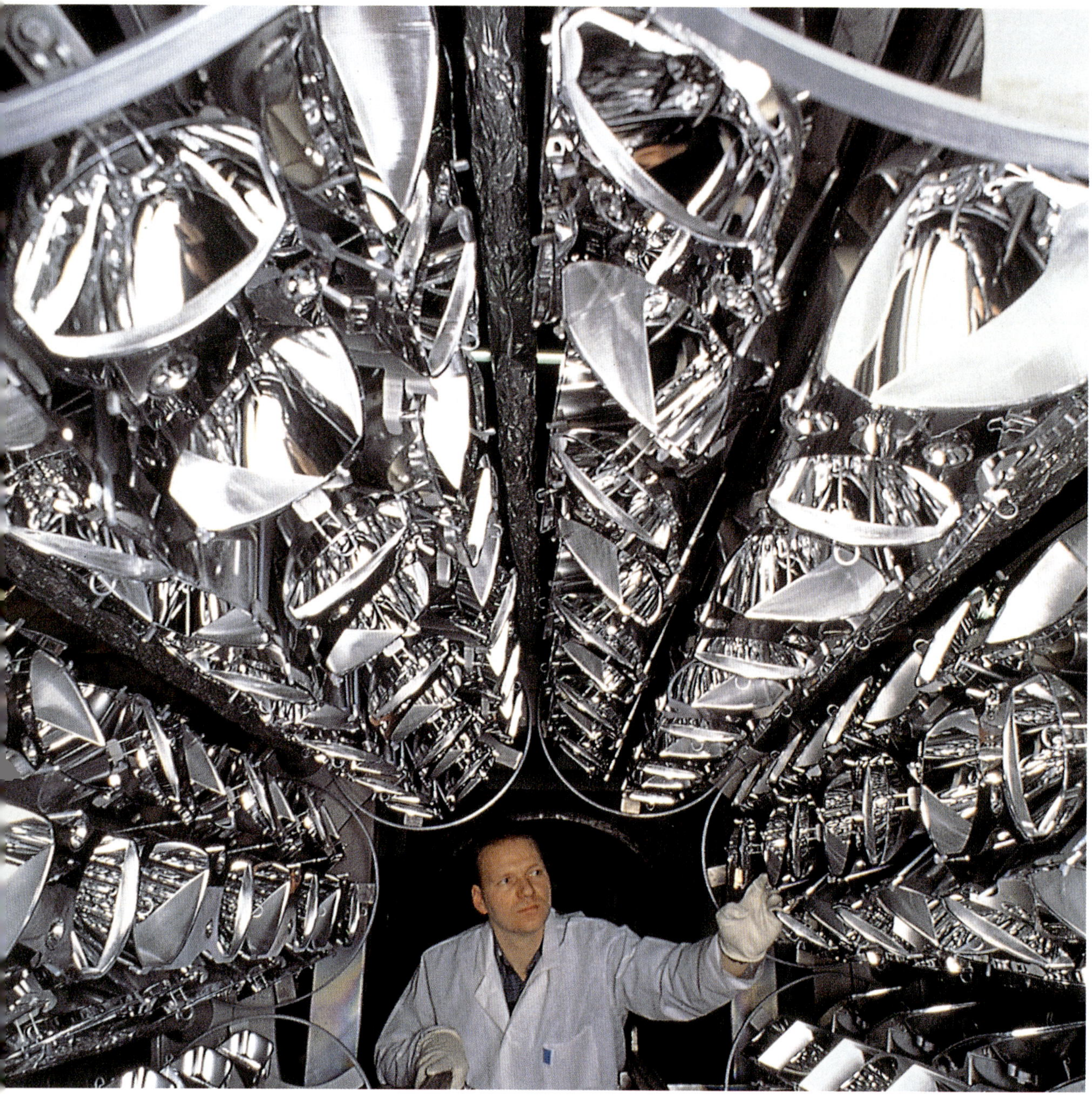

Glanznummer:
Die Scheinwerferreflektoren werden mit Aluminium bedampft. Durch das Konstruktionsprinzip der „freien Flächen“ ist die Reflektorfläche in Tausende kleiner Spiegelelemente aufgeteilt.

In bestem Licht

Vier Augen sehen besser als zwei. Nach diesem Motto verlief die Entwicklung der ovalen „Augen" der neuen E-Klasse, die nicht nur für gutes Aussehen, sondern vor allem auch für gutes Sehen sorgen. Tatsächlich: Die ovalen Scheinwerfer der Mercedes-Limousinen, die das charaktervolle Gesicht der neuen Modellreihe prägen, sehen nicht nur gut aus, sie haben auch technisch einiges zu bieten. Kompromißlos setzen die Mercedes-Ingenieure hier die neueste Lichttechnik ein und verbessern damit die Fahrsicherheit bei Nacht und Nebel deutlich. Dafür bot bereits das neue, attraktive Karosseriedesign der E-Klasse beste Voraussetzungen. Denn: Das Vier-Augen-Gesicht ermöglicht die Trennung von Abblend- und Fernlicht, deren Scheinwerferreflektoren die Ingenieure optimal auf ihre jeweilige Aufgabe abstimmen konnten. Die beiden größeren Scheinwerfer der neuen E-Klasse beherbergen Abblendlicht und Blinkleuchten, die kleineren innenliegenden Scheinwerfer sind dem Fern- und dem Stand-/Parklicht vorbehalten, und die Nebelscheinwerfer finden in der Stoßfängerverkleidung ihren Platz.

Neue Wege zu gehen, das erfordert auch in punkto Lichttechnik den Einsatz moderner Hochleistungscomputer. Nur mit ihrer Hilfe lassen sich die leistungsfähigen Scheinwerferreflektoren berechnen und herstellen, die bei der E-Klasse viel mehr Licht ins Dunkel bringen. Der Trick: Am Rechnerbildschirm legen die Ingenieure zuerst fest, wie sie sich eine gleichmäßige Lichtverteilung auf der Fahrbahn vorstellen. Den Rest übernimmt der Computer. Er berechnet einen Scheinwerferreflektor, der den Wünschen der Lichttechniker entspricht. Dazu teilt er die Reflektoroberfläche in Tausende kleiner Spiegelelemente auf, die er solange verschiebt und verformt, bis sie eine optimale Position haben. So gelingt es, jedem Lichtpunkt auf der Fahrbahn einen separaten Mini-Reflektor zuzuordnen. Das Zusammenspiel aller Spiegelelemente eines Reflektors ermöglicht schließlich nicht nur ein Optimum an Lichtverteilung, sondern auch einen Idealkompromiß zwischen Lichtstrom (Helligkeit) und Reichweite.

Weil die einzelnen computerberechneten Reflektorsegmente mathematisch nicht definierbar sind, sprechen die Lichttechniker von „freien Flächen" und nennen den High-Tech-Reflektor in der neuen E-Klasse demzufolge auch Frei-Flächen-Reflektor – kurz FF-Reflektor. Das bedeutet aber nicht, daß die

Vergleichstest:
Im Lichtlabor überprüfen die Ingenieure verschiedene Scheinwerfersysteme unter praxisnahen Bedingungen.

Konstruktion eines solchen Bauteils aus dem „FF“ erfolgt. Ganz im Gegenteil: Bevor ein erster Prototyp hergestellt werden konnte, prüfte der Computer mehr als 50 verschiedene Varianten und testete deren Lichtqualität auf imaginären Teststrecken, auf denen Fußgänger, Schilder, Leitpfosten, Bäume und Fahrbahnmarkierungen für realistische Verhältnisse sorgen. Veränderungen der Reflektorgeometrie sind hier mittels Knopfdruck möglich. Nach Eingabe anderer Konstruktionsdaten, Koordinaten und Reflektorwerte berechnet der Computer die Lichtverteilung aufs neue und macht sie wirklichkeitsgetreu auf der Teststraße sichtbar. Der Entwicklungsingenieur schlüpft dabei in die Rolle des Autofahrers und kann die Fahrbahnausleuchtung aus der gleichen Sitzposition bewerten.

Vorteile aus dem „FF“

Schon während der Computersimulation ging den Fachleuten bei der Entwicklung der neuen Oval-Scheinwerfer ein Licht auf: Dank FF-Technik liegt der nutzbare Lichtstrom, der als Maß für die Helligkeit gilt, beim Abblendlicht weit

Praxis-Tip

Scheuern verboten

Die Kunststoff-Streuscheiben der neuen E-Klasse sind mit einer aufwendigen Beschichtung versehen, die als Schutzschild gegen Splitt und Steine dient. Diese Beschichtung reagiert sehr empfindlich auf unsachgemäßes Reinigen. Trockenes Reiben oder aggressive Reinigungsmittel zerstören die Spezialschicht. Am sichersten ist es, das Säubern der Scheinwerfer grundsätzlich der speziellen Scheinwerferreinigungsanlage zu überlassen, die den Schmutz schnell und effektiv per Hochdruckstrahl löst. Wer dennoch selbst Hand anlegen will oder muß: Ein weiches Tuch, reichlich handwarmes Wasser und nur den speziellen Autoglasreiniger aus dem Mercedes-Pflegesortiment verwenden. Den Kunststoff-Streuscheiben auf keinen Fall mit Papiertüchern, Insektenschwamm oder aggressiven Reinigungsmitteln zu Leibe rücken.

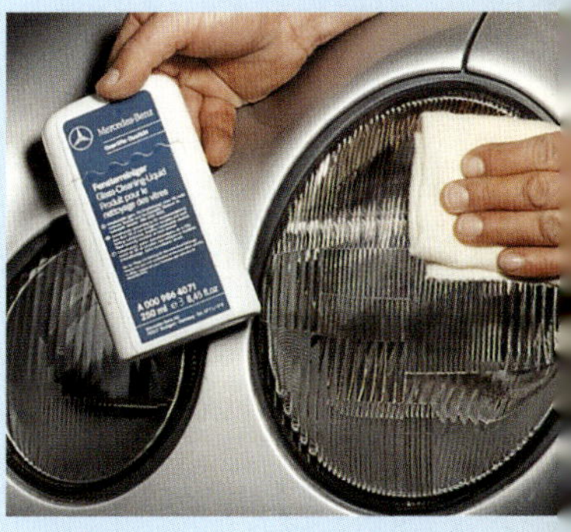

über dem Wert der bisherigen E-Klasse-Scheinwerfer. Dies ist auch dem Einsatz lichtstarker H 7-Glühlampen anstelle der bisherigen H 4-Varianten zu verdanken. Die Doppelfunktion der H 4-Lampen (Abblend- und Fernlicht) erfordert einen Kompromiß bei der Ausnutzung der Reflektorfläche: Um die gesetzlich vorgeschriebene Hell-Dunkel-Grenze einzuhalten und den Gegenverkehr nicht zu blenden, wird das Abblendlicht der Glühlampe nur gegen die obere Hälfte des Paraboloidreflektors gerichtet und von dort abgeblendet. Bei den modernen H 7-Lampen ist das anders. Sie strahlen ihr Licht rundum ab, den Abblendeffekt übernimmt der FF-Reflektor, der auf diese Weise vollständig genutzt werden kann. Der Effekt: Das Abblendlicht ist stärker, reicht weiter und leuchtet die Fahrbahn gleichmäßiger aus. Auch die Fernscheinwerfer, die in der neuen E-Klasse ebenfalls mit H 7-Lampen bestückt sind, zeichnen sich durch eine größere Reichweite und einen höheren Lichtstrom aus. Da bei Fernlicht auch die Abblendscheinwerfer eingeschaltet bleiben, ist auch das Umschalten angenehmer: Das von vielen Autofahrern gefürchtete „schwarze Loch“ beim Lichtwechsel taucht nicht auf.

Kunststoff statt Glas

Eigentlich kämen die FF-Reflektoren ohne die üblichen Streuscheiben aus. Weil die Lichtverteilung bereits durch die vielen tausend Einzelsegmente auf der Reflektoroberfläche bestens geregelt ist, könnten die Lichttechniker zur Abdeckung der Scheinwerfer einfaches Klarglas statt strukturierter Streuscheiben verwenden. Doch mit einer solchen Einfachlösung geben sich Mercedes-Ingenieure nicht zufrieden. „Ein Scheinwerfer ohne Streuscheibe ist wie ein Motor ohne Öl", sagte man sich in Sindelfingen und entwickelte für die neue E-Klasse Streuscheiben, die den FF-Effekt der Reflektoren zusätzlich unterstützen und das Licht somit noch besser über die Straße verteilen. Allerdings: Auf den altbewährten Werkstoff Glas verzichtete man bei den Streuscheiben der neuen E-Klasse. Er wird – erstmals bei Mercedes-Benz – durch Kunststoff ersetzt. Aus gutem Grund: Das Polycarbonat bringt weitaus weniger Gewicht auf die Waage als Glas und leistet somit einen wichtigen Beitrag zum Mercedes-Leichtbaukonzept. Die Gewichtseinsparung gegenüber Glas beträgt rund 50 Prozent. Ein weiterer Vorteil des Kunststoffs ist seine Elastizi-

Leuchtweitenregulierung:
So sollte der Neigungswinkel des Abblendlichts eingestellt sein

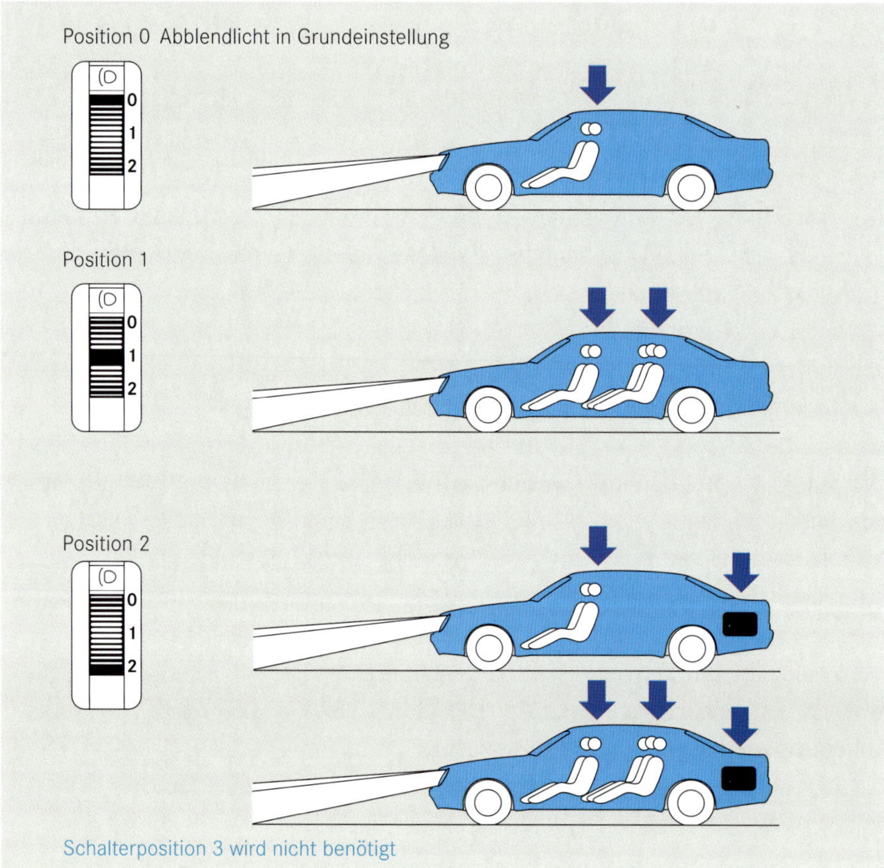

tät. Während herkömmliche Streuscheiben aus Glas nach einigen Jahren Praxiseinsatz an ihrer Oberfläche tausende kleiner Krater durch Steinschlag aufweisen und dadurch die Blendung des Gegenverkehrs erhöhen, reagiert Kunststoff weitaus unempfindlicher. Rollsplitt prallt an der kratzfest beschichteten Oberfläche der neuen Deckgläser elastisch ab und hinterläßt somit geringere Spuren. Überdies ist das Polycarbonat der Stoff, mit dem die Träume der Designer in Erfüllung gehen. Der Kunststoff läßt sich nämlich leichter und präziser formen als Glas und paßt sich damit besser modernen Karosserieformen an. Mit gläsernen Scheinwerfern wären beispielsweise die kleinen und gleichmäßigen Fugen zwischen den Scheinwerfern und der Motorhaube der neuen E-Klasse nicht möglich.

Hochdruck:
Die neuentwickelte Scheinwerferreinigungsanlage sprüht das Wasser mit einem Druck von 3,5 bar gegen Abblend- und Fernscheinwerfer.

Produktion im Reinraum

Die Herstellung der Kunststoff-Streuscheiben erfordert ein Höchstmaß an Akribie. Absolute Sauberkeit gilt als Grundbedingung – das kleinste Staubkörnchen würde die Lichtqualität und die Elastizität der Oberflächenbeschichtung beeinträchtigen. Deshalb läuft die Produktion der E-Klasse-Streuscheiben in sogenannten Reinräumen, deren Luft mehrfach gefiltert wird und deshalb absolut staubfrei ist. Hier arbeiten Lackierroboter und spritzen einen speziellen Klarlack auf die Frontflächen der Streuscheiben, der anschließend unter starkem Ultraviolett-Licht aushärtet.

Diese aufwendige Beschichtung bietet die Gewähr, daß kleine Steine oder Splitt keine Spuren hinterlassen. Allerdings: Die Kunststoff-Streuscheiben sind zwar bei Steinschlag fast unzerstörbar, doch auf unsachgemäße Reinigung durch trockenes Reiben reagieren sie empfindlich. Wer der lackierten Oberfläche mit einem Scheuertuch oder einem aggressiven Reinigungsmittel zu Leibe rückt, zerstört die Spezialbeschichtung. Beides ist auch nicht notwendig, denn Mercedes-Benz hat eigens für die neuen Kunststoff-Streuscheiben eine Scheinwerferreinigungsanlage entwickelt, die den Schmutz mittels Hochdruckwasserstrahl löst. Ein Knopfdruck an der Mittelkonsole genügt, und eine Pumpe baut bis zu 3,5 bar Wasserdruck auf, mit dessen Hilfe zunächst zwei über zehn Zentimeter lange Teleskoparme aus der Karosserie geschoben werden. Anschließend öffnen sich zwei Ventile, und eine genau dosierte Wassermenge spritzt gegen Abblend- und Fernscheinwerfer. Speziell entwickelte Wirbelkammerdüsen an der Spitze der Teleskope garantieren eine kontrollierte Ausbreitung des Wasserstrahls, so daß die Scheinwerfer auch bei schneller Fahrt vollständig gesäubert werden. Nach dem kurzen, aber effektvollen Reinigungsprozeß ziehen sich die Teleskope mit Hilfe von Rückholfedern wieder in die Karosserie zurück.

Die Entwicklung der Scheinwerferreinigungsanlage erfolgte ebenfalls im Lichtlabor. Den dafür erforderlichen Schmutz rührten die Techniker selbst an – genau nach gesetzlich vorgeschriebener Rezeptur. Weil nämlich Schmutz

Gaslicht:
Die Xenon-Scheinwerfer der neuen E-Klasse sind doppelt so lichtstark wie herkömmliche Halogen-Scheinwerfer.

nicht gleich Schmutz ist, legt eine Norm haarklein fest, mit welchem Schmutz die Wirkung einer Scheinwerferreinigung zu testen ist: Pflanzenkohlenstaub mit einer Partikelgröße von bis zu 100 Mikrometern und 0,2 Gewichtsteilen Natriumsalz, der mit destilliertem Wasser aufbereitet wird. Per Spritzpistole wird dieser „Normschutz“ aufgetragen. Und zwar soviel, daß der Scheinwerfer nur noch ein Fünftel seiner Leuchtkraft besitzt. Dann tritt die Hochdruckreinigung in Aktion: Zwei Spritzimpulse im Abstand von sieben Sekunden genügen, um auf der Oberfläche der Streuscheiben wieder für Durchblick zu sorgen.

Licht aus Gas

Kein Zweifel: Mit FF-Reflektor, H 7-Glühlampen und Kunststoff-Streuscheiben ist die neue E-Klasse ein wahres Glanzlicht. Das gilt aber vor allem für das Avantgarde-Modell, denn hier verbirgt sich hinter den ovalen Deckgläsern die neueste und derzeit beste Lichttechnik: Xenon-Scheinwerfer mit Gasentladungslampen, in deren Quarzglaskörper das Leuchtgas Xenon und Spuren verschiedener Metallsalze als Lichtquelle dienen. Ein elektronisches Schaltgerät läßt diese Mischung mit einem kurzzeitigen Spannungsimpuls von bis zu 28 000 Volt aufleuchten, so daß sich zwischen den Elektroden der Lampe ein Lichtbogen bildet. Er ersetzt die Glühwendel der bisherigen Lampen.

Das neuartige „Gas-Licht“ hat unübersehbare Vorzüge. Der wichtigste: Bei nur 35 Watt Stromverbrauch ist der Xenon-Scheinwerfer doppelt so licht-

Fortschritt durch Xenon-Licht: Scheinwerfertechnik im Vergleich

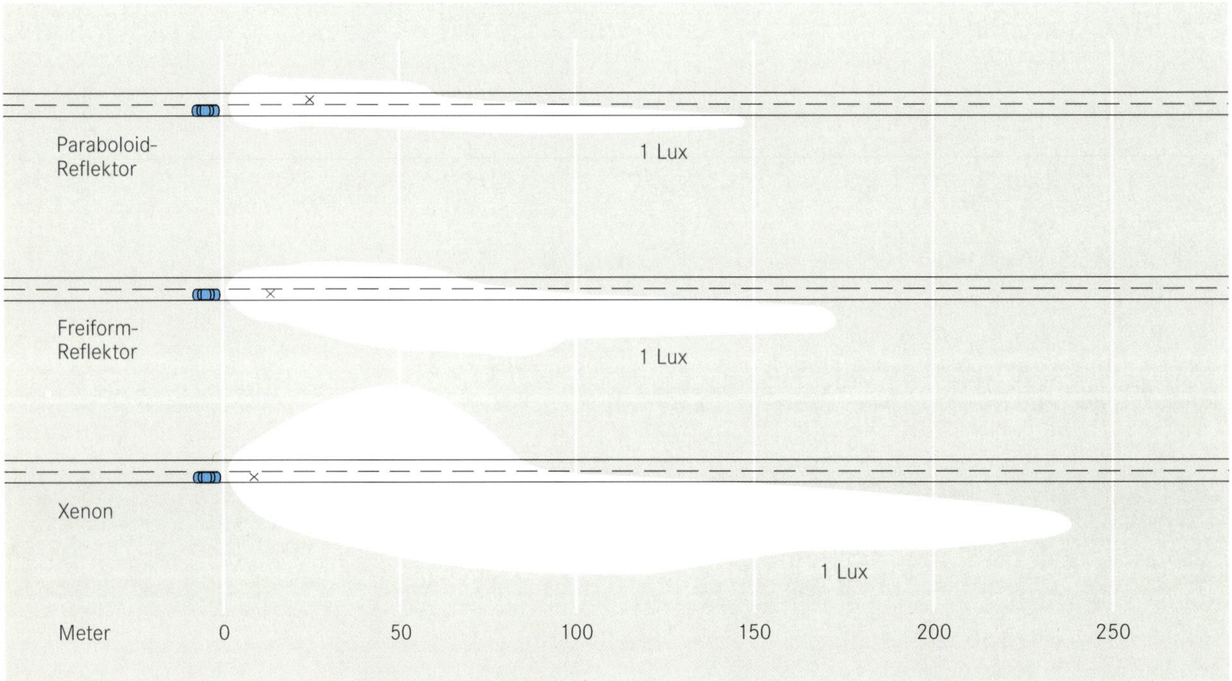

Praxis-Tip

Glühlampenwechsel mit Vorsicht

Die Lichtanlage der neuen E-Klasse ist so konstruiert, daß sämtliche Leuchteneinheiten für einen Glühlampenwechsel leicht zugänglich sind. Trotzdem sollte man einige Sicherheitshinweise unbedingt beachten:

- Die Gasentladungslampen (Xenon-Licht) müssen vom Fachpersonal einer Mercedes-Vertragswerkstatt ausgewechselt werden. Vorsicht: Hochspannung.
- Die H 7-Glühlampen für Abblend- und Fernlicht stehen unter Druck. Wer sie im Do-it-yourself-Verfahren auswechseln möchte, sollte unbedingt Augenschutz und Handschuhe tragen.
- Grundsätzlich keine Glühlampen verwenden, deren Glas bereits verkratzt oder beschädigt ist. Sie könnten platzen.
- Glühlampen niemals mit den bloßen Finger anfassen, sondern Seidenpapier oder ein weiches Tuch verwenden.
- Vor dem Glühlampenwechsel die Fahrzeugbeleuchtung und die Zündung ausschalten. Vorsicht: Kurzschlußgefahr.
- Hinweise zum Wechsel der verschiedenen Glühlampen stehen in der Bedienungsanleitung – unbedingt beachten.
- Die E-Klasse ist mit besonderen Glühlampen ausgerüstet, die speziell auf die Fahrzeugtechnik abgestimmt sind. Auf jeden Fall nur die Original-Glühlampen gemäß folgender Tabelle verwenden:

Glühlampentabelle

	Glühlampentyp*	Besonderheit
Blinklicht vorn	PY 21 W, 21 Watt	gelbgefärbter Glaskolben
Zusatzblinklicht seitlich	WY 5 W, 5 Watt	gelbgefärbter Glaskolben
Abblendlicht/Fernlicht	H 7 55 W, 55 Watt	Handschuhe und Augenschutz tragen
Standlicht/Parklicht	H 6 W, 6 Watt	Halogenglühlampe
Nebellicht	H 1, 55 Watt	
Blinklicht hinten	P 21 W, 21 Watt	
Brems-, Schluß- und Parklicht	P 21 W, 21/4 Watt	
Schlußlicht zusätzlich	R 5 W, 5 Watt	
Rückfahrlicht	P 21 W, 21 Watt	im Heckdeckel
Kennzeichenbeleuchtung	C 5 W, 5 Watt	
Nebelschlußlicht	P 21 W, 21 Watt	auf der Fahrerseite, im Heckdeckel
Dritte Bremsleuchte	P 21 W, 21 Watt	auf der Hutablage

* Sockelbezeichnung und Leistung (W)

Praxis-Tip

Sicher durch Nacht und Nebel

- Die Scheinwerfer und Rücklichter des Autos regelmäßig reinigen.
- Bei Gegenverkehr nicht die Scheinwerfer des entgegenkommenden Wagens, sondern den rechten Fahrbahnrand anschauen. Beim Näherkommen des Gegenverkehrs langsam nach links sehen, bis die Augen jene Stelle anpeilen, wo das eigene Auto dem anderen Wagen begegnet.
- Die Sehleistung kann man selbst prüfen: Wer auf 25 Meter Entfernung das Nummernschild des vorausfahrenden Wagens nicht klar erkennen kann, hat zu schlechte Augen und sollte einen Augenarzt aufsuchen.
- Bei Nebel sofort das Abblendlicht einschalten und den Fuß vom Gaspedal nehmen. Überholmanöver beenden und weit rechts fahren.
- Am Fahrbahnrand oder an den Begrenzungspfosten rechts neben der Spur orientieren. Die Leitpfosten haben auf Autobahnen einen Abstand von 50 Metern.
- Niemals an den Rücklichtern des vorausfahrenden Wagens orientieren. Das hat bei plötzlichen Bremsmanövern oft fatale Folgen: Je dichter der Nebel, desto kürzer ist der Abstand zum Vordermann.
- Nebelschlußlicht nur einschalten, wenn die Sichtweite weniger als 50 Meter beträgt. Andernfalls blendet das helle Licht nachfolgende Autolenker.

stark wie eine herkömmliche Halogen-Glühlampe mit 55 Watt. Auch die Lebensdauer ist höher. Ein Auswechseln der Gasentladungslampen ist zwar möglich, doch meist nicht notwendig – die Xenon-Lichter leuchten ein ganzes Autoleben lang. Als weiterer Vorteil kommt die angenehme Farbtemperatur des Xenon-Lichtes hinzu, dessen Farbe fast so natürlich ist wie das Tageslicht. Dank dieser Vorzüge ist eine weitaus bessere und hellere Ausleuchtung der Fahrbahn und der Seitenränder gewährleistet. Das macht sich vor allem bei Kurvenfahrt oder an Einmündungen positiv bemerkbar.

Die hohe Lichtleistung der Xenon-Scheinwerfer, die auf Wunsch auch für die anderen Lines der neuen E-Klasse lieferbar sind, erfordert jedoch eine besonders präzise Lichteinstellung. Andernfalls besteht nämlich die Gefahr, daß die „Lichtkanonen" den Gegenverkehr blenden. Um dies wirksam zu verhindern, greifen die Mercedes-Ingenieure tief in die elektronische Trickkiste und rüsten die Avantgarde-Modelle der neuen E-Klasse mit einer sensorgesteuerten Leuchtweiteregulierung aus, die blitzschnell jeder Karosseriebewegung folgt. Spezielle Drehwinkelsensoren an Vorder- und Hinterachse registrieren beispielsweise nicht nur das Eintauchen der Heckpartie bei beladenem Kofferraum, sie erkennen auch dynamische Karosseriebewegungen, beispielsweise beim Bremsen oder Beschleunigen. Solche Lageveränderungen erkennt das System automatisch und verändert die Einstellung der Scheinwerferreflektoren, so daß keine Blendgefahr besteht.

Die dynamische Leuchtweiteregulierung gehört zu den vielen technischen Innovationen in der neuen E-Klasse, auf die man bei Mercedes-Benz besonders stolz ist. Mit gutem Grund: Der sensorgesteuerte, superschnelle Lichtkorrektor feiert jetzt seine Premiere im automobilen Serieneinsatz.

Ebenso wie die Frontscheinwerfer prägen auch die Heckleuchten das neue Erscheinungsbild der E-Klasse. Der brillante Auftritt wird in erster Linie durch die rotgefärbten Lichtscheiben und die aluminiumbedampften Reflektoren der Heckleuchten erzielt. Nur der Lichtaustritt des Rückfahrlichts ist rauchglasfarbig. Die auf jeder Seite zweigeteilten Rückleuchteneinheiten sind neu für die Marke Mercedes-Benz: Am Kofferraumdeckel sind Rückfahrlicht und Nebelschlußleuchte angeordnet, während sich Blinker, Brems- und Schlußleuchten in den Kotflügeln befinden. Ein drittes Bremslicht, das auf der Hutablage seinen Platz hat, gehört zur Serienausstattung aller Limousinen der neuen E-Klasse.

Sensor für den Scheibenwischer

Für eine perfekte Sicht des Autofahrers sorgen nicht nur die Scheinwerfer der E-Klasse, sondern auch der bewährte Einarm-Hubscheibenwischer. Sein langer Arm erreicht 88 Prozent der Scheibenfläche und sorgt damit für eine noch bessere Durchsicht als beim Vorgängermodell (86 Prozent). Neu

Regensensor:
Ein optoelektronischer Meßfühler an der Innenseite der Frontscheibe erfaßt die Regenintensität und steuert demzufolge die Intervallpausen des Scheibenwischers.

Praxis-Tip

Regelmäßig zum Sehtest

Rund 90 Prozent aller Sinneseindrücke werden durch die Augen wahrgenommen. Deshalb sollte jeder Autofahrer prüfen lassen, ob seine Sehleistung ausreicht, um sicher fahren zu können. Die Selbsteinschätzung über das Sehvermögen kann trügen. Denn Befragungen mit anschließenden Sehtests haben ergeben: ein Drittel der Befragten sieht schlecht, glaubt aber gut zu sehen. Der Grund: Mit zunehmendem Alter verschlechtern sich bestimmte Sehfunktionen oft, ohne bemerkt zu werden. Neben der zentralen Sehschärfe sollten Sie sich auch das Dämmerungssehen und die Blendempfindlichkeit überprüfen lassen. In der Nacht ist die Unfallgefahr drei- bis viermal größer als am Tag. Etwa 25 Prozent der Beteiligten an einem Nachtunfall haben eine stark verminderte Dämmerungssehschärfe oder eine verstärkte Blendempfindlichkeit. Deshalb: Regelmäßig einen Sehtest durchführen lassen.

Eine klare und saubere Windschutzscheibe führt bereits zu einer Lichtreduktion von etwa 10 Prozent. Viele Fahrer sind der Meinung, daß sie sich mit getönten Brillengläsern gegen Blendungen schützen könnten. Das ist sicher falsch. Denn diese lichtschluckenden Gläser vermindern die Wahrnehmung zusätzlich, weil jetzt noch weniger Licht auf die Augen trifft. Wer am Tage mit getönten Brillengläsern unterwegs ist, braucht für Nachtfahrten eine entspiegelte Brille ohne Tönung. Auch die Sonnenbrille nicht vergessen. Beim Kauf von Sonnenschutzgläsern sollte man darauf achten, daß es sich um optisch korrekte Gläser mit möglichst hundertprozentigem UV-Schutz handelt. Und: Das normale Farbensehen solllte durch die Sonnenbrille nicht beeinträchtigt werden.

ist auch die bereits in der S-Klasse verwirklichte geschwindigkeitsabhängige Intervallschaltung, deren Elektronik das jeweilige Fahrtempo berücksichtigt und beispielsweise bei langsamer Fahrt längere Intervallpausen zuläßt als bei Autobahntempo. Apropos Intervallregelung: Der Scheibenwischer läßt sich auf Wunsch mit einem neuartigen Regensensor kombinieren, der an der Innenseite der Frontscheibe seinen Platz findet. Die beiden optoelektronischen Meßsysteme des Sensors haben ein genaues Gespür für Niesel- oder Dauerregen und steuern die Intervallpausen des Scheibenwischers zwischen beliebig langer Pause und Dauerwischen – je nach Regenintensität. Voraussetzung dafür ist die Aktivierung des Sensors am mercedestypischen Kombischalter für Scheibenwischer, Fernlicht und Blinker. Dank Regensensor entfällt das manuelle Umschalten der Scheibenwischergeschwindigkeit, und der Autofahrer kann sich noch besser auf das Verkehrsgeschehen konzentrieren. Übrigens: Die neue Mercedes-Benz E-Klasse ist das erste Serienautomobil, das mit einem solchen Regensensor ausgestattet ist.

Technik-Info Regensensor: Intervallregelung nach Regenintensität

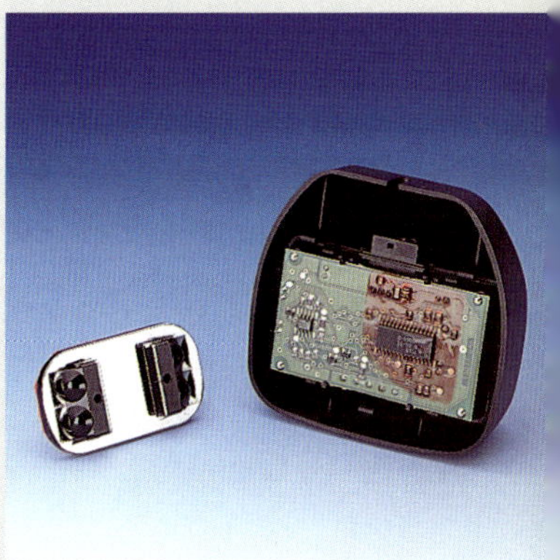

Die moderne Elektronik der E-Klasse trägt wesentlich zur Entlastung des Autofahrers bei. Beispiel Scheibenwischer: Er läßt sich mit einem neuartigen Regensensor kombinieren, der je nach Regenintensität die Intervallpausen des Scheibenwischers regelt.

Das automatische Wischerintervall mit Sensorsteuerung basiert auf der modernen Infrarottechnik. Die beiden Dioden des Regensensors senden einen unsichtbaren Lichtstrahl gegen die Frontscheibe, der je nach Regenintensität mit unterschiedlicher Stärke reflektiert wird. Prasselt beispielsweise ein heftiger Platzregen auf die Scheibe, schaltet das Sensorsystem automatisch von Intervall- auf Dauerwischen um. Fallen dagegen nur ein paar vereinzelte Regentropfen vom Himmel, steuert die Elektronik die Wischertätigkeit so, daß der Autofahrer stets den besten Scheibendurchblick hat, und der Wischer trotzdem keine geräuschvolle „Trockenübung" absolviert. Auch die größere Empfindlichkeit des menschlichen Auges auf Reflexionen bei Nacht wird berücksichtigt: Die Sensorelektronik paßt sich an die Lichtverhältnisse an und steuert das Wischerintervall dementsprechend. Im Winter bleibt der Regensensor ebenfalls jederzeit einsatzbereit – die optoelektronische Meßstrecke ist beheizt.

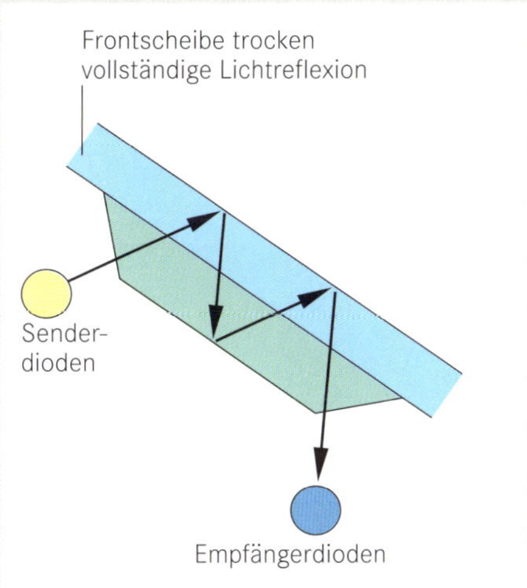

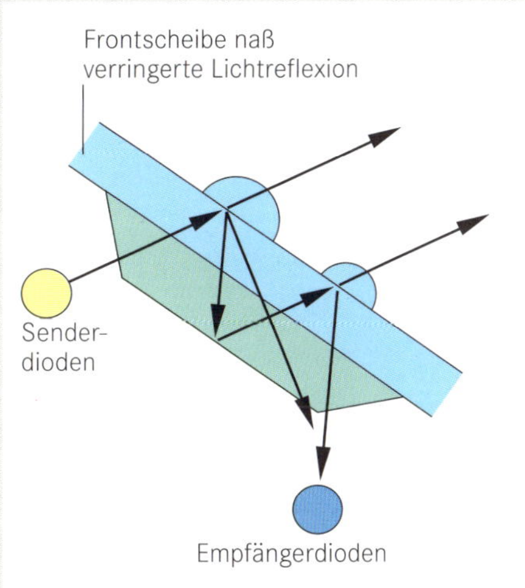

Fortschritt durch Erfahrung

29. Januar 1969. Ein kalter, grauer Wintertag. Im Innenministerium des Landes Baden-Württemberg treffen sich Regierungsbeamte und Polizeikommissare mit Vertretern der Daimler-Benz AG zu einer mehrstündigen Sitzung. Auf der Tagesordnung steht ein außergewöhnliches Begehren des Automobilunternehmens: Die Bitte um Polizeiunterstützung bei der Rekonstruktion und Analyse von Verkehrsunfällen, an denen Mercedes-Modelle beteiligt sind. Auf diese Weise wollen die Entwicklungsingenieure Erkenntnisse aus der Unfallpraxis gewinnen und für die weitere Verbesserung der Insassensicherheit nutzen. Das Gespräch endet erfolgreich – die Leiter der Polizeidienststellen signalisieren Kooperationsbereitschaft. Per Schnellbrief werden sofort die nachgeordneten Behörden informiert und um Unterstützung gebeten. „Das Innenministerium unterstützt die werkseigenen Forschungsarbeiten der Daimler-Benz AG, da sie von allgemeiner Bedeutung für die Verkehrssicherheit sind."

Die Realität als Maßstab für die Sicherheitsentwicklung

Damit wurde ein weiterer wichtiger Grundstein für die sicherheitstechnische Entwicklung der modernen Mercedes-Modelle gelegt. Denn die Akribie, mit der Mercedes-Benz seit über 25 Jahren das reale Unfallgeschehen analysiert und erforscht, ist ein wichtiger Grund für den hohen Sicherheitsstandard der Modelle mit dem Stern. Erst das Wissen über die Häufigkeit der verschiedenen Unfallarten, das Studium der Fahrzeugverformungen und die Analyse der Verletzungsursachen machen weitere Fortschritte möglich. Die neue E-Klasse beweist es: Noch nie zuvor haben die Mercedes-Ingenieure die Erkenntnisse aus der Unfallforschung so konsequent für ihre Entwicklungsarbeit umgesetzt wie bei dieser Modellreihe. So ergab die Analyse typischer Fahrzeug/Fahrzeug-Kollisionen, daß sich diese Unfallart mit den herkömmlichen Testverfahren nicht immer wirklichkeitsgetreu simulieren läßt. Logisch: Der Aufprall gegen ein starres Hindernis aus Beton oder Stahl, wie er bei allen Frontal-Crashtests bisher üblich war, entspricht eben nicht dem realen Unfallgeschehen, weil Personenwagen im Straßenverkehr üblicherweise nicht mit Betonwänden zusammenstoßen.

Sidebag:
Die seitlichen Airbags zählen zu den wichtigsten technischen Innovationen der neuen E-Klasse. Sie verringern das Verletzungsrisiko bei einer Seitenkollision deutlich.

Unfallgeschehen: Frontalkollisionen am häufigsten

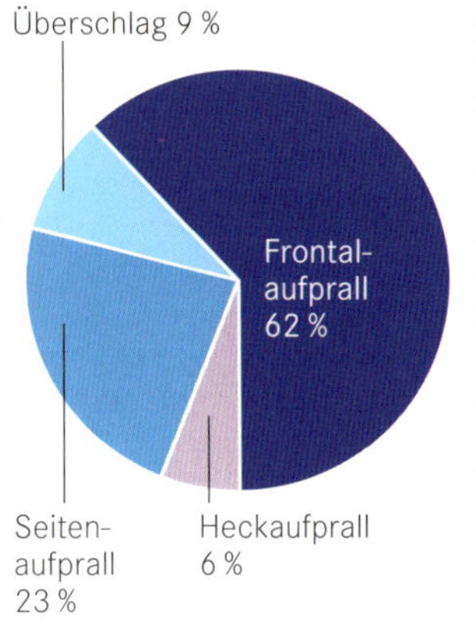

Technik-Info Unfallpraxis: Sicherheitsentwicklung von vorne

Bei Anruf Unfall: Seit über 25 Jahren sind Unfallforscher von Mercedes-Benz zur Stelle, um die Ursachen und Folgen schwerer Verkehrsunfälle zu analysieren. In dieser Zeit haben sie über 2 800 Verkehrsunfälle untersucht und dabei wertvolle Erkenntnisse für die Entwicklung neuer, noch wirksamerer Insassenschutzsysteme für die Mercedes-Modelle gewonnen. Vor allem zwei Fragen beschäftigen die Forscher immer wieder: Welche Unfallarten sind am häufigsten, und wie praxisnah sind demzufolge die Sicherheitstests für Personenwagen? Die Antwort: Mit einem Anteil von 62 Prozent an den schweren Fahrzeug/Fahrzeug-Kollisionen gilt der frontale Zusammenstoß zweier Autos als die häufigste Unfallart auf unseren Straßen. Damit ist die Vorgehensweise der Ingenieure klar: Die Sicherheitsentwicklung und -optimierung der Mercedes-Modelle beginnt in jedem Fall vorne.

Um die Verformungen der Karosserien und die Belastungen der Autoinsassen wirklichkeitsgetreuer simulieren zu können, ist also ein anderes Testverfahren notwendig. Das haben die Mercedes-Ingenieure entwickelt und bei der sicherheitstechnischen Konzeption der neuen E-Klasse erstmals konsequent angewandt. Die Rede ist vom sogenannten Offset-Crash gegen eine deformierbare Barriere. Dieses neue Aufprallelement besteht aus einem 167 Zentimeter breiten und 38 Zentimeter tiefen Aluminiumkörper, dem eine zehn Zentimeter tiefe Stoßfängerform vorgeschaltet ist. Die Wabenstruktur des Aluminiumkörpers entspricht der Verformungscharakteristik einer Fahrzeugfront. Mit anderen Worten: Das Aufprallelement ersetzt die Knautschzone des Unfallgegners und ermöglicht deshalb eine besonders praxisnahe Simulation typischer Fahrzeug/Fahrzeug-Kollisionen. Dieses richtungsweisende Testverfahren soll erst in einigen Jahren gesetzlich vorgeschrieben werden – bei Mercedes-Benz gehört es ab sofort zu den Standardtests aller Pkw-Modelle.

Partnerschutz als zusätzliches Entwicklungsziel

Der Crash gegen die deformierbare Barriere stellte die Entwicklungsingenieure der E-Klasse vor neue, zusätzliche Anforderungen. Stichwort Partnerschutz: Die deformierbare Barriere ermöglichte es, die Frontstruktur der neuen E-Klasse gezielt auch auf Kollisionen mit kleineren Fahrzeugen abzustimmen, deren Insassen bei einem Unfall meist stärker belastet werden als die Passagiere größerer und schwererer Fahrzeuge. Um auf diesem Gebiet einen besseren Ausgleich zu schaffen, haben die Mercedes-Ingenieure die vor-

deren Verformungszonen der neuen E-Klasse so ausgelegt, daß sie beim Crash in einem begrenzten Bereich auch für das gegnerische Fahrzeug Aufprallenergie abbauen. Das neue Crashtestverfahren half dabei, weil die deformierbare Barriere ein realitätsnaher Ersatz des Unfallgegners ist.

Der Schutz der E-Klasse-Insassen kommt dabei aber nicht zu kurz. Denn hinter der „weichen" äußeren Karosserieschale der neuen Mercedes-Limousine steckt ein „harter" Kern, der das Rückgrat der Karosseriestruktur bildet: eine hochstabile Fahrgastzelle mit einem großen vorgelagerten Deformationsbereich, in dem die Aufprallkräfte bei einem Unfall gezielt an der Fahrgastzelle vorbeigeführt werden.

Frontalcrash:
Mit einer neuartigen deformierbaren Aufprallbarriere (kleines Foto) lassen sich typische Gegenverkehrsunfälle noch wirklichkeitsgetreuer simulieren. Das Aufprallelement ermöglichte es, die Vorbaustruktur der neuen E-Klasse auch auf Kollisionen mit kleineren Fahrzeugen abzustimmen.

Mercedes-Konzept: Sicherheitsentwicklung auf Basis der Unfallforschung

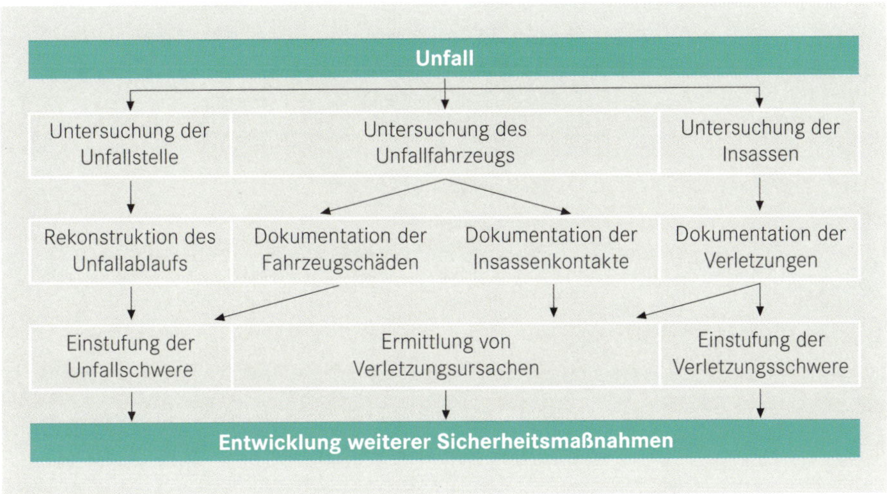

Harte Offset-Probe für die Karosseriestruktur

Frontalunfall:
So kracht es am häufigsten

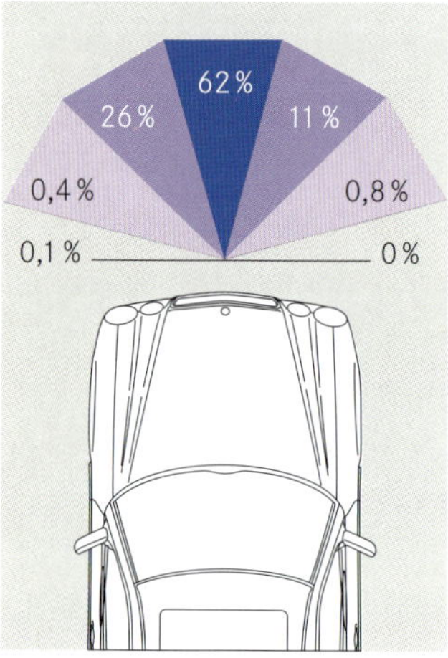

Der Crash gegen die deformierbare Barriere ist das jüngste Beispiel für den Einfluß der Unfallforschung auf die Entwicklung neuer Mercedes-Modelle. Viele andere Prüfverfahren haben einen ebenso praxisnahen Hintergrund. So entwickelten Mercedes-Ingenieure erstmals bereits Mitte der siebziger Jahre einen Crashtest, der die logische Konsequenz der damaligen Unfallanalysen war und der heute mehr denn je aktuell ist: den sogenannten Offset-Aufprall. Diese Testmethode entstand, weil die Autos bei Gegenverkehrskollisionen meist seitlich versetzt zusammenstoßen. Das bedeutet: Die vordere Knautschzone der Personenwagen wird nur teilweise belastet, muß aber trotzdem in der Lage sein, hohe Aufprallenergie abzubauen und die Insassen vor schweren Verletzungen zu schützen. Solche Offset-Karambolagen sind keine Einzelfälle. Bei rund der Hälfte aller Frontalkollisionen auf unseren Straßen stoßen die Fahrzeuge mit einer linksseitigen Frontüberdeckung von 30 bis 50 Prozent zusammen. Bei weiteren 25 Prozent der Karambolagen erfolgt der Aufprall auf der Beifahrerseite.

Diese Erkenntnisse gewannen die Mercedes-Unfallforscher erstmals in den siebziger Jahren. Sie hatten Folgen für die Automobiltechnik. Weil der mittige Frontalcrash gegen eine flache Wand, den die Gesetze als Sicherheitstest für Personenwagen vorschreiben, nur einen Teil des realen Unfallgeschehens repräsentiert, ging Mercedes-Benz eigene Wege. Auf Basis der Daten aus der

Die Vorbaustruktur der neuen E-Klasse zeichnet sich durch eine Reihe gezielter Maßnahmen aus, die eine möglichst weiche Aufnahme der bei einem Aufprall auftretenden Energie bewirken.

Ein neu ausgelegter Gabelträger mit zusätzlichem Stirnwand-Querträger verlängert den Verformungsbereich der vorderen Längsträger.

Der neue Integralträger klingt bei zunehmender Belastung hinten aus und erlaubt dadurch eine verbesserte Nutzung der Längsträger zur Energieaufnahme beim Frontalaufprall.

Der vordere Querträger bildet zusammen mit dem Integralträger einen steifen Querverbund.

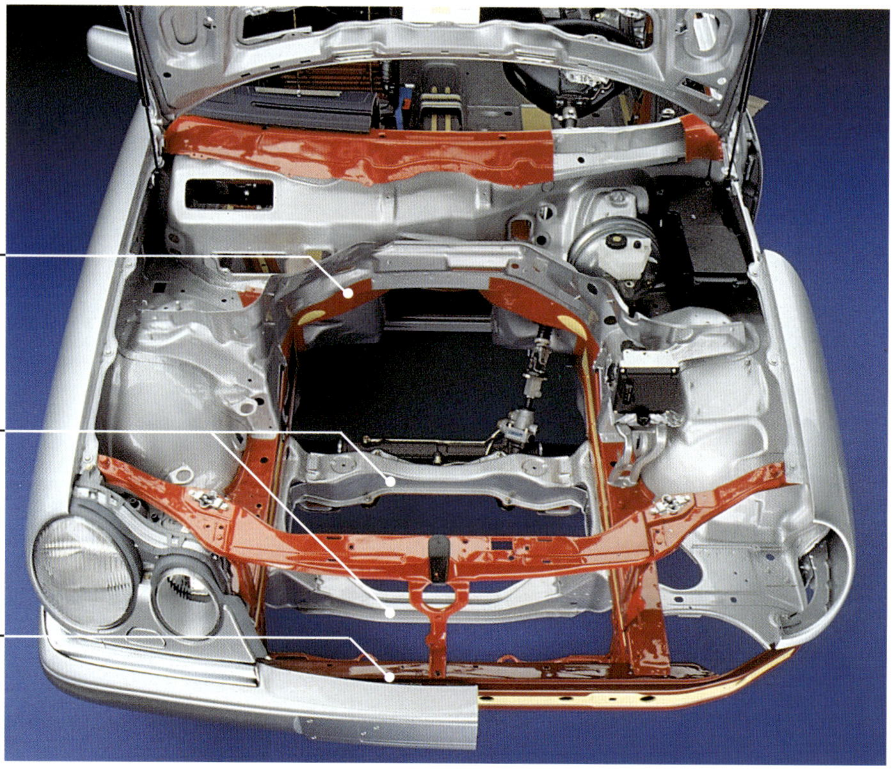

Technik-Info Crashtest-Dummys: Harte Typen mit Knochen aus Stahl

Er hat sympathische Gesichtszüge und einen athletischen Körperbau. Seine Kleidung ist eher schlicht, aber durchaus zweckmäßig: rote Unterwäsche und braune Wildlederschuhe. Die Rede ist von Hybrid III, einem von mehr als 60 Crashtest-Dummys, die Mercedes-Benz bei der Sicherheitsentwicklung seiner Modelle einsetzt. Die lebensechten „Testfahrer“ sind keine billigen Schaufensterpuppen, sondern hochkomplizierte Präzisionsmeßgeräte mit High-Tech-Innenleben. Kostenpunkt: je nach Ausführung mindestens 55 000 Mark pro Stück. Unter ihrer weichen Kunststoffhaut verbergen sich nicht nur Rippen aus Federstahl, Schultern aus Gußaluminium und Knochen aus Stahlröhren, sondern auch etliche Sensoren, Beschleunigungsaufnehmer und Kraftmesser, die den Preis eines Hybrid III auf über 150 000 Mark in die Höhe treiben. Die Elektronik ist notwendig, um den Ingenieuren Daten über das Leiden des Dummys beim Aufprall zu liefern. Bis zu 75 Meßstellen an und in der Testpuppe registrieren in verschiedenen Richtungen die Kopf-, Brust- und Oberschenkelbelastung, die Zugkräfte am Hals, die Biegungen der Rippen und die Belastungen für Unterschenkel und Fuß. Allein im Unterschenkel von Hybrid III stecken bei manchen Crashtests sieben Meßstellen. Mit diesem lückenlosen Überwachungssystem geht Mercedes-Benz weit über die gesetzlichen Meßanforderungen hinaus. Ein Aufwand, der sich lohnt – für die Mercedes-Kunden.

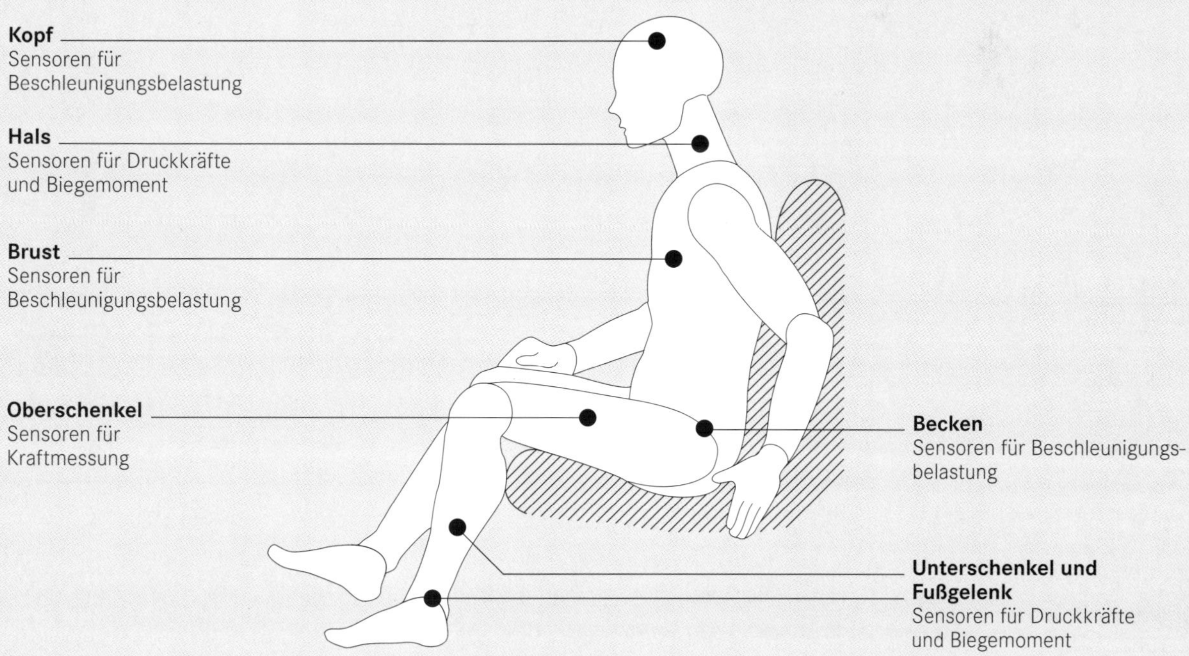

Simulation:
Der Crashtest im Computer macht das gezielte Ausklinken des Integralträgers beim Frontalaufprall deutlich. Auf diese Weise wird das Eindringen der Antriebsaggregate in die Fahrgastzelle verringert.

firmeneigenen Unfallforschung führten die Ingenieure bereits 1973 die ersten Crashtests nach dem Offset-Prinzip durch. Heute gehören solche Versuche mit verschiedenen Aufprallkonfigurationen und Testgeschwindigkeiten zum Standardprogramm der Sicherheitsentwicklung aller Mercedes-Modelle. Damit gehen die firmeninternen Prüfnormen weit über die gesetzlichen Anforderungen hinaus. Als besonders realitätsnah erwies sich der 55-km/h-Test mit 40prozentiger Frontüberdeckung, der zu den härtesten Prüfbedingungen für die Crashstruktur eines Personenwagens zählt. Mercedes-Modelle erfüllen diesen Test – natürlich auch die neue E-Klasse.

Für den häufigen Unfall einer Offsetkollision entwickelten die Karosserie-Ingenieure eine Reihe von Sicherheitskonzepten, die den Autoinsassen auch bei diesem Unfalltyp optimalen Schutz bieten. Das wichtigste und wirksamste ist zweifellos die sogenannte Gabelträgerkonstruktion. Damit sind stabile Längsträger auf beiden Seiten der vorderen Karosseriestruktur gemeint, die sich vor der Stirnwand in Richtung Mitteltunnel und Seitenschweller gabeln. Auf diese Weise verzweigen sich beim Unfall die Aufprallkräfte: Tunnel, Boden und Seitenwand werden gleichmäßig belastet, und die Fahrgastzelle bleibt unbeschädigt. Ein Querverband vor den Längsträgern sorgt außerdem dafür, daß sich auch die nicht belastete Fahrzeugseite an der Energieaufnahme beteiligt.

Bewährtes noch weiter perfektioniert

Schon seit 1979 gehört dieses Gabelträgerkonzept zur Sicherheitstechnik aller Mercedes-Personenwagen. In der neuen E-Klasse wurde es noch weiter perfektioniert. Die Limousinen sind zusätzlich mit einem biegesteifen Querträger ausgerüstet, der im vordersten Bereich der Vorbaustruktur seinen Platz findet und die beiden Längsträger abstützt. Bewußt verzichteten die Ingenieure auf die bisher typische Pfeilung des Querelements, so daß die Längsträger bis weit nach vorne geführt werden konnten und ein noch größerer Deformationsweg zur Verfügung steht. Ein weiterer Vorteil: Beim Offset-Aufprall wirkt der Querträger als Zugverband und aktiviert in jedem Fall beide Längsträger zur Energieumwandlung. Neu ist auch die Verbindung des Gabelträgers mit einem Querträger vor der Stirnwand, der ebenfalls eine exakt berechnete Deformationscharakteristik hat. Bei einem Frontalaufprall gibt dieses Teil gezielt nach, doch die Verformungen, die dadurch im mittleren Bereich der Stirnwand entstehen, sind für die Insassen ungefährlich. Im Gegenteil: Die Ergebnisse vieler Crashversuche zeigen, daß sich dieses nachgiebige Konstruktionsprinzip sogar günstig auf die Belastung der Insassen auswirkt.

Zu den wichtigsten Merkmalen in der Sicherheitsstruktur der neuen E-Klasse gehört auch ein rahmenförmiger Integralträger, der die Doppelquerlenker-Vorderachse, die Zahnstangenlenkung und den Motor aufnimmt. Er ist zwar weitgehend unverformbar, wurde aber so gestaltet, daß sich seine beiden hinteren Befestigungspunkte bei einem schweren Frontalaufprall gezielt

Technik-Info Unfallreparatur: Kleiner Crash – kleine Rechnung

Bei der neuen E-Klasse haben die Mercedes-Ingenieure bei der Karosseriekonstruktion von Anfang an Vorsorge getroffen, damit sich die Folgen von Bagatellunfällen schnell und kostengünstig aus der Welt schaffen lassen:

- Beim sogenannten Reparaturcrash (40 %-Offset-Stoßwagenaufprall mit 15 km/h), der zum Standardprogramm des Mercedes-Sicherheitsversuchs gehört, treten am Heck der neuen E-Klasse deutlich weniger Schäden auf als beim Vorgängermodell. Die stabile Trägerstruktur sorgt dafür, daß die Beschädigungen auf den Bereich der Anstoßstelle beschränkt bleiben. Der Erfolg: Ein Austausch der hinteren Kotflügel, der Ersatzradmulde oder der Längsträger ist nach diesem Muster-Crash nicht mehr erforderlich.
- Die Stoßfänger an Front- und Heckpartie bestehen aus mehreren hintereinandergeschalteten Elementen, die sich einzeln auswechseln lassen. Die äußere Schutzleiste aus Polycarbonat-Kunststoff ist so gestaltet und angeordnet, daß der übrige Stoßfänger bei kleinen Parkremplern unbeschädigt bleibt. Die zweiteilige Stoßfängerverkleidung bietet die Möglichkeit einer „Teilreparatur“: Je nach Art und Umfang einer Beschädigung müssen Mercedes-Kunden nur das Ober- oder Unterteil der Verkleidung auswechseln. Hinter der Verkleidung versteckt sich ein energieabsorbierender Pralldämpfer aus Polypropylenschaum, der Aufprallgeschwindigkeiten bis drei km/h standhält. Nach einem solchen Crash regeneriert sich das Kunststoffteil und nimmt seine ursprüngliche Form wieder an.
- Die seitlichen Kunststoffleisten verhindern Beschädigungen an den Türen, die beispielsweise beim unbeabsichtigten Anschlag gegen die Garagenwand passieren können.

„ausklinken“ und der Integralträger nach hinten rutscht. Dadurch sind die beiden Längsträger bei ihrer wichtigen Deformationsarbeit ungehindert.

Als sicherheitstechnisches Handicap erweist sich bei vielen Personenwagen die vorgelagerte Motor-Getriebe-Einheit, die wegen ihrer steifen Struktur beim Unfall praktisch keine Deformationsarbeit leistet und sich deshalb in Richtung Fahrgastzelle verschiebt. Die Fachleute sprechen deshalb von „Blockbildung“ – ein nicht ganz ungefährliches Phänomen. Die Unfallstatistik zeigt nämlich, daß beim Frontalcrash immerhin rund 70 Prozent aller schweren Verletzungen die Folge solcher Intrusionen sind. Um diese Gefahr zu verringern, haben die Ingenieure bei der neuen Mercedes-Benz E-Klasse einerseits die Crash-Blocklängen der Sechszylindermotoren verkürzt und andererseits die Einbauposition verschiedener Nebenaggregate so modifiziert, daß sie beim Frontalaufprall keine Gefahr für die Insassen darstellen. Die starre Hydraulikeinheit für Antiblockiersystem und Antriebsschlupfregelung befindet sich jetzt beispielsweise in einer Position außerhalb der Verformungszone.

Daß die Realität der Maßstab für die Sicherheitsentwicklung der neuen E-Klasse war, beweist auch die Konstruktion einer zweiten Aufprallebene im Bereich der vorderen Radläufe. Damit berücksichtigen die Ingenieure Pkw/Lkw-Kollisionen, bei denen Personenwagen unter die Lkw-Karosserie rutschen. In diesem Fall erfolgt der Aufprall aber oberhalb der Vorbaustruktur, die dadurch keine Deformationsarbeit leisten kann. Um den Pkw-Insassen trotzdem ausreichenden Schutz zu bieten, verfügt die neue E-Klasse über spezielle hochliegende Verstärkungselemente an den Radläufen, die bis an die vorderen Dachsäulen reichen und sich dort abstützen.

Technik-Info Gurtkraftbegrenzer: Insassenschutz noch perfekter

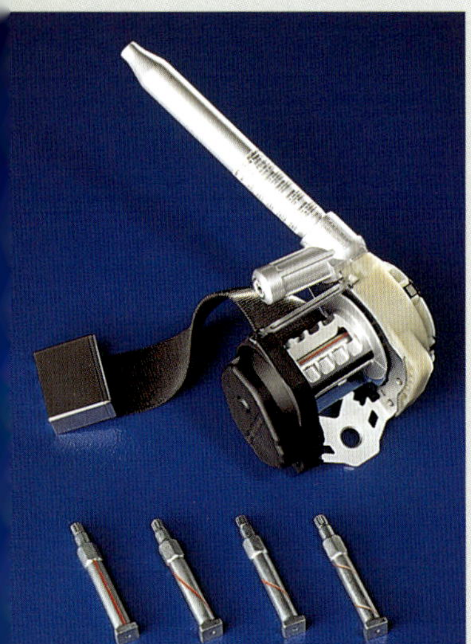

Der Gurtkraftbegrenzer der neuen E-Klasse befindet sich im Inneren des Aufrollautomaten und besteht aus einem zehn Millimeter starken Torsionsstab, der sich ab einer bestimmten Krafteinwirkung auf das Gurtband langsam verdreht und damit die Sperrwirkung des Aufrollautomaten gezielt reduziert. Die Abstimmung des Kraftbegrenzers begann am Computerbildschirm. Dabei zeigte sich, daß sich die Gurtfunktion bei serienmäßigem Einsatz von Fullsize-Airbags noch weiter verbessern läßt. Denn: In Personenwagen ohne Airbag muß der Gurt die Vorverlagerung der Insassen begrenzen und den Kopfkontakt mit Lenkrad oder Instrumententafel verhindern. In den Mercedes-Automobilen sieht die Sache aber anders aus. Hier arbeitet ein intelligentes, aufeinander abgestimmtes Rückhaltesystem, das die Insassen beim Frontalaufprall zunächst mittels Gurt und Gurtstraffer frühzeitig an der Verzögerung des Fahrzeugs teilnehmen läßt und sie anschließend großflächig per Fullsize-Airbag auffängt. Gurt und Airbag teilen sich also prinzipiell die Aufgabe, die Vorverlagerung der Insassen in engen Grenzen zu halten. Um diese Doppelwirkung noch perfekter zu machen, gibt der Automatikgurt dank Kraftbegrenzer ab einer bestimmten Schwelle wieder nach. So lassen sich Brust- oder Schulterverletzungen, die in manchen Fällen auf die lebensrettende Rückhaltekraft des Gurtes zurückzuführen sind, noch weiter reduzieren. Beim Standard-Frontalcrash mit 50 km/h aktivieren Aufprallsensoren zunächst den Gurtstraffer nach etwa 15 Millisekunden. Nach weiteren 30 Millisekunden setzt die Gurtkraftbegrenzung ein, und der Insasse bewegt sich auf den Airbag zu, in den er etwa 80 Millisekunden nach Crashbeginn eintaucht.

Perfektes Zusammenspiel von Airbag und Gurt

Fullsize-Airbags für Fahrer und Beifahrer, höheneinstellbare Dreipunkt-Automatikgurte vorn und hinten sowie Gurtstraffer an den Vordersitzen runden das Schutzsystem in bewährter Weise ab. Bei der neuen E-Klasse gingen die Mercedes-Ingenieure aber einen entscheidenden Schritt weiter und stimmten die Wirkung der verschiedenen Rückhaltesysteme noch perfekter aufeinander ab. Das Ergebnis ist der serienmäßige Einsatz eines neuartigen Gurtkraftbegrenzers, der im Zusammenspiel mit Gurtstraffer und Airbag die Brustbelastungen der Frontpassagiere deutlich vermindert. Die Limousinen der neuen Mercedes-Benz E-Klasse sind weltweit die ersten Serienautomobile mit einem im Gurtaufroller integrierten Gurtkraftbegrenzer (siehe Technik-Info Seite 60).

Praxis-Tip

So schützt der Gurt am besten

Richtigen Schutz bietet der Sicherheitsgurt nur, wenn er richtig angelegt ist. Fachleute raten deshalb:

- Das Gurtband darf keinesfalls verdreht sein und muß eng am Körper anliegen.
- Der Beckengurt darf nicht über den Bauch, sondern muß möglichst tief über dem Becken verlaufen. Sitzt der Beckengurt zu locker, rutscht der Körper bei einem Aufprall unter dem Gurt durch.
- Der Schultergurt muß diagonal über den Brustkorb verlaufen und darf nicht am Hals scheuern. Den Schultergurt nach dem Anlegen straffziehen, so daß er eng anliegt.
- Während der Fahrt keine dicken Mäntel und Jacken anziehen, denn Sie können die Schutzwirkung des Gurtes vermindern.
- Die Höheneinstellung der Kopfstützen ist dann korrekt, wenn sich deren Oberkanten in Augenhöhe befinden.
- Das Gurtband regelmäßig auf Beschädigungen überprüfen. Ist das Gewebe beschädigt, muß der Gurt ausgetauscht werden.
- Nach einem schweren Unfall sollte der Sicherheitsgurt erneuert werden, weil sich sein Dehnungsverhalten verschlechtert haben könnte.

Gurtstraffer noch leistungsfähiger

Auch die Funktion des Gurtstraffers haben die Ingenieure noch besser an das Schutzsystem angepaßt. Er arbeitet mit einer höheren Leistung und zieht jetzt rund 13 Zentimeter „loses“ Gurtband zurück – das sind etwa 30 Prozent mehr als bisher. Das bedeutet: Beim Frontalcrash sind die Insassen in

Unfallbilanz: Deutlicher Rückgang der schweren Verletzungen

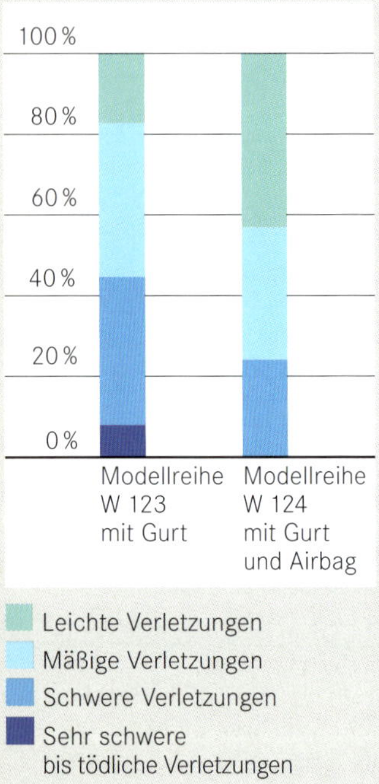

Technik-Info Airbag: Verletzungsrisiko um bis zu 40 Prozent verringert

Der Gurt bildet nach wie vor das Kernstück des Insassenschutzes. Wissenschaftler schätzen, daß er hierzulande jährlich zwischen 3 000 und 4 000 Autopassagiere vor dem Unfalltod bewahrt und knapp 11 000 vor schweren Verletzungen schützt. Trotzdem: Die Mercedes-Unfallforschung zeigt, daß sich auch in diesem Fall Gutes noch weiter verbessern läßt. Beispielsweise durch die Ergänzung des Automatikgurts mit dem Fullsize-Airbag, der erstmals 1981 Einzug in Mercedes-Modelle hielt. Seitdem haben Unfallforscher des Automobilunternehmens weit über 300 reale Verkehrsunfälle mit Airbag-Auslösung rekonstruiert und mit den Kollisionen älterer Modelle ohne Airbag verglichen. Das Ergebnis ist eindeutig: Bei leichten bis mittelschweren Frontalunfällen verringert der Airbag das Risiko für Kopf- und Halsverletzungen um bis zu 40 Prozent. Der Vergleich zwischen den älteren Mercedes-Modellen der Baureihe W 123, die noch nicht mit Airbag ausgestattet waren, und den W 124-Limousinen zeigt, wie sich das Verletzungsrisiko der Autoinsassen bei typischen Frontalkollisionen veränderte. Der Anteil leichter Unfallblessuren nahm zu, während sich mittelschwere Verletzungen um rund ein Drittel und schwere Verletzungen um bis zu 20 Prozent verringerten. Am deutlichsten ist jedoch die Abnahme der lebensbedrohlichen Verletzungen – sie wurden bei Mercedes-Limousinen mit Airbag bisher noch gar nicht festgestellt.

der neuen E-Klasse dank gestrafftem und enganliegendem Gurt noch besser als bisher mit der Fahrgastzelle verbunden und nehmen bereits in der frühen Kollisionsphase an den Verzögerungen der Fahrzeugstruktur teil. Dadurch verringert sich die Belastung der Passagiere erheblich.

Der Gurtstraffer ist ein weiteres Beispiel dafür, daß Erkenntnisse aus der Unfallpraxis bei Mercedes-Benz nicht lange Theorie bleiben. Schon Anfang der siebziger Jahre erkannten die Mercedes-Unfallforscher nämlich, daß Autoinsassen bei einem schweren Frontalaufprall mit Lenkrad oder Instrumententafel in Berührung kommen – trotz Sicherheitsgurt. Die Ursache dafür ist die sogenannte Gurtlose – ein prinzipbedingter Leerweg des Gurtbandes, den die Ingenieure durch Einsatz eines Gurtstraffers kompensieren wollten. Keine leichte Aufgabe, denn der Gurtstraffer muß beim Crash blitzschnell ausgelöst werden und das Gurtband binnen weniger Millisekunden straffziehen. 1970 begann die Entwicklung dieses nützlichen Bauteils. Eine reelle Serienchance bekam der Gurtstraffer aber erst nach der Weiterentwicklung der Mikroelektronik, die für seine Auslösung benötigt wird. Im Jahre 1981 war es dann soweit: Mercedes-Benz bot erstmals einen Gurtstraffer für die Vordersitze an –

seit 1984 gehört dieses Bauteil zur Serienausstattung aller Modelle. Heute steht zweifelsfrei fest, daß sich die aufwendige Entwicklungsarbeit gelohnt hat: Der Gurtstraffer verringert beim Frontalaufprall nicht nur die gefährliche Vorverlagerung von Kopf und Brust, er vermindert darüber hinaus auch die Gesamtbelastung der Insassen.

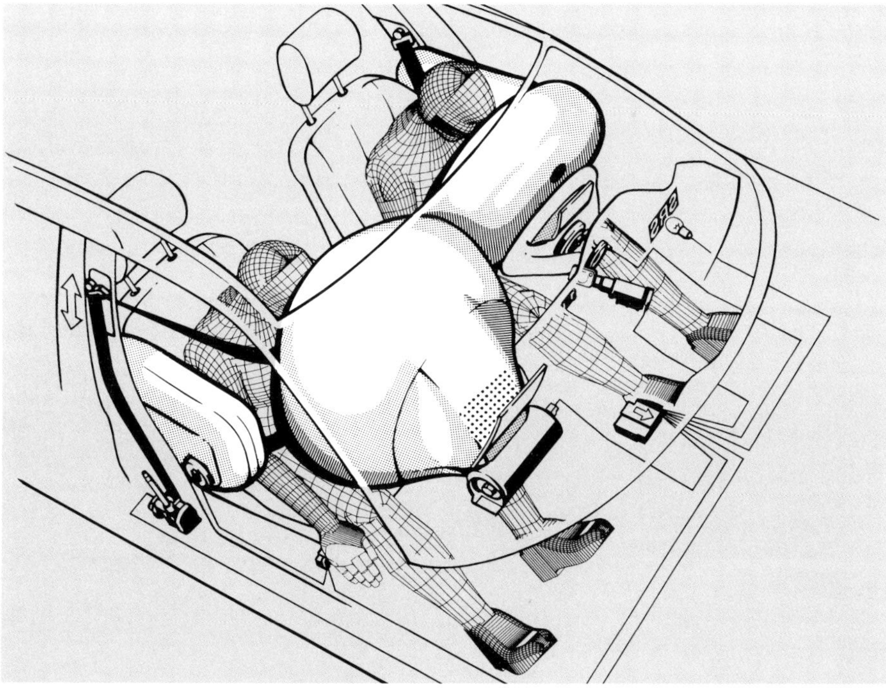

Schutzsystem: Fullsize-Airbags für Fahrer und Beifahrer, Sidebags in den vorderen Türen, Gurtstraffer und Gurtkraftbegrenzer bieten in der neuen E-Klasse ein hohes Maß an Insassensicherheit.

Stabile Konstruktionen für Heck und Dach

Bei einem Auffahrunfall sind die Insassen der neuen Mercedes-Limousinen ebenfalls optimal geschützt. Dafür sorgen die bis in den Heckbereich geführten Längsträger und ein über die gesamte Fahrzeugbreite geführter Querträger, der sich beim Crash am Ersatzrad abstützt. Wie beim Vorgängermodell befindet sich der Kraftstoffbehälter über der Hinterachse, also außerhalb der Deformationszone. Und beim Überschlag sorgen in der neuen E-Klasse dreischalig konstruierte und besonders formsteife Dachsäulen, die fest mit der Karosserie verklebten Front- und Heckscheiben sowie die stabile Dachstruktur für ein hohes Maß an Insassenschutz. Im Innenraum sind der einteilige Dachhimmel und die Säulenverkleidungen überdies so gestaltet, daß sie bei einem etwaigen Kopfkontakt nachgeben.

Sicherheit durch Design

Auch das attraktive Karosseriedesign der neuen E-Klasse unterstützt die Bemühungen der Ingenieure nach perfekter Fahrzeugsicherheit und optimalem Partnerschutz: Die glattflächige, abgerundete Außenkontur der Limousinen bewahrt schwächere Verkehrspartner wie Fußgänger, Rad- oder Motorradfahrer vor schweren Verletzungen. Überdies sind Stoßfänger, Motorhaube und Kotflügel so nachgiebig gestaltet, daß die Aufprallbelastungen gering bleiben. Mehr noch: Zu einer „weichen" Außenkontur gehört nach Meinung der Mercedes-Fachleute auch ein „weiches" Innenleben. Deshalb haben sie bei der Konzeption des Motorraums darauf geachtet, daß formsteife Aggregate nicht unmittelbar unter der Haube, sondern in tieferen Zonen ihren Platz finden. Auf diese Weise steht beim Fußgängerunfall ein ausreichender Deformationsweg zur Verfügung – eine kleine „Knautschzone", die hilft, das Verletzungsrisiko zu verringern.

Seitenaufprall: Eine stabile Karosseriestruktur mit zahlreichen Quersteifungen verringert das Verletzungsrisiko der Autoinsassen bei einer Seitenkollision.

Seitenaufprallschutz mit System

Kein Zweifel: Dank optimierter Vorbaustruktur, Airbag, Gurtstraffer und Gurtkraftbegrenzer sind die Insassen in der neuen Mercedes-Benz E-Klasse bei einem Frontalaufprall optimal geschützt. Doch mit diesem Fortschritt geben sich die Sicherheitsentwickler nicht zufrieden – nach dem Frontalunfall gilt ihre Hauptaufmerksamkeit vor allem dem Seitencrash. Zu Recht, denn laut

Statistik verursachen die Seitenteile der Autos fast 25 Prozent aller schweren bis tödlichen Insassenverletzungen. Systematisch haben die Unfallanalytiker deshalb typische Seitenkollisionen untersucht und die häufigsten Aufprallrichtungen und Verletzungsfolgen ermittelt. Die Ergebnisse: Verletzungen an Bauch (32 Prozent), Brust (26 Prozent) und Kopf (21 Prozent) sind beim Seitenaufprall am häufigsten. Sie entstehen im wesentlichen durch den Aufprall der Insassen gegen die Türinnenteile (33 Prozent) und die B-Säule (36 Prozent).

Die Ingenieure reagierten schnell auf diese Erkenntnisse aus der Unfallpraxis. Wie bereits beim Frontalaufprall entwickelten sie auch für den Seitencrash Testverfahren, die der Realität besonders nahekommen und somit die Grundlagen für die konsequente Optimierung des Seitenaufprallschutzes in den Mercedes-Modellen liefern. Der besteht in der neuen E-Klasse aus einem ganzen Paket von Schutzmaßnahmen, das neben stabilen Türschlössern und Türscharnieren unter anderem auch spezielle Deformationselemente und Schaumpolster in den Innenverkleidungen der Türen enthält. Die Türen sind zusätzlich mit Flankenschutzverstärkungen im unteren Bereich ausgestattet. Hinzu kommt eine stabile Fahrgastzelle, die auf verschiedene Art und Weise in Querrichtung verstärkt wurde. Der Flankenschutz im Detail:

- Zur Bodenanlage gehören drucksteife, teilweise mehrwandige Querträger unter den vorderen Sitzen, Verstärkungselemente am Mitteltunnel und Schottwände in den Seitenschwellern.
- Fahrer- und Beifahrersitz zeichnen sich durch eine crasherprobte, querstabile Konstruktion aus.
- Unterhalb der Frontscheibe und der Instrumententafel befinden sich stabile Querträger.
- Die Seitenwand der neuen E-Klasse besteht aus einem Bauteil, dessen mittlere Dachsäulen dreischalig gestaltet und mit den Türschwellern verschweißt sind, um auf diese Weise eine stabile Verbindung zwischen Dachstruktur und Bodenanlage herzustellen.
- Unter der Fondsitzanlage und zwischen den C-Säulen befinden sich weitere Querträger, die im hinteren Bereich zu einer hohen Karosseriestabilität beitragen.
- Die verformungsstabilen Türen sind durch Rohre zusätzlich verstärkt.
- Hinter den großflächigen Türinnenverkleidungen absorbieren Schaumelemente einen Teil der Aufprallenergie und verringern das Risiko von Brustverletzungen. Nicht verformbare Aggregate wie die Motoren der elektrischen Fensterheber oder die Lautsprecher befinden sich außerhalb der möglichen Kontaktzonen.
- Die Armauflagen sind beim Aufprall der Insassen leicht deformierbar.
- Sidebagauslösung binnen 0,007 Sekunden.

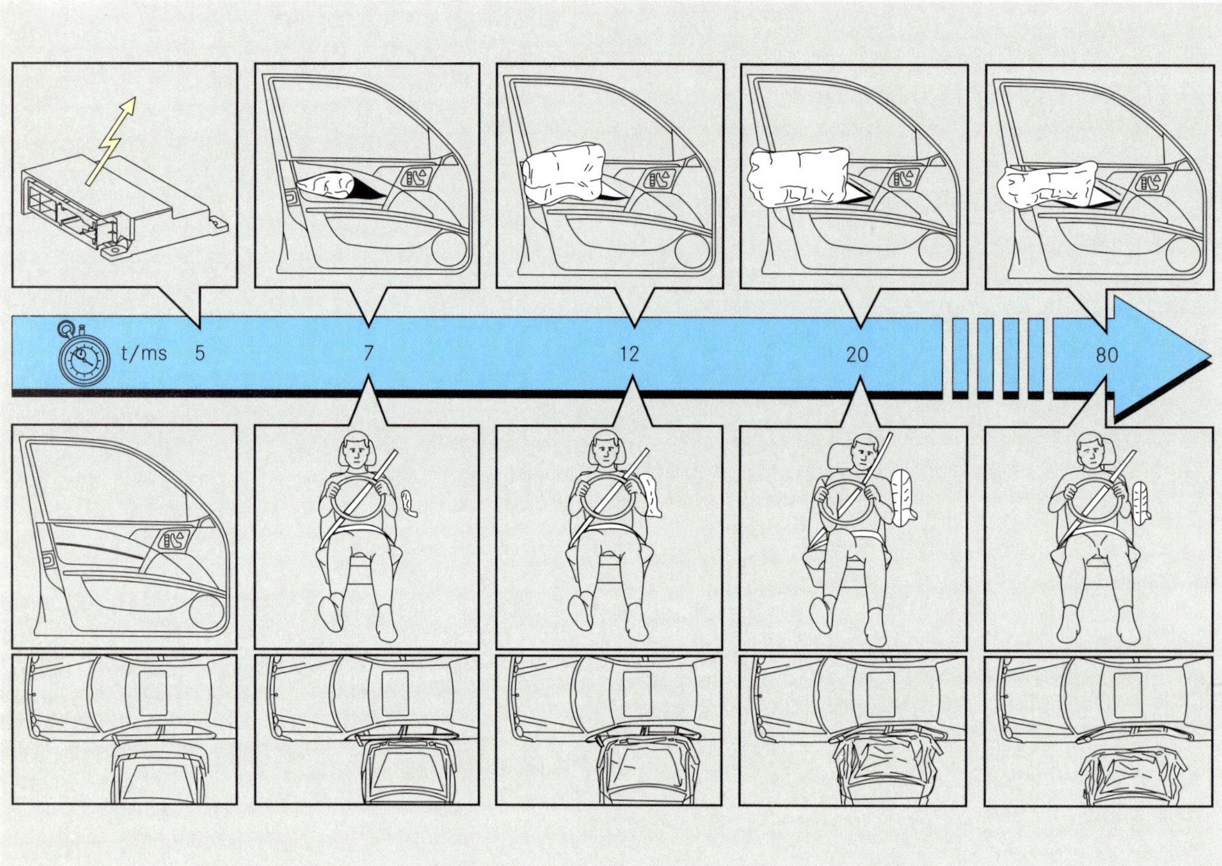

Schnellschuß:
Der neuentwickelte Sidebag bläst sich innerhalb von nur 20 Millisekunden auf und schiebt sich zwischen Tür und Insassen.

Noch perfekter wird der Flankenschutz durch den Einsatz eines Sidebags, den Mercedes-Benz erstmals für die neue E-Klasse anbietet. Zu diesem Bauteil gehört eine fast zehnjährige Entwicklungsgeschichte, bei der Geschwindigkeit wirklich keine Hexerei war. Denn der Mercedes-Sidebag ist in punkto Schnelligkeit kaum zu übertreffen. Nur sieben Millisekunden vergehen nach einem Unfall, bis der Sensor des seitlichen Luftpolsters entscheidet, ob er den Sidebag auslösen soll oder nicht. Sieben Millisekunden – das ist ein winziger Bruchteil einer Sekunde. Weit weniger als der Augenaufschlag eines Menschen oder der Flügelschlag eines Schmetterlings.

Löst der Mikrocomputer den Zündimpuls aus, hat der Sidebag bereits nach zwei weiteren Millisekunden die Stoffverkleidung der Tür aufgerissen. Und 13 Millisekunden später ist er voll zur Stelle, um Fahrer oder Beifahrer zu schützen. Seit dem Aufprall sind also insgesamt nur rund 20 Millisekunden vergangen, bis sich der Luftsack zwischen Tür und Autoinsassen geschoben hat. Solche „Blitz-Aktionen“ sind mit dem Auge nicht wahrnehmbar. Man braucht Hochgeschwindigkeitskameras, die pro Sekunde bis zu 4 000 Fotos aufnehmen, um den Austritt des Sidebags sichtbar zu machen. Zum Vergleich: Der Frontairbag für Fahrer und Beifahrer kann sich „viel“ mehr Zeit nehmen.

Er ist erst nach 40 bis 60 Millisekunden voll aufgeblasen. Der Zeitvergleich macht den Aufwand und die Handicaps bei der Entwicklung des Seiten-Airbags deutlich. Die Mercedes-Ingenieure stellten sich trotzdem dieser anspruchsvollen Aufgabe, weil sie für die weitere Verbesserung der Insassensicherheit von Bedeutung ist.

Zehn Jahre intensiver Entwicklungsarbeit

Rückblende – Juni 1985: Fünf Jahre nach der Auslieferung des ersten Serienautomobils (Mercedes-Benz S-Klasse) mit Fahrer-Airbag reifte bei den Sindelfinger Ingenieuren die Idee für ein seitliches Luftpolster. Erste Muster des Seitenairbags entstanden, Computer berechneten seine Form und sein Aufblasverhalten beim Crash. Doch bald wurde deutlich: Ohne eine Sensorik, die den Aufprall binnen weniger Millisekunden zuverlässig erkennt, macht der Sidebag keinen Sinn. Die Mercedes-Fachleute betraten technisches Neuland. Anfangs experimentierten sie mit Beschleunigungsaufnehmern, die in die Türen eingebaut wurden, oder mit Kontaktfolien auf der äußeren Türbeplankung. Doch nach verschiedenen Aufprallversuchen zeigte sich, daß solche Sensoren ungeeignet sind. Der Sidebag zündete nur, wenn die vordere Tür getroffen wurde – beim Aufprall gegen die B-Säule passierte dagegen meist nichts. Ein weiteres Handicap war das Luftpolster selbst. In der Anfangszeit der Sidebagentwicklung hat es ein Volumen von 35 Litern und war damit viel zu groß. In Verbindung mit den Türsensoren dauerte es zu lange, bis sich dieser Luftsack aufbläst. Doch das erfuhren die Ingenieure erst nach der Auswertung weiterer Tests und Aufprallversuche.

Im Herbst 1990 fiel dann eine wichtige Entscheidung. Ein neuer Sidebag-Prototyp war zum Crash bereit. Mit einem Volumen von 15 Litern war er zwar deutlich kleiner als sein Vorgänger, doch das änderte nichts an seiner Schutzwirkung für den Insassen. Neu war auch die Plazierung des Luftkissens in der Tür. Während sich der erste Prototyp unter einer Klappe in der Armlehne versteckte, befand sich das zweite Testmuster weiter oben – im Mittelfeld der Tür – hinter der Stoffverkleidung. Auch mit der Sensorik war man inzwischen ein großes Stück weitergekommen. Eine einfache, aber sehr wirkungsvolle Idee setzte sich durch: das sogenannte Satellitensystem (siehe Technik-Info auf Seite 68). Ihren endgültigen Standort finden die Satelliten schließlich an den Außenseiten der Sitzquerträger, wo sie nicht nur den seitlichen Beschleunigungsstoß zuverlässig erfassen, sondern auch blitzschnell die jeweilige Aufprallschwere erkennen und den Zündimpuls auslösen.

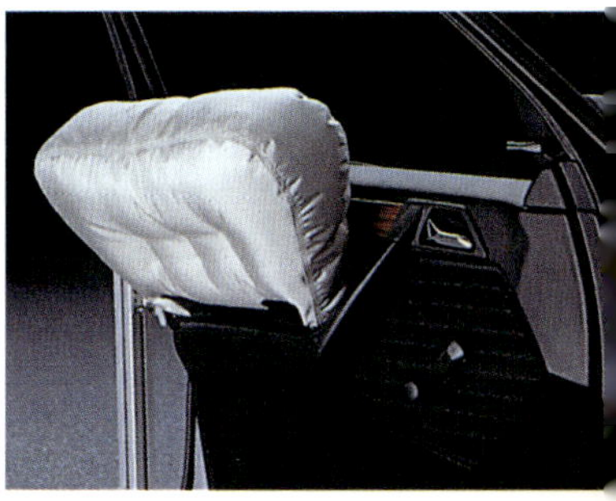

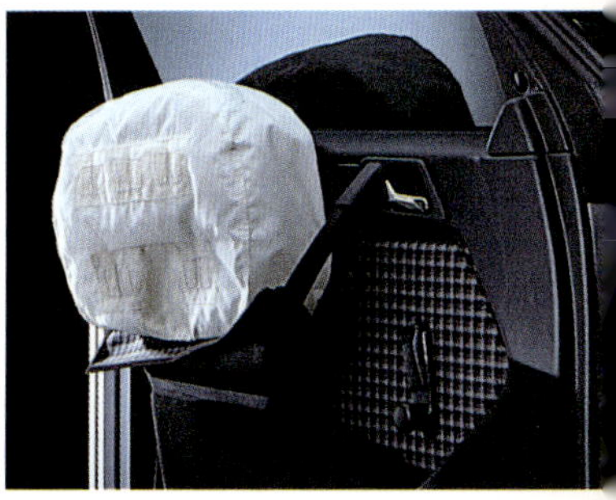

Entwicklungsprozeß: Der Sidebag in der E-Klasse ist das Ergebnis einer zehnjährigen Entwicklungsarbeit. Die ersten Prototypen befanden sich unter einer Klappe in der Armlehne (oben) oder im Mittelfeld der Tür (Mitte). Doch nur das asymmetrische Luftpolster (unten) brachte die besten Testergebnisse.

Technik-Info Sidebag: Seitliches Luftpolster mit „Satelliten-Sensor“

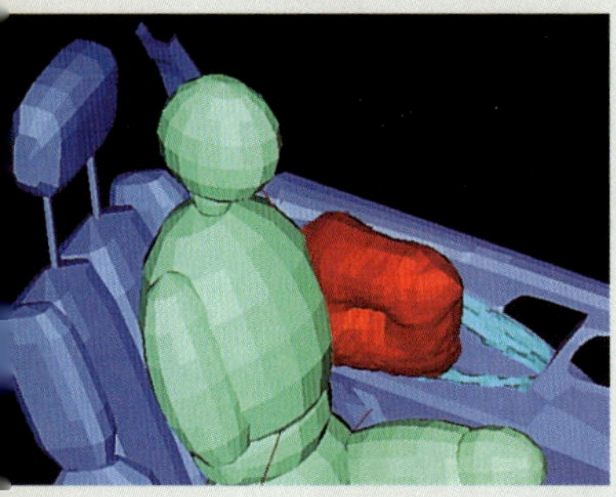

Erstmals hat Mercedes-Benz einen Airbag entwickelt, der Fahrer und Beifahrer auch bei einer Seitenkollision vor Verletzungen schützt. Der Sidebag befindet sich in den vorderen Türen der neuen E-Klasse, hat ein Volumen von 15 Litern und ist im aufgeblasenen Zustand etwa sieben Zentimeter dick. Im Falle eines Seitenunfalls reißt das Luftpolster eine Naht in der Türverkleidung auf, schiebt sich zwischen Insassen und Tür und verhindert dadurch den direkten Kontakt der Insassen mit der Türinnenverkleidung oder der B-Säule. Die größte technische Herausforderung bei der Entwicklung des Sidebags war dessen Auslösesensorik. Mit dem zentralen Auslösegerät für die Gurtstraffer und die Fullsize-Airbags im Lenkrad und in der Instrumententafel läßt sich diese zusätzliche Aufgabe nicht erfüllen. Die Mercedes-Ingenieure haben deshalb ein sogenanntes Satellitensystem entwickelt: Das Auslösegerät für Gurtstraffer und Airbags wird mit zwei Assistenten gekoppelt, die wie Satelliten um den Zentralsensor plaziert sind und ihre Meßfühler in Richtung Seitenflanken richten. Auf diese Weise erfassen die Sensoren nicht nur den seitlichen Beschleunigungsstoß zuverlässig, sie erkennen auch blitzschnell die jeweilige Aufprallschwere und lösen den Zündimpuls aus.

Crashsimulation auf dem Computerbildschirm

Dutzende Tests, Schlittenversuche und Computersimulationen folgten. Seine erste große Generalprobe bestand das Sidebagsystem schließlich im September 1992 – beim ersten Seitenaufpralltest mit einem Prototyp der neuen E-Klasse. Trotzdem: Der Weg bis zum Serieneinsatz war noch lang. Das erfuhren die Ingenieure im Frühjahr 1993 beim Studium weiterer Ergebnisse der Crashsimulationen. Der Computer hatte nämlich in der Zwischenzeit weit über 40 Aufpralltests durchgeführt und dabei nicht nur die Sensorik, sondern auch das Luftpolster selbst unter die Lupe genommen. Mit einem neuen Rechenmodell, das erstmals auch den Seiten-Dummy enthielt und den Sidebag als detailliertes Gittermodell mit rund 3 000 Knotenpunkten darstellte, ließen sich noch präzisere Aussagen treffen. Das Ziel der Fachleute war es, die Schutzwirkung bei verschiedenen Sitzpositionen zu analysieren. Also: Wie gut funktioniert der Sidebag, wenn ein 1,90-Meter-Mann oder eine 1,50 Meter große Frau hinter dem Lenkrad sitzen? Die Antwort verblüffte alle: Mit dem bis dahin favorisierten Sidebag-Prototyp konnten nicht alle Sitzpositionen abgedeckt werden. Und: Auch die Aufblaszeit des Sacks war noch immer zu lang. Doch der Computer lieferte auch gleich des Rätsels Lösung. Die Crashsimulationen am Bildschirm zeigten den Ingenieuren, daß sie lediglich die Form des Luftpolsters verändern müssen – aus dem symmetrisch geformten Kissen wird ein asymmetrisches, das somit auch den hinteren Türbereich und die B-Säule abdeckt.

Das Problem mit der Aufblaszeit wurde ebenso gelöst. Fachleute entwikkelten eine spezielle Technik, die für ein schnelleres Entfalten des Sidebags sorgt. Der Trick: Der Luftsack wird so in das Sidebagmodul eingebaut, daß er sich im Falle eines Unfalls ungehemmt aus der Mitte heraus in alle Richtungen entfalten kann. Dadurch wird nicht nur Zeit gewonnen – die neue Raff-Falttechnik verbessert auch die Schutzwirkung von Fahrern oder Beifahrern, die den Sitz besonders weit nach hinten geschoben haben oder die aufgrund ihrer Körpergröße nah ans Lenkrad rücken müssen.

Damit waren die wichtigsten Voraussetzungen für den Serieneinsatz geschaffen. Die folgende Entwicklungsarbeit stand unter der Überschrift „Versuch macht klug“. Bei Dutzenden von Aufprallversuchen überprüften die Ingenieure die Funktion des Sidebagsystems und verfeinerten es. Hinzu kamen ungezählte „Misuse“-Tests wie Fußtritte, Hammerschläge oder simulierte Seitenkollisionen mit Radfahrern, bei denen der Sidebag nicht auslösen soll. Selbst seltene Seitenkollisionen, bei denen der untere Längsträger der E-Klasse „überfahren“ wird, und Aufpralltests gegen Pfähle, Laternen oder Bäume standen auf dem Erprobungsprogramm.

Neun Jahre nach dem ersten Gedankenmodell war der Mercedes-Sidebag schließlich im August 1994 fit für die Serie. Es begannen die Vorbereitungen für die Produktion des neuen Bauteils, das jetzt in der neuen E-Klasse seine Weltpremiere feiert.

Auf sicherem Kurs

Automobile zu entwickeln, das bedeutet die Bewältigung vieler technischer Zielkonflikte. Vor allem auf dem Gebiet der Fahrwerkstechnik. Sportlich oder komfortabel, lautet hier die Frage, die Ingenieure freilich nicht erst in jüngster Zeit beschäftigt. Ihr stetiges Bemühen, die Fahrwerke der Automobile zu verbessern, ist nämlich fast so alt wie das Auto selbst. Rund 90 Jahre ist es her, als in Großbritannien die ersten „Side-Slip-Trials" stattfanden – Schleuderversuche, bei denen die Pioniere der Fahrzeugtechnik mehr einfallsreich als gezielt versuchten, das Ausbrechen der „Motorwagen" bei schnellen Lenkbewegungen und beim Bremsen in den Griff zu bekommen. Einfallsreichtum bewies man bereits bei der Auswahl der Teststrecke: Es war eine mit Fett überzogene Bahn aus Holzbohlen.

Heute stehen den Entwicklungsingenieuren bei der Fahrwerksabstimmung weitaus modernere Hilfsmittel zur Verfügung. Doch an der Aufgabe der Fachleute hat sich im Laufe der Zeit nicht viel geändert. Wie vor 90 Jahren sind sie nach wie vor bestrebt, die Fahrsicherheit der Automobile in kritischen Situationen kontinuierlich zu verbessern und gleichzeitig auch den Fahrkomfort noch weiter zu steigern. Damit ist aber zugleich auch die Crux der Fahrwerksabstimmung beschrieben: Die Suche nach einem Optimum in beiden Disziplinen – Fahrsicherheit und Fahrkomfort – wirft einen Zielkonflikt auf, bei dessen Lösung in vielen Fällen eine harte Nuß zu knacken ist. Denn um ein hohes Maß an Fahrsicherheit zu erreichen, sollten die Räder eines Automobils möglichst gleichmäßig auf die Fahrbahn gedrückt werden. Doch das ist Theorie. Die Oberflächen unserer Straßen und Autobahnen sind bekanntlich nicht topfeben – sie haben Wellen, Risse, Fugen und Löcher, die jedes Rad in Schwingungen versetzen. Das hat meß- und spürbare Folgen: Die Kraft, mit der die Räder auf der Straße stehen, schwankt im Rhythmus der Fahrbahnunebenheiten – die Techniker sprechen in diesem Zusammenhang von Radlastschwankungen. Das Ausmaß dieser Radlastschwankungen ist für die Fahrsicherheit entscheidend, denn je größer die Schwingungen der Räder, desto schlechter der Fahrbahnkontakt.

Die Radlastschwankungen gering zu halten, wäre technisch kein Problem. Man müßte Stoßdämpfer einsetzen, die so straff eingestellt sind, daß sie die Radbewegungen auf ein Minimum verringern und somit stets für eine op-

Testfahrt:
Auf dem Flachbahn-Prüfstand testen die Mercedes-Ingenieure Lenkwinkel, Spur und Sturz sowie das Verhalten der Reifen bei schneller Kurvenfahrt. Die Anlage erlaubt Geschwindigkeiten von mehr als 200 km/h.

Fahrdynamik: Diese Kräfte und Schwingungen treten während der Fahrt auf

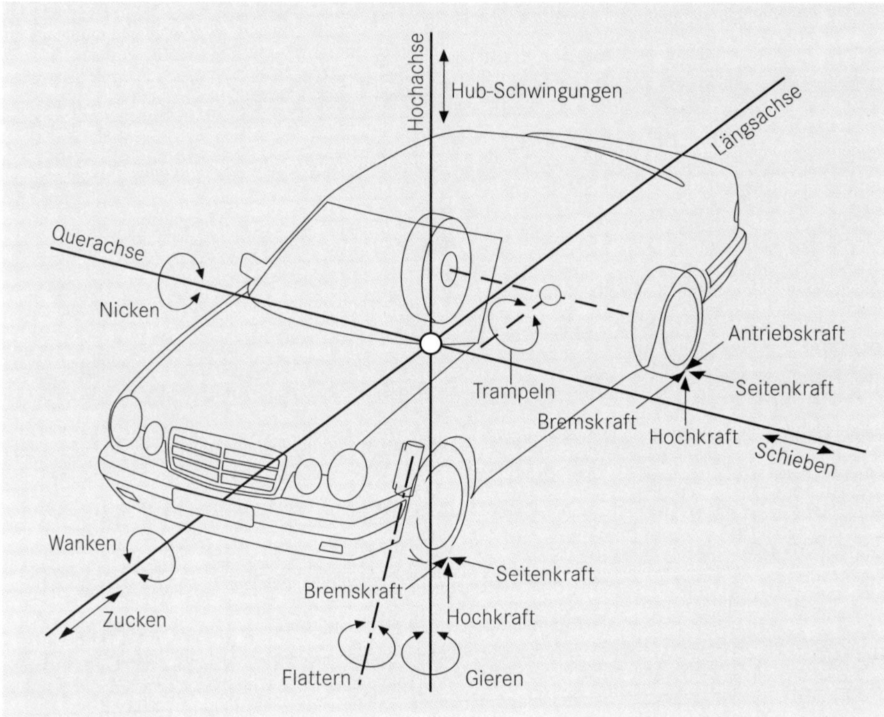

timale Verbindung zwischen Reifen und Fahrbahn sorgen. Nur: Bei derart großen Dämpferkräften würden die Insassen eines Personenwagens hart durchgeschüttelt – die Federung der Karosserie könnte solche „Schläge" nicht kompensieren und der Fahrkomfort bliebe buchstäblich auf der Strecke.

Bei Mercedes-Benz erfolgt jede Fahrwerksabstimmung nach firmeneigenen Grundsätzen, die der Fahrsicherheit stets höchste Priorität einräumen. Deshalb werden die Fahrwerke aller Mercedes-Limousinen nach dem Prinzip „Dämpfung vor Federung" ausgelegt. Mit anderen Worten: Eine relativ straffe Dämpfung, die für die Fahrsicherheit ausschlaggebend ist, wird mit einer bedarfsgerecht angepaßten Federung gepaart. Damit nicht genug: Die Kunst der Ingenieure besteht nicht nur darin, einen vernünftigen Kompromiß zwischen Dämpfung und Federung zu finden, sie müssen sich gleichzeitig auch um die Schwingungen der Karosserie kümmern. Denn zu große Federbewegungen können sich vor allem bei langwelliger Fahrbahnanregung als unangenehm für die Passagiere erweisen – die Karosserie schaukelt sich in diesem Fall auf und führt große Wank-, Nick- oder Hubbewegungen aus. Deshalb muß der Aufbau zwar gefedert, aber gleichzeitig auch gedämpft werden. Die Frage ist nur, auf welche Weise und in welchem Maße?

Eines ist den Fahrwerksingenieuren dabei aber klar: Bei der Suche nach dem Ideal-Fahrwerk können sie nicht alle Kundenwünsche auf einmal erfüllen. Sportlich ambitionierte Autofahrer, die den Kontakt zur Straße spüren wollen und deshalb auch gewisse Komforteinbußen in Kauf nehmen, werden sich mit einer weichen Fahrwerksabstimmung nicht zufriedengeben. Umgekehrt wünschen sich komfortbetonte Autolenker ein Fahrwerk mit weicher Aufbaudämpfung, die Unebenheiten der Fahrbahn besser schluckt.

Symbiose aus Sicherheit, Komfort und Sportlichkeit

Sportlich oder komfortabel? Auch bei der Entwicklung der neuen E-Klasse standen die Mercedes-Ingenieure vor jenem fahrwerkstechnischen Zielkonflikt. Doch wie stets fanden sie nicht nur den Idealkompromiß zwischen Fahrdynamik und Fahrkomfort, sondern erzielten zusätzlich auch auf dem Gebiet der Fahrsicherheit weitere Fortschritte. Diese Symbiose aus Sicherheit, Sportlichkeit und Komfort ist der Grund dafür, daß sich die Limousinen der neuen E-Klasse durch ein noch besseres Kurvenverhalten und ein noch leichteres Handling auszeichnen als die Vorgängermodelle. Das bedeutet in der Summe: Fahrspaß pur.

Die Grundbausteine für Federung und Dämpfung blieben indes unverändert: Schraubenfedern vorn und hinten, Gasdruckstoßdämpfer und Drehstabstabilisatoren an Vorder- und Hinterachse, auf die lediglich beim neuen E 200 und beim E 220 DIESEL verzichtet wird. Zwar stehen bei den Limousinen der neuen E-Klasse nach wie vor große Federwege zur Verfügung, doch die Abstimmung der Federn fällt aufgrund einer veränderten Progression beim Ein- und Ausfedern insgesamt etwas straffer aus als bei der bisherigen E-Klasse. Auf diese Weise verringern sich die Wankbewegungen der Karosserie bei Kurvenfahrt oder auf unebener Fahrbahn, und das Eigenlenkverhalten bleibt über den gesamten Querbeschleunigungsbereich innerhalb enger, beherrschbarer Grenzen. Dieses hohe Maß an Fahrsicherheit und Fahrdynamik geht aber keineswegs zu Lasten des Komforts. Im Gegenteil: Durch den Einsatz neuartiger Gasdruckstoßdämpfer mit zweiteiligen Kolben, die Mercedes-Benz in der neuen E-Klasse erstmals verwendet, ergänzen sich Federung und Dämpfung in idealer Weise. Die Dämpfer arbeiten nach einer degressiven Kennlinie und ermöglichen somit eine genauere Abstimmung der Dämpfungscharakteristik, mit der die Suche nach einem idealen Kompromiß zwischen Komfort und Dynamik noch leichter fällt.

Gasdruckstoßdämpfer bieten eine Reihe von Vorteilen. Der wichtigste ist zweifellos ihre lange Lebensdauer. Denn aufgrund der ständigen Auf- und Abbewegung von Stange und Kolben im Inneren der Dämpfer bilden sich bei einfachen Stoßdämpfern Blasen in der Hydraulikflüssigkeit, die dazu führen, daß die Räder auf unebener Straße springen und daß Fahrkomfort und Fahrsicherheit buchstäblich auf der Strecke bleiben. Bei den Mercedes-Stoßdämpfern unterdrückt der Gasdruck diese Blasenbildung selbst bei hoher Beanspruchung.

Trotz der harmonischen Gesamtabstimmung des Fahrwerks ist bei der neuen E-Klasse auch in punkto Fahrwerk Individualität gewährleistet: Sportlich ambitionierten Autofahrern, die sich einen noch unmittelbareren Fahrbahnkontakt, eine direktere Lenkung und ein noch besseres Handling ihres Wagens wünschen, bietet Mercedes-Benz ein Sportfahrwerk mit strafferer Feder- und Dämpfereinstellung an. Die Karosserie liegt hier vorn um 25 und hinten um 17 Millimeter tiefer. Ein ähnliches Fahrwerk gehört auch zur Serienausstattung der Avantgarde-Line, die jedoch etwas komfortabler abgestimmt ist als das eigentliche Sportfahrwerk.

Neue Dimensionen unter dem Blechkleid

Zahlreiche Neuentwicklungen und Modifikationen schaffen die Voraussetzungen für die fahrdynamischen Fortschritte: Zu den wichtigsten Grundvoraussetzungen zählen zweifellos der verlängerte Radstand und die breitere Spur. Beide Maßnahmen machen sich hinsichtlich Geradeauslauf, Wankbewegungen und Seitenwindempfindlichkeit positiv bemerkbar. Die Veränderungen gegenüber dem Vorgängermodell in Zahlen betragen

- beim Radstand plus 33 Millimeter auf insgesamt 2 833 Millimeter.
- bei der Spurweite vorn plus 34 Millimeter auf insgesamt 1 535 Millimeter.
- bei der Spurweite hinten plus 54 Millimeter auf insgesamt 1 534 Millimeter.

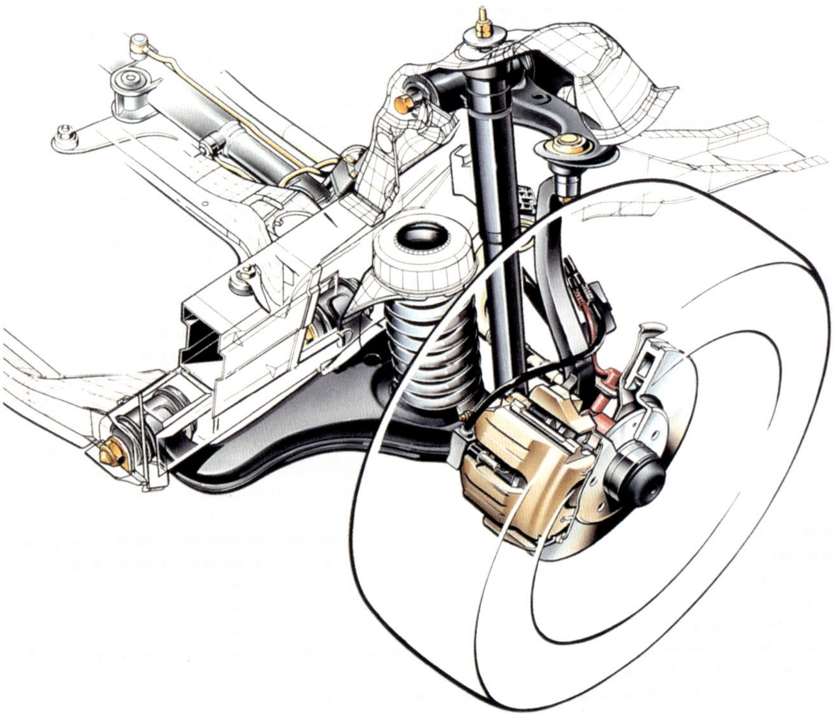

Achsprinzip:
Bei der Doppelquerlenkerachse der Mercedes-Benz E-Klasse sind Stoßdämpfer und Schraubenfeder getrennt angeordnet.

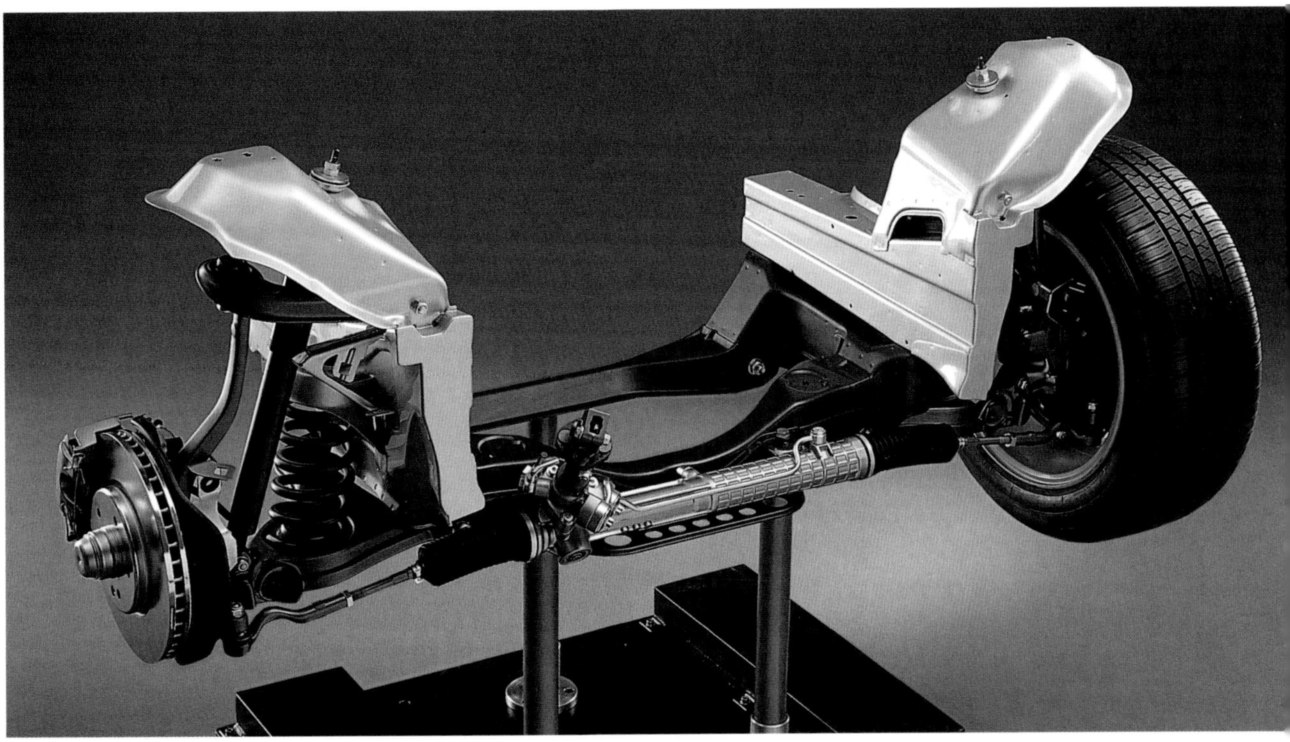

Konstruktion: Zahnstangenlenkung, Vorderachse und Motor werden auf einem neuartigen Integralträger befestigt, der mit den vorderen Längsträgern der Karosserie verschraubt wird. Diese Technik erleichtert die Montage von Motor und Vorderachse.

Vorderachskonstruktion nach dem „DQ"-Prinzip

An der Vorderachse machte die Dämpferbeinkonstruktion des Vorgängermodells einer modernen Doppelquerlenkerachse Platz, die Mercedes-Benz auch in seinen Spitzenlimousinen der S-Klasse und in der C-Klasse einsetzt. Bei dieser Konstruktion sind Stoßdämpfer und Schraubenfeder getrennt voneinander positioniert – ein Prinzip, das nach Ansicht der Mercedes-Ingenieure die besten Voraussetzungen für optimalen Abrollkomfort, exakte Radführung und neutrales Eigenlenkverhalten bietet. Der Grund: Dank der doppelten Querlenker werden die Stoßdämpfer von ihren Aufgaben bei der Führung der Vorderräder entlastet und können sich somit voll und ganz auf ihre eigentliche Aufgabe bei der Schwingungsdämpfung konzentrieren. Diese kann demzufolge noch präziser abgestimmt werden und fällt noch weicher aus als bei einer Dämpferbeinachse.

Für die Radführung stehen jeweils zwei Querlenker zur Verfügung: Der obere Dreiecklenker ist über großvolumige Gummigleitlager direkt mit der Karosserie verbunden, der tiefliegende untere Dreiecklenker ist am Achsträger befestigt. Schraubenfeder und Dämpfer stützen sich über sogenannte Schubkugelgelenke an der Karosserie ab. Diese Lager sind bei niedrigen Dämpferkräften weich und verhärten sich bedarfsgerecht bei einem Anstieg der Dämpfungskräfte. Die weit außenliegende Position des Stoßfängers bewirkt ein feinfühliges Ansprechverhalten, wenn das Rad auf- und abschwingt. In der Praxis macht sich die Trennung von Dämpfer und Feder deutlich bemerkbar.

Beispielsweise beim Geradeauslauf oder bei Seitenwind: Die neue E-Klasse fährt nicht jeder Spurrille nach und läßt sich auch bei einer plötzlichen Windböe nur wenig vom Kurs abbringen.

Die computerberechneten Gummielemente der „DQ“-Vorderachse lassen Richtungsänderungen der Räder in genau definierten Bereichen zu und verbessern somit die Fahrstabilität beim Bremsen oder bei Kurvenfahrt nachhaltig. Überdies bleiben Sturz und Vorspur beim Einfedern weitgehend unverändert, was sich günstig auf den Rollwiderstand und den Reifenverschleiß auswirkt. Im Zusammenspiel mit der Achsgeometrie ist die Elastokinematik der Doppelquerlenkerachse der Garant für ein neutrales bis leicht untersteuerndes Eigenlenkverhalten, das aus Gründen der Fahrsicherheit ein unumstößliches Prinzip der Fahrwerksauslegung bei Mercedes-Benz ist.

Anders als bei den anderen Mercedes-Limousinen sind die unteren Dreieckslenker, die Motorlager und das Lenkgetriebe der neuen E-Klasse an einem rahmenförmigen Vorderachsträger befestigt. Dieser sogenannte Integralträger ist wiederum mit den vorderen Längsträgern der Karosserie verschraubt und erleichtert bei der Fahrzeugmontage den Einbau von Motor und Vorderachse, verbessert den Insassenschutz bei einem Frontalaufprall (siehe auch Seite 58/59) und trägt zur Entkopplung von Fahrwerk und Karosserie bei, so daß noch weniger Abrollgeräusche und Schwingungen in den Innenraum übertragen werden. Am Vorderachsträger sind die unteren Querlenker, die Motorlager und die Lenkung angeschraubt.

Neu ist die Ausrichtung der unteren Querlenker nach vorne. Ihre ursprüngliche Einbaulage geben die unteren Lenker zugunsten einer weiteren Neuentwicklung auf, mit der bei Mercedes-Benz eine neue Ära beginnt. Die Rede ist von der servounterstützten Zahnstangenlenkung, die das Automobilunternehmen bei der neuen E-Klasse erstmals einsetzt. Sie tritt an die Stelle der bisher verwendeten und bewährten Kugelumlauflenkung, die allerdings nicht mehr in das zukünftige Leichtbaukonzept des Automobilunternehmens paßt. Denn: Die Zahnstangenlenkung bringt gegenüber dem bisherigen System rund sechs Kilogramm weniger auf die Waage und leistet somit einen wichtigen Beitrag zur Gewichtseinsparung.

Die neuentwickelte Lenkung kommt unter anderem ohne Lenkstockhebel, Lenkstange, Lenkzwischenhebel, Verstärkungsplatte und Halterung aus. Statt dessen sind die Spurstangen ohne Umlenkpunkte mit dem Lenkgetriebe verbunden. Dadurch verringern sich nicht nur Montageaufwand und Gewicht, diese Konstruktion sorgt auch für das direkte und präzise Lenkverhalten, das die neuen Mercedes-Limousinen auszeichnet. Eine elastische Befestigung des Lenkgetriebes am Integralträger verhindert überdies die Übertragung von Fahrbahnstößen auf das Lenkrad, so daß die Zahnstangenlenkung neben ihren anderen Vorzügen auch ein hohes Maß an Komfort bietet. Weil das Lenkgetriebe am Integralträger eine etwas nach innen gerückte Position einnimmt, entwickelten die Mercedes-Ingenieure eine Lenksäule mit zwei Kreuzgelenken. Sie gleichen die leichte Achsenverschiebung zwischen Lenkgetriebe und Lenk-

Technik-Info Zahnstangenlenkung: Präzision Ehrensache

In der neuen E-Klasse setzt Mercedes-Benz erstmals eine Zahnstangenlenkung ein, die sich gegenüber anderen Systemen vor allem durch ein geringeres Gewicht auszeichnet. Das Getriebe der Zahnstangenlenkung besteht im wesentlichen aus einem Ritzel (Zahnrad) und der Zahnstange, die in speziellen Gleitbüchsen geführt und mit den beiden äußeren Spurstangen verbunden ist. Die Lenkraddrehungen werden über das Ritzel auf die Zahnstange übertragen und in Schiebebewegungen (Links- oder Rechtsbewegungen) der Spurstangen. Auf diese Weise führt das System die Lenkbefehle des Autofahrers prompt mit hoher Genauigkeit aus.

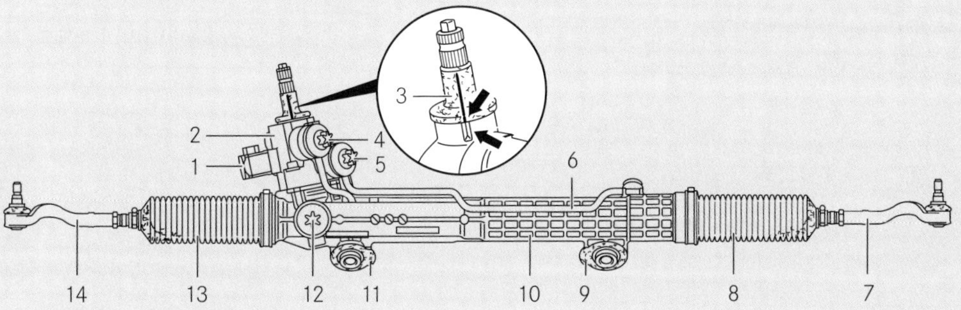

1 Proportionalventil (bei Sonderausstattung Parameterlenkung)
2 Drehschieberventil
3 Abdeckkappe mit Markierung für Mittelstellung
4 Lenkungsdämpfer linker Druckraum
5 Lenkungsdämpfer rechter Druckraum
6 Ölleitung
7 Spurstangen
8 Faltenbalg
9 Gummilager
10 Lenkgehäuse
11 Gummilager
12 Lenkspielausgleich
13 Faltenbalg
14 Spurstange

säule aus und dienen auch der Schwingungsdämpfung, die von einem im ersten Kreuzgelenk integrierten Torsionsdämpfer übernommen wird. Das zweite Kreuzgelenk ist als Gelenkschwinge gestaltet und ermöglicht somit die individuelle Längs- und Höheneinstellung der Lenksäule, die in der neuen E-Klasse auf elektrischem Wege möglich ist.

Auf Wunsch liefert Mercedes-Benz für alle Modellvarianten der neuen E-Klasse eine Parameterlenkung – ein Komfort-Extra, das es bisher nur in der S-Klasse gab. Dank eines elektronisch angesteuerten Ventils regelt diese Lenkhilfe die Servounterstützung nach der Fahrgeschwindigkeit: Je niedriger das Tempo, desto größer der Servoeffekt. Auf diese Weise verringern sich die Lenkkräfte im Stadtverkehr gegenüber der normalen Servolenkung nochmals deutlich, und Parkmanöver gehen mit Parameterunterstützung besonders leicht von der Hand. Hier sind die erforderlichen Lenkkräfte nur noch halb so groß. Oberhalb von 80 km/h arbeitet die Parameterlenkung wie jede andere Servolenkung und vermittelt somit einen guten Straßenkontakt.

An der Hinterachse der neuen E-Klasse blieb prinzipiell fast alles beim alten. Die Mercedes-Ingenieure sahen keinen Grund, die seit Jahren bewährte Raumlenker-Hinterachse zu ersetzen und übernahmen dieses System mit geringen Modifikationen auch für die neuen Limousinen. Nach ihrer Ansicht gibt es hinsichtlich Radführung und Komfort keine bessere Achskonstruktion als das 1982 entwickelte Raumlenkerprinzip, das heute bei allen Mercedes-Pkw im Einsatz ist. Die Vorzüge dieses Achsprinzips sind nicht nur auf dem Papier beeindruckend, sie sind auch „erfahrbar": Der ausgezeichnete Geradeauslauf, die gute Seitenführung, die geringen Lastwechselreaktionen und der hohe Abrollkomfort machen sich bei der neuen E-Klasse besonders deutlich bemerkbar, weil hier Raumlenkerachse, Doppelquerlenker-Vorderachse und Zahnstangenlenkung ein aufeinander abgestimmtes Dreier-Team bilden, das in punkto Fahrstabilität neue Maßstäbe setzt.

Technik-Info Raumlenker-Hinterachse: Eingeschränkte Bewegungsmöglichkeit

Um das Hinterachsprinzip der neuen E-Klasse besser zu verstehen, bedarf es wenig Phantasie. Betrachtet man das Rad eines Automobils im Raum, also losgelöst von jeglicher Achsanbindung, so stehen ihm sechs Bewegungsmöglichkeiten offen: Es kann vertikal oder horizontal schieben oder ziehen, und es kann sich in drei Richtungen drehen. Doch ein solches unkontrolliertes kinematisches Eigenleben wollen die Fahrwerksentwickler aus naheliegenden Gründen verhindern und die Freiheit des Rades so einschränken, daß es sich nur auf einer genau festgelegten Raumkurve bewegt. Deshalb befestigen sie das Rad an fünf elastisch gelagerten, voneinander unabhängigen Lenkern, die es in fünf seiner räumlichen Bewegungsmöglichkeiten einschränkt. Nur eine Bewegungsfreiheit bleibt ihm erhalten: das kontrollierte Ein- und Ausfedern.

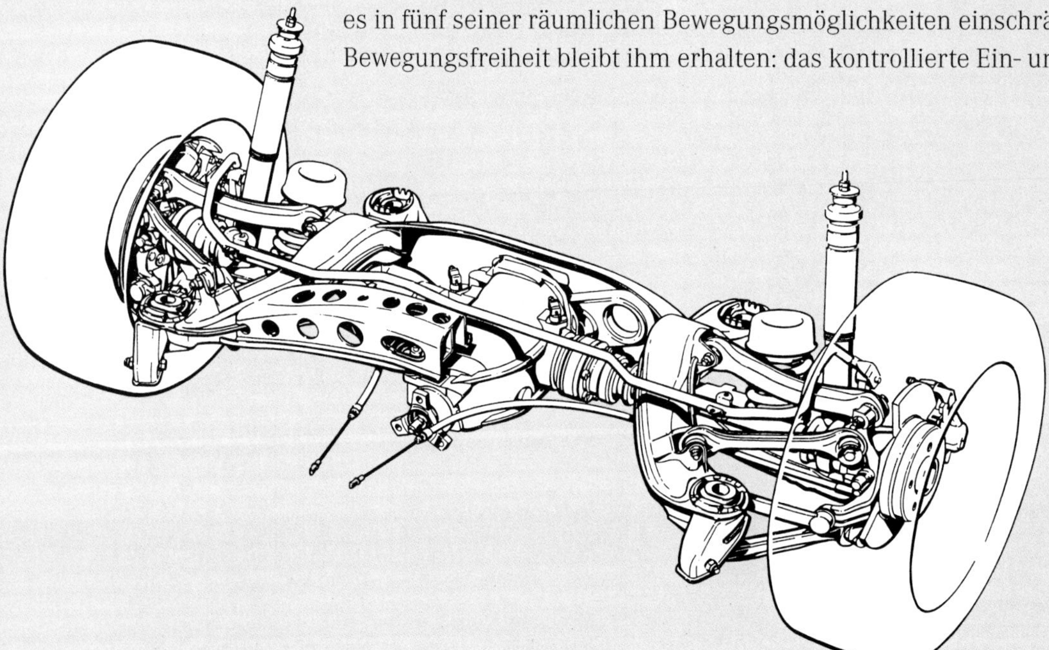

Praxis-Tip

Reifen-Check an der Tankstelle

Vom richtigen Reifenluftdruck hängt viel ab: Fahrsicherheit, Kraftstoffverbrauch, Komfort und Reifenlebensdauer. Deshalb ist es wichtig, den Luftdruck aller Reifen (auch beim Ersatzreifen) regelmäßig – etwa alle zwei Wochen – zu überprüfen. Doch Vorsicht: Der Luftdruck in den Pneus hängt von der Außentemperatur und der jeweiligen Reifentemperatur ab. Deshalb sollte man die Kontrolle am besten nur bei kalten Reifen vornehmen. Für die neue E-Klasse sind folgende Reifenluftdrücke als Mindestwerte vorgesehen:

Luftdrucktabelle

Modell	Luftdruck bei Teillast vorne	Luftdruck bei Teillast hinten	Luftdruck bei Vollast vorne	Luftdruck bei Vollast hinten
E 220 DIESEL E 290 TURBODIESEL E 300 DIESEL E 200, E 230	2,0	2,2	2,3	2,8
E 280, E 320	2,2	2,4	2,4	3,4
E 420	2,5	2,5	2,8	3,3

Die sogenannten Teillastwerte gelten für eine geringe Belastung des Fahrzeugs. Bei größerer Zuladung, höherer Fahrgeschwindigkeit und bei sommerlichen Temperaturen werden die Vollastwerte empfohlen. Dabei verringert sich jedoch der Abrollkomfort etwas. Daß ein höherer Reifenluftdruck aber hinsichtlich des Kraftstoffverbrauchs Vorteile bringt, zeigt die Grafik auf dieser Seite. Zur regelmäßigen Reifenkontrolle gehört es außerdem, auf die Profiltiefe und auf Beschädigungen der Pneus und der Räder zu achten. Bei einer Profiltiefe von weniger als drei Millimetern wird's bei Nässe kritisch. Dann beginnt die Haftung der Reifen stark nachzulassen. Steine oder andere Gegenstände, die sich im Profil festgesetzt haben, müssen entfernt werden. Beschädigungen an den Felgen können gefährlich werden, weil dadurch oft auch die Reifen in Mitleidenschaft gezogen werden und sich schlimmstenfalls sogar Risse im Reifengewebe bilden können. Deshalb auf Nummer Sicher gehen und beschädigte oder verbeulte Felgen in der Mercedes-Werkstatt austauschen lassen.

Vergleich:
So beeinflußt der Reifendruck den Kraftstoffverbrauch*
(R=25 m)

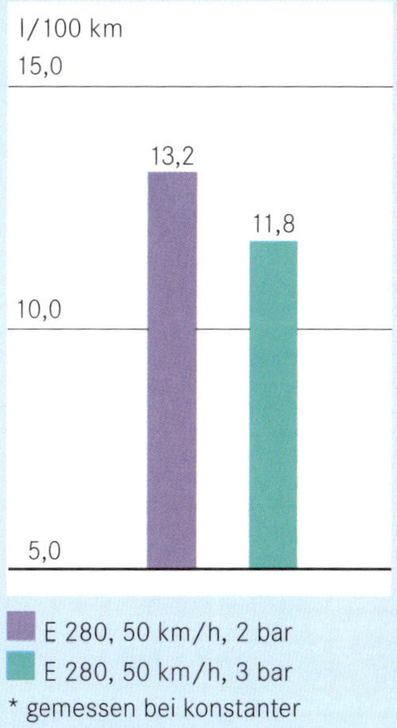

* gemessen bei konstanter Kreisfahrt

Marterstrecken im Computer

Die aufwendige Achskonstruktion zeigt, daß die Mercedes-Ingenieure dem Thema Fahrsicherheit und Fahrkomfort größte Aufmerksamkeit widmeten. Lange bevor erste Prototypen neuer Modelle auf den Rädern stehen, erprobten sie bereits deren Fahrverhalten am Computerbildschirm und optimierten die einzelnen Fahrwerkskomponenten. Superschnelle Großrechner erlaubten schon während der Konzeptphase der neuen Limousine eine wirklichkeitsgetreue Vorhersage des späteren Fahrzeugverhaltens. Für solche Simulationsrechnungen erstellen die Ingenieure nach dem Finite-Elemente-Verfahren ein Modell des gesamten Fahrzeugs, das alle wichtigen Komponenten und Bauteile enthält: Vorder- und Hinterachse, Räder, Triebstrang, Motor, Auspuffanlage und Karosserie. Allein die vom Computer nachgebildete Karosserie einer Mercedes-Limousine besteht aus einem Netzwerk von über 40 000 einzelnen Elementen, an denen Belastungen und Schwingungen berechnet werden. Gleiches gilt für das Fahrwerk, das der Computer in Form von 6 500 Elementen mit über 7 500 Gitterpunkten darstellt. So lassen sich verschiedene fahrdynamische Eigenschaften künftiger Mercedes-Modelle simulieren und die Fahrwerkskomponenten schrittweise optimieren. Die Ergebnisse der stundenlangen Computersimulationen sind keine endlosen Zahlenkolonnen, sondern bewegte Bilder, die über die Farbmonitore der Berechnungsabteilung flimmern und das Verständnis der teilweise recht komplizierten Zusammenhänge bei Schwingungsabläufen wesentlich erleichtern.

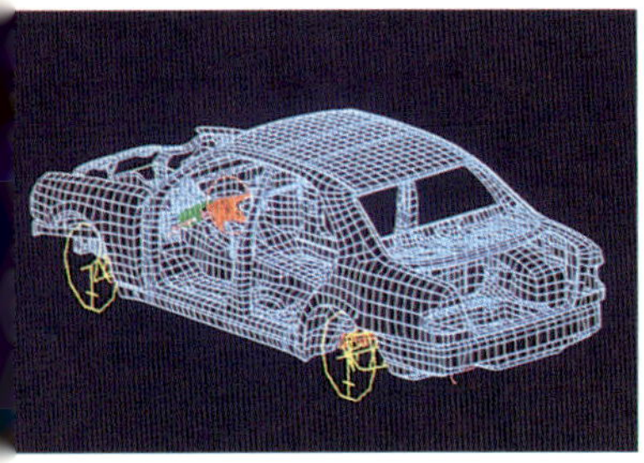

Netzwerk:
Schon in der Konzeptphase neuer Modelle testen die Ingenieure die Fahrwerkskomponenten mit Hilfe der Computersimulation.

Bei der Optimierung von Fahrkomfort und Fahrsicherheit macht der Supercomputer gleich verschiedene Einflußkriterien wie die Beschleunigungen im Bereich der Sitze oder die dynamischen Radlastschwankungen sichtbar und erlaubt so eine ganzheitliche Problemanalyse. Noch besser: Um möglichst wirklichkeitsgetreue Aussagen treffen zu können, haben die Mercedes-Ingenieure verschiedene Fahrbahnprofile abgetastet und die Simulationscomputer mit diesen Daten gefüttert. Auf diese Weise erfährt das Gesamtfahrzeugmodell die gleichen Fahrbahnanregungen wie in der Praxis. Mit Prototypen und Vorserienmodellen überprüfen die Versuchsingenieure später auf den gleichen Strecken das vorausberechnete Schwingungsverhalten und nehmen eine Feinabstimmung des Fahrwerks vor.

Testfahrt in der Halle

Vor dem ersten Praxisversuch hatten die neuen Mercedes-Limousinen bereits ein hartes Testpensum auf verschiedenen Fahrdynamik- und Schwingungsprüfständen absolviert. Diese hochmodernen Anlagen ermöglichen es, über die Räder Kräfte und Momente in die Radaufhängung einzuleiten und typische Fahrmanöver wie Bremsen oder Kurvenfahrt zu simulieren. Dabei werden alle für Fahrkomfort und Fahrdynamik relevanten Größen am Rad gemessen: Federung, Radlastschwankungen, Aufbauschwingungen, Kinematik und Elastokinematik. Auf dem Fahrdynamik-Simulationsprüfstand untersuchen die Ingenieure auch das Fahrzeugverhalten bei typischen Lenk- und Fahrmanövern. So simuliert die Anlage beispielsweise sämtliche Rad- und Aufbaubewegungen einer Kreisfahrt und erlaubt auf diese Weise eine praxisgerechte Aussage über das Eigenlenkverhalten des Wagens. Ebenso realitätsnah erfolgt die Schwingungsanalyse: Die Computer des servohydraulischen Schwingungsprüfstands sind mit den Fahrbahnprofilen verschiedener Landstraßen und Autobahnen gefüttert, deren Unebenheiten von Hydropulsstempeln unter allen vier Rädern des Versuchswagens nachgebildet werden. Bis zu 140 Beschleunigungsaufnehmer, die im und am Fahrzeug befestigt sind, registieren während der Prüfstandtestfahrt die Rad- und Aufbauschwingungen.

Extremerprobung:
Am Stilfser Joch (kleines Foto) und auf dem Hockenheimring wurde die Bremsanlage der E-Klasse getestet. Die rotglühenden Bremsscheiben sind ein Indiz für die Extrembelastung der Bremsanlage auf dem Formel-1-Kurs.

Bremsenerprobung auf dem Grand-Prix-Kurs

Auch die Modifikationen der hydraulischen Zweikreisbremsanlage sind ein wichtiger Beitrag zur weiteren Verbesserung der Fahrsicherheit. Gegenüber dem Vorgängermodell ist die neue E-Klasse an Vorder- und Hinterachse mit größeren Bremsscheiben ausgerüstet, die eine noch wirksamere Verzögerung und eine noch bessere Standfestigkeit bieten. Das beweisen die Ergebnisse einer aufwendigen Extremerprobung auf dem Formel-1-Rennkurs von Hockenheim und auf den höchsten Paßstraßen Europas. Bis die Bremsanlage der neuen E-Klasse nach ungezählten Testfahrten das O. K. der Mercedes-Inge-

Praxis-Tip

Bei Gefahr voll aufs Pedal

Wer als Autofahrerin oder Autofahrer Gefahrensituationen meistern will, muß schnell und sicher reagieren. Immerhin: Bei Tempo 100 legt das Auto binnen einer Sekunde rund 28 Meter zurück. Wer aber allein für das Erkennen einer Gefahr mehr als eineinhalb Sekunden benötigt, fährt in dieser Zeit über 40 Meter weiter – ungebremst. Deshalb gehört es zu den wichtigsten Voraussetzungen eines Autofahrers, stets fit zu sein. Übermüdung, Unaufmerksamkeit, gesundheitliche Störungen oder auch Alkohol beeinträchtigen das Reaktionsvermögen mitunter erheblich. Nicht minder wichtig ist das richtige Verhalten in Gefahrenmomenten. Die Unfallstatistik zeigt, daß viele Autofahrer viel zu zaghaft aufs Bremspedal treten, wenn es brenzlig wird. Nur die wenigsten treten voll aufs Pedal und handeln damit goldrichtig. Denn: Auf trockener Fahrbahn ist eine solche Vollbremsung das beste Rezept für einen kurzen Bremsweg. Das serienmäßige Antiblockier-Bremssystem der Mercedes-Modelle sorgt dafür, daß sich das Auto trotzdem lenken läßt.

Anhalteweg: Bei Tempo 100 über 80 Meter

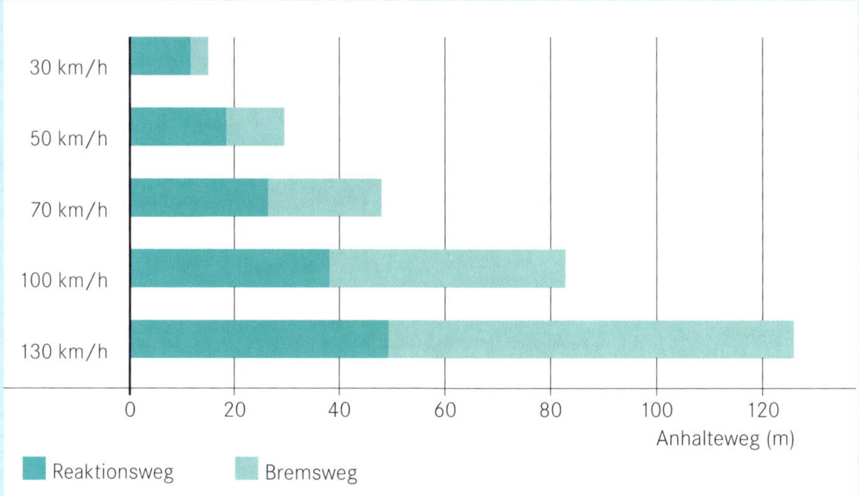

nieure fand, wurden über 1 000 Bremsbeläge verschlissen – allein 300 davon bei den Fahrversuchen auf dem Hockenheimring. Drehte sich bei der Bremsenerprobung vor Jahren noch alles um das Thema Bremsweg, so ist die Entwicklungsdisziplin heute längst nicht mehr das alleinige Maß aller Dinge. Komplexe Systeme wie das Antiblockiersystem, die Antriebsschlupfregelung ASR oder die Fahrdynamikregelung ESP erfordern eine ganz besondere Feinabstimmung der Bremsanlage, für die man neben modernster Meßtechnik vor allem das untrügerische Gespür erfahrener Tester benötigt. Doch der High-Tech-Einsatz lohnt sich: Bei einer Panikbremsung, wenn zum Beispiel plötzlich ein Lkw ausschert, bietet ABS bei vollem Bremsdruck auch in Kurven die bestmögliche Sicherheit – ungeachtet des Fahrkönnens. Auf solche alltäglichen Gefahrenmomente des Straßenverkehrs sind die Tests der Mercedes-

Ingenieure im Motodrom von Hockenheim abgestimmt. Die Aufgabe der Testfahrer und Ingenieure ist es, das Auto für einen Kunden mit normalem Fahrvermögen beherrschbar zu machen. Und zwar in jeder Situation.

Dem Thema Bremsenstabilität in Kurven näherten sich die Fachleute in verschiedenen Testetappen: Mit 200 km/h wurde vor der berühmt-berüchtigten Ostkurve des Hockenheimrings gebremst, aus 120 km/h wurde in die Ostkurve hineingebremst, und aus genau 170 km/h stoppten die Fahrer vor der Schikane auf der Waldgeraden. Garniert wurde das Ganze durch Bremswegmessungen aus Tempo 100, den sogenannten Fading-Tests. Das bedeutet: In kurzen Abständen erfolgten Vollbremsungen aus 100 km/h – eine Strapaze, die von den vorderen Bremsscheiben nicht selten mit einem roten Glühen quittiert wird. Unter „Fading" verstehen die Experten das Nachlassen der Bremsleistung bei dauernder Extrembeanspruchung und der damit verbundenen Aufheizung der Bremsscheiben. Diesen Fading-Effekt verringern die Mercedes-Ingenieure bei der neuen E-Klasse durch den Einsatz innenbelüfteter Bremsscheiben an der Vorderachse, die etwa 75 Prozent der Bremsleistung aufbringen müssen. Eine spezielle Führungsrinne lenkt den Fahrtwind über die Bremsscheiben, so daß in jeder Fahrsituation für ein genau definiertes Maß an Kühlung gesorgt ist. Dank der Belüftungskanäle in den Bremsscheiben entsteht kein Wärmestau, so daß eine gleichbleibend gute Bremsleistung gewährleistet ist.

Zur Optimierung der Bremsanlage gehört zweifellos auch die Auswahl des richtigen Belags. Hier geht es ebenfalls um den bestmöglichen Kompromiß zwischen Haltbarkeit, die ein eher harter Belag ermöglicht, und gutem Komfort, den ein weicher Belag bietet. Um diesen Kompromiß zu finden, prüften die Mercedes-Ingenieure bei ihren Tests auf dem Hockenheimring pro Tag bis zu zwölf Bremsscheiben mitsamt Belägen, um schließlich einen Idealkompromiß zu finden. Ihr Motto lautete: „Versuch macht klug."

Besonderes Augenmerk widmeten die Fachleute den Hinterradbremsen, deren Scheibendurchmesser jetzt beim E 200, beim E 230 und bei den Diesellimousinen 278 Millimeter beträgt – das sind 20 Millimeter mehr als bei den Vorgängermodellen. An der Vorderachse vergrößerte sich der Durchmesser der Bremsscheiben bei den Vierzylindern und den Dieselvarianten um vier Millimeter.

Vergrößert wurden auch die Stärke und die Fläche der vorderen Bremsbeläge, wodurch sich deren Lebensdauer deutlich verlängert. Für die Vier-, Fünf-

Luftkühlung:
Die vorderen Faustsattelbremsen der E-Klasse sind innenbelüftet.

Bremsendaten

	E 200, E 230, Dieselmodelle	E 280, E 320	E 420
Bremsscheiben vorn: Durchmesser x Dicke	288 x 25 mm	300 x 28 mm	316 x 28 mm
Bremsscheiben hinten: Durchmesser x Dicke	278 x 9 mm	290 x 10 mm	290 x 10 mm

und Sechszylindermodelle hat Mercedes-Benz Faustsattelbremsen entwickelt, die an den Vorderrädern zum Einsatz kommen, während an den Hinterachsen Festsattelbremsen für eine sichere und spurtreue Verzögerung sorgen.

Wie bei allen Mercedes-Modellen üblich, sind auch die Limousinen der neuen E-Klasse serienmäßig mit einem elektronisch gesteuerten Antiblockier-Bremssystem (ABS) ausgestattet, dessen Technik abermals verbessert wurde. So erzielten die Ingenieure durch die Zuammenfassung von ABS und dem Electronic Traction System (ETS) eine nennenswerte Gewichtseinsparung von rund neun Kilogramm gegenüber der bisherigen Technik: ABS und ETS verfügen über eine gemeinsame Steuereinheit und ein gemeinsames Hydraulikaggregat (siehe auch Technik-Info auf Seite 87). ABS verhindert das Blockieren der Räder bei Vollbremsungen, so daß die Limousine auch während des Bremsvorgangs lenkbar bleibt. Das System wirkt auf trockenem Asphalt ebenso zuverlässig wie bei Nässe oder Glatteis (siehe auch Praxis-Tip auf Seite 82).

Elektronische Anpassung der Stoßdämpferkraft

Das von der S- und SL-Klasse bekannte Adaptive Dämpfungssystem (ADS) ist jetzt erstmals auch in der E-Klasse erhältlich. ADS ist ein vollautomatisches, elektronisch gesteuertes System, das die Stoßdämpferkraft an Vorder- und Hinterachse dem jeweiligen Beladungszustand des Fahrzeugs, der Straßenbeschaffenheit und der Fahrweise anpaßt. Der Autofahrer kann mittels Knopfdruck zwischen einer sportlichen und einer komfortablen Grundeinstellung des Fahrwerks wählen. Durch eine Optimierung der Steuerelektronik und -hydraulik gelang es den Mercedes-Ingenieuren, die Karosseriebewegungen noch weiter zu verringern und damit den Fahrkomfort abermals zu verbessern. Das System reagiert damit auch auf dynamische Vorgänge wie starke Beschleunigungs- oder Bremsmanöver und erhöht die Fahrstabilität des Wagens in solchen Situationen.

Mit ESP Kurvenfahrt ohne Schleuderrisiko

Ein weiterer technischer Meilenstein auf dem Gebiet der Fahrsicherheit ist das neue Electronic Stability Program (ESP), das Mercedes-Benz auch für die E-Klasse liefern wird. Dieses Fahrsicherheitssystem hilft dem Autofahrer, kritische Situationen besser zu meistern und verringert somit die Gefahr von Unfällen, deren Ursache in der Sprache der Statistik „menschliches Versagen" lautet. Immerhin: Fast ein Viertel aller Pkw-Unfälle passieren, weil Autofahrer ihr eigenes Können überschätzen, die Geschwindigkeit und den Bremsweg unterschätzen oder sich bei ihren Lenkmanövern verschätzen. Bei den sogenannten Alleinunfällen, die zumeist auf kurvigen Landstraßen passieren, spielt dieser Aspekt eine noch größere Rolle. Hier gehen sogar mehr als 90 Prozent aller Karambolagen auf das Konto von Fahrfehlern. Andere Ursachen wie

Electronic Stability Program: Kurvenfahrt ohne Schleuderrisiko

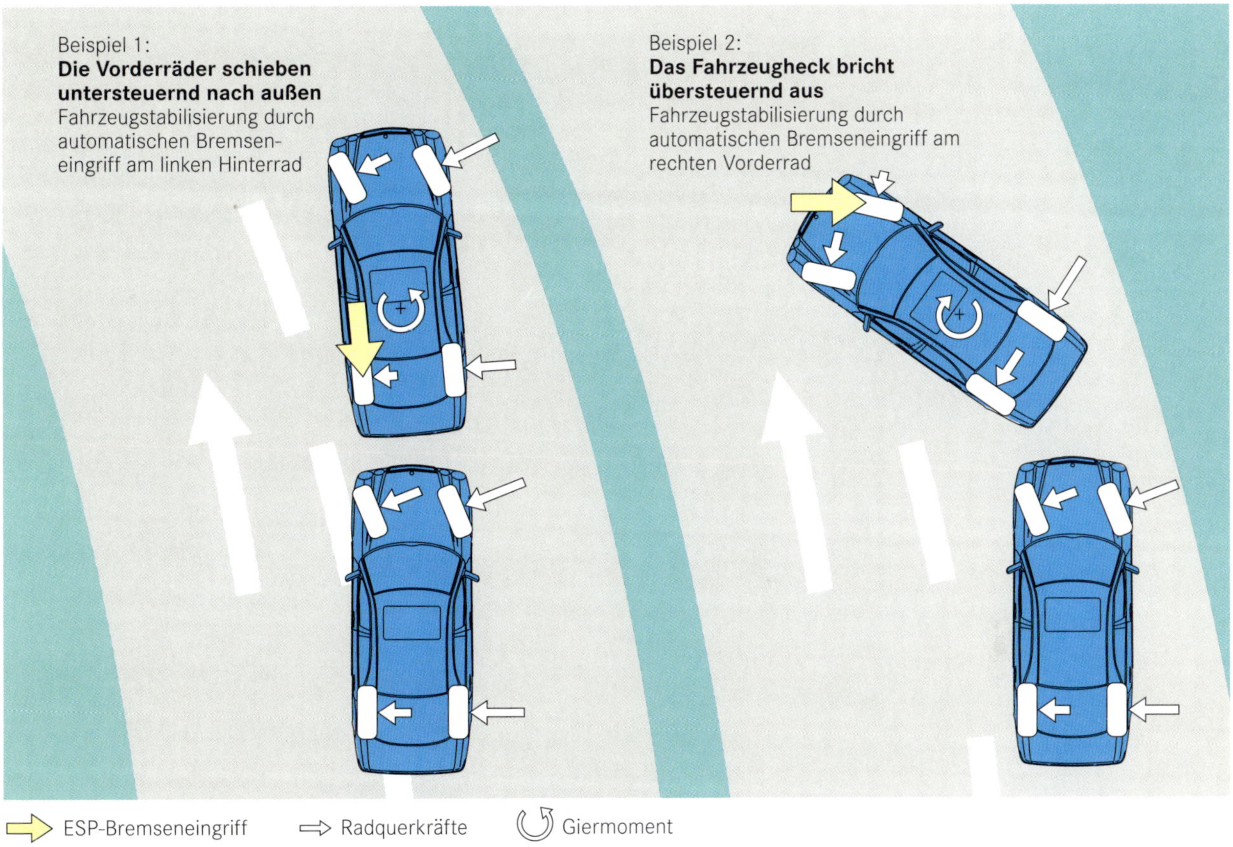

schlechter Fahrbahnzustand, ungünstige Witterung oder technische Mängel haben eine weitaus geringere Bedeutung als die menschlichen Fehleinschätzungen.

Kein Wunder also, daß die Automobilingenieure seit Jahren schon nach technischen Möglichkeiten suchen, um die Fahrsicherheit zu verbessern. Elektronische Assistenzsysteme sollen Unfälle vermeiden, falsche Reaktionen des Autofahrers kompensieren und ihm helfen, kritische Situationen besser zu meistern. Ihr Ziel ist es, die Fahrsicherheit in allen Situationen zu verbessern – also nicht nur beim Anfahren oder Beschleunigen, sondern auch in Kurven, bei Ausweichmanövern oder anderen querdynamischen Fahrzeugbewegungen, die ein hohes Schleuderrisiko bergen. Deshalb startete Mercedes-Benz Mitte der achtziger Jahre ein ehrgeiziges Entwicklungsprojekt: Unter dem Arbeitstitel „Querschlupfregelung“ suchten die Ingenieure nach technischen Möglichkeiten, die Schleuderbewegungen eines Personenwagens zu erfassen und durch gezielte Eingriffe in Fahrwerk, Motor und Getriebe zu verringern. Nach umfangreichen Computersimulationen und Voruntersuchungen waren bereits 1987 die ersten Versuchswagen mit einem solchen System ausgerüstet und spulten in den folgenden Jahren Tausende von Erprobungskilometern ab. 1992 begann die Serienentwicklung des Electronic Stability Program.

Funktion und Komponenten des Electronic Stability Program

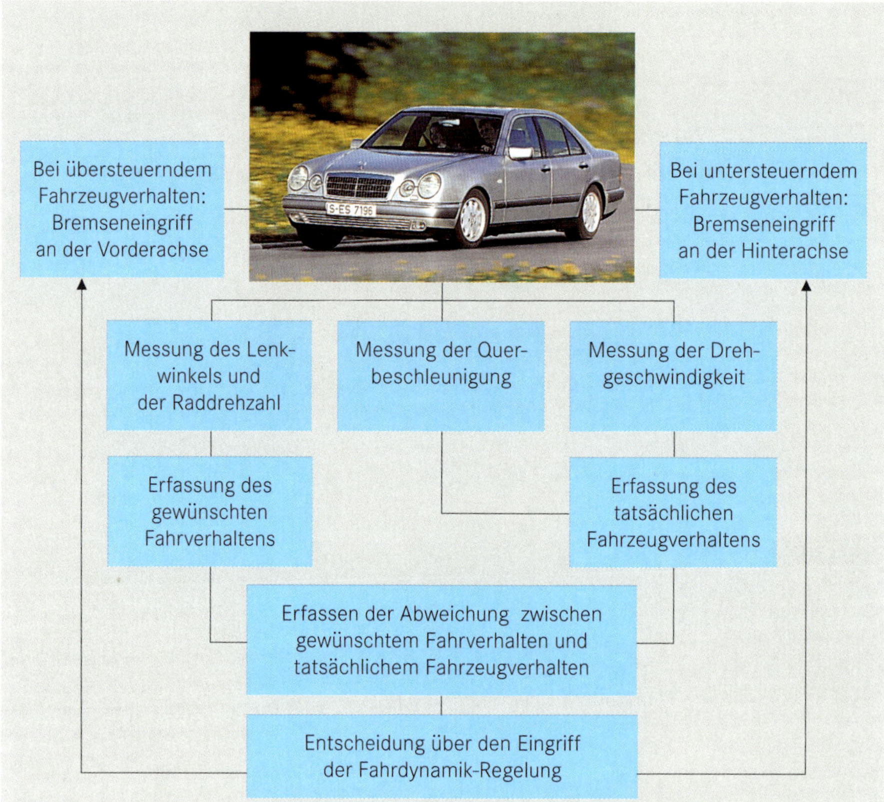

Systemkomponenten

Hydraulik

- Bremskraftverstärker
- Hydraulikeinheit für alle Räder
- Ladekolbeneinheiten zur Beschleunigung des Druckaufbaus
- Vorladepumpe
- Radbremse
- Elektronisches Steuergerät

Sensorik

- Raddrehzahlsensor
- Querbeschleunigungssensor
- Drehgeschwindigkeitssensor
- Lenkwinkelsensor
- Vordrucksensor

Physikalisch gesehen, ist das Schleudern nichts anderes als die Drehung des Automobils um seine eigene Hochachse. Je schneller diese Drehung abläuft, desto größer sind Schleuderbewegung und Unfallrisiko. Nur: Für die zuverlässige Messung der Drehgeschwindigkeit bedarf es eines komplizierten Meßsystems, das es bisher nur in der Luft- und Raumfahrttechnik gab. Für den automobilen Einsatz sind diese sogenannten Giersensoren zu störanfällig – und zu teuer. Deshalb entwickelten die Fachleute ein Meßelement, das aus einem kleinen stählernen Hohlzylinder besteht. Quarze versetzen ihn in definierte Schwingungen, die sich durch die Drehbewegung des Wagens verschieben. Um diese Verschiebung zu kompensieren, benötigt man eine elektrische Spannung, deren Wert das Meßsignal für die Drehgeschwindigkeit des Autos ist. Der neuentwickelte Sensor befindet sich unter der Hutablage der neuen E-Klasse und ist mit einem leistungsfähigen Mikrocomputer verbunden, der

Technik-Info Traktionssysteme ETS und ASR: Nur nicht durchdrehen

Die elektronische Traktionshilfe ETS gehört zur Serienausstattung der Vier- und Fünfzylindermodelle der neuen E-Klasse. Das System schaltet sich ein, wenn eines der Antriebsräder auf rutschigem Untergrund durchdreht. Vier Drehzahlfühler – je zwei pro Achse – erkennen eine solche Situation und aktivieren mit Hilfe der Mikroelektronik einen einseitigen Bremseneingriff, der eine Sperrwirkung des Rades bewirkt und das Anfahrverhalten verbessert. ETS bremst das durchdrehende Rad so lange ab, bis zwischen beiden Antriebsrädern eine optimale Drehzahldifferenz wiederhergestellt ist. Dies geschieht normalerweise in einem Geschwindigkeitsbereich zwischen 0 und 40 km/h – bei besonders kritischen Fahrbahnverhältnissen bleibt die ETS-Regelung jedoch sogar bis Tempo 80 aktiv. Da sich die Gesetze der Fahrphysik auch mit ETS nicht überlisten lassen, informiert das System den Fahrer, wenn die Reifen ihre Haftgrenze erreichen. In diesem Fall leuchtet eine Warnlampe im Tachometer auf und fordert den Fahrer auf, seine Fahrweise besser den Straßenverhältnissen anzupassen. Die Warnung erfolgt bei jeder Geschwindigkeit – also auch jenseits des ETS-Regelbereiches von 80 km/h. Die Antriebsschlupfregelung ASR, die zur Serienausstattung der Sechszylindermodelle gehört und auf Wunsch auch für alle anderen Varianten der neuen E-Klasse lieferbar ist, sorgt im Gegensatz zu ETS im gesamten Geschwindigkeitsbereich für eine Verbesserung der Fahrstabilität. Drehen die Räder auf rutschigem Untergrund durch, verringert ASR automatisch das Motordrehmoment und bremst gleichzeitig die Antriebsräder ab. Darüber hinaus dient ASR natürlich auch als Traktionshilfe beim Anfahren. Eine Warnlampe im Tachometer signalisiert dem Fahrer auch hier, wenn die Reifen ihre Haftgrenze erreichen.

zusätzlich Sensorinformationen über Lenkwinkel, Raddrehzahlen, Bremsdruck, Querbeschleunigung erfaßt und aus diesen Daten Sollwerte für die Drehgeschwindigkeit berechnet. Durch diesen direkten Vergleich von Ist- und Sollwert erkennt der Computer, ob sich das Fahrzeug in einem kritischen Fahrzustand befindet. Zusätzlich ist das ESP-Steuergerät mit Motor und Automatikgetriebe verbunden, so daß es jederzeit auch die aktuellen Daten über das Motordrehmoment, die Gaspedalstellung und die Getriebeübersetzung erhält. Über die gleiche Datenautobahn greift das Fahrsicherheitssystem in die elektronische Motor- oder Getriebesteuerung ein und sorgt beispielsweise beim Anfahren auf rutschigem Untergrund dafür, daß die ebenfalls neuentwickelte Getriebeautomatik der E-Klasse ins Winterprogramm umschaltet. Dadurch verbessern sich Traktion und Fahrkomfort spürbar.

Automatischer Bremseneingriff an Vorder- oder Hinterachse

Während der Fahrt vergleicht der ESP-Computer das tatsächliche Fahrzeugverhalten ständig mit den errechneten Sollwerten. Weicht das Auto von der sicheren „Ideallinie" ab, greift das System blitzschnell nach einer speziell entwickelten Logik ein und bringt das Auto auf zweierlei Weise wieder auf den richtigen Kurs: durch genau dosierten Bremseneingriff an einem oder mehreren Rädern und/oder durch Verringerung des Motordrehmoments. Dabei korrigiert ESP sowohl Fahrfehler als auch Schleuderbewegungen, die durch Glätte, Nässe, Rollsplitt oder andere widrige Fahrbahnzustände verursacht werden, bei denen der Autofahrer normalerweise kaum noch eine Chance hat, seinen Wagen durch Lenk- oder Bremsmanöver in der Spur zu halten. Deshalb

Praxis-Tip

Sicher durch Eis und Schnee

Beim ersten Schnee oder beim ersten Glatteis sollten Autofahrer gleich auf „Winterstil" umschalten. Das bedeutet: noch gefühlvoller mit Lenkung, Bremse und Gaspedal umgehen. Die folgenden Profi-Tips helfen Autofahrern sicher durch den Winter:

- Weitblick gefordert: Gerade im Winter ist eine vorausschauende Fahrweise gefragt. Rechtzeitig das Tempo drosseln und genügend Abstand zum Vordermann einhalten, damit Gefahrensituationen frühzeitig erkannt werden. Vorsicht beim Bremsen: Auf Glatteis rutscht das Auto bei einer Vollbremsung aus 30 km/h gut 30 Meter weit. Auf trockener Straße sind es nur rund 12 Meter.
- Hektik vermeiden: Ruhe bewahren, wenn die Räder auf glattem Untergrund durchdrehen. Keine hektischen Lenkbewegungen vollführen und vor allem nicht voll aufs Bremspedal treten. Profis verlangsamen die Fahrt durch gefühlvolles Stotterbremsen.
- Lenken statt bremsen: Wer trotz aller Vorsicht ins Schleudern gerät, sollte den Fuß vom Gaspedal nehmen und langsam gegenlenken. Auf keinen Fall bremsen: Blockieren die Räder, bricht der Wagen unkontrolliert aus und läßt sich nicht mehr lenken.
- Spurwechsel mit Gefühl: Auf Autobahnen sind die Fahrspuren nach Schneefall meist schnell freigefahren. Doch dazwischen bilden sich kleine Schneewälle. Beim Spurwechsel das Tempo verringern und den Schneewall möglichst im spitzen Winkel ansteuern. Erst wenn alle vier Räder wieder „festen" Boden unter dem Profil haben, sollte man gefühlvoll Gas geben.

ist ESP jederzeit einsatzbereit – beim Bremsen, beim Beschleunigen oder beim gleichmäßigen Dahinrollen. Eine wesentliche Stärke des Electronic Stability Programs ist seine Schnelligkeit. Die Erfassung des Eigenlenkverhaltens und der automatische Bremseneingriff vollziehen sich binnen weniger Sekundenbruchteile: Drängt das Fahrzeug beispielsweise bei schneller Kurvenfahrt mit der Hinterachse zu stark nach außen, so reduziert der ESP-Mikrocomputer zunächst das Antriebsmoment und erhöht damit die Seitenführungskräfte der hinteren Räder. Reicht dieser Motoreingriff nicht aus, bremst ESP zusätzlich das kurvenäußere Vorderrad so lange gezielt ab, bis sich die Schleuderbewegung reduziert. Die Bremskraft wirkt nämlich der kritischen Drehbewegung entgegen und stabilisiert somit das Fahrzeugverhalten. Die gleichzeitige Verringerung der Geschwindigkeit dient als zusätzlicher Sicherheitseffekt.

Praxis-Tip

Sicherheit läßt sich trainieren

Mit innovativer Crashstruktur, Airbag, Sidebag, Gurtstraffer, Gurtkraftbegrenzer, ABS und ETS ist die neue E-Klasse das sicherste Automobil ihrer Klasse. Doch das allein genügt nicht, um sicher und unfallfrei durch den Straßenverkehr zu kommen. Ebenso wichtig sind das Können und die Geschicklichkeit des Autofahrers sowie der berühmte „siebte Sinn“, um Gefahrensituationen rechtzeitig zu erkennen und richtig zu reagieren. Dieses Verhalten ist niemandem angeboren, man muß es erlernen. Mercedes-Benz hilft dabei: Beim Mercedes-Fahrsicherheitstraining geben erfahrene Instruktoren Tips und Hinweise für eine sichere Fahrweise. Während beim halbtägigen Kompaktkurs das Thema Bremsen im Vordergrund steht, vermittelt der eintägige Grundkurs von der richtigen Sitzposition bis zum richtigen Ausweichmanöver eine solide Basis für eine sichere Fahrweise. Wer die Erfahrungen aus dem Grundkurs noch erweitern möchte, kann an einem der beiden Fortgeschrittenenkurse teilnehmen, die jeweils eineinhalb Tage dauern. Hier stehen unter anderem Lastwechselslalom, Kurvenfahrt, Vollbremsungen und das richtige Verhalten bei Aquaplaning auf dem Lehrplan. Schließlich bietet Mercedes-Benz noch einen speziellen zweitägigen Winterkurs an, bei dem Autobesitzer das Fahren auf vereisten oder verschneiten Straßen trainieren. Um mehr über die Kurse und die nächsten Trainingstermine zu erfahren, genügt ein Telefonanruf, ein Telefax oder ein kurzer Brief:

Mercedes-Fahrsicherheitstraining
Münchener Straße 24
D-85774 Unterföhring

Telefon: 0 89/9 50 60 51
Telefax: 0 89/9 50 60 79

Ein zu starkes untersteuerndes Eigenlenkverhalten, bei dem die Vorderachse des Wagens nach außen drängt, korrigiert ESP auf die gleiche Art und Weise, bremst in diesem Fall jedoch das kurveninnere Hinterrad ab und erzeugt so die erforderliche Gegenkraft, die das Auto wieder in die richtige Spur bringt. Das Blockieren der Räder wird in jeder Situation vermieden, denn wie ABS orientiert sich auch das neue aktive Fahrsicherheitssystem am jeweiligen Reibwert der Fahrbahnoberfläche und dosiert den Bremsdruck je nach Straßenzustand. Noch besser: Beim Bremsen in Kurven oder auf Fahrbahnen mit einseitig glatter Oberfläche verkürzt das System auch den Bremsweg.

Die automatische Kurskorrektur des ESP-Systems ist freilich kein einmaliger Vorgang, der mit einem einzigen kurzen Bremseneingriff wieder beendet ist. Im Gegenteil: Die Stabilisierung erfolgt permanent und paßt sich sofort den situationsbedingten Fahrzeugbewegungen an – so lange bis die Schleudergefahr gebannt ist. Diese adaptive Regelung erfordert von den Sensoren und Aktuatoren des Electronic Stability Programs ein extrem hohes Arbeitstempo und ein großes Anpassungsvermögen. Denn das System muß nicht nur schnelle Spurwechsel oder plötzliche Glatteissituationen meistern, sondern überdies auch bei unterschiedlichen Beladungszuständen oder Reifenprofiltiefen zuverlässig funktionieren. Allerdings: Der Regeleingriff des Systems erfolgt nur innerhalb der physikalischen Möglichkeiten. Auch ESP kann die Autoinsassen nicht vor den Folgen einer zu schnellen, risikofreudigen Fahrweise bewahren.

Seine Wirksamkeit hat ESP bereits bei zahlreichen Tests unter Beweis gestellt. Im Berliner Fahrsimulator von Daimler-Benz untersuchten die Entwicklungsingenieure den Nutzen und die Akzeptanz des Systems bei 80 Mercedes-Kunden, die mit 100 km/h eine imaginäre Landstraße befuhren. In vier Kurven wurde eine plötzliche Glatteissituation simuliert, bei der sich die Fahrbahnhaftung auf wenigen Metern um mehr als 70 Prozent verringerte. Das Ergebnis: Ohne ESP-Einsatz hatten mehr als dreiviertel der Autofahrer keine Chance, ihren Wagen sicher auf Kurs zu halten und „erlitten" bis zu drei Schleuderunfälle hintereinander. Mit Hilfe des neuen Fahrsicherheitssystems verliefen alle Testfahrten schleuder- und unfallfrei.

Mensch und Auto im perfekten Zusammenspiel

Die Sicherheitsentwicklung moderner Automobile ist eine Aufgabe mit vielen Facetten. Vor allem bei Mercedes-Benz. Neben der aktiven Sicherheit, die dazu beiträgt, Unfälle zu verhindern, und der passiven Sicherheit, die das Verletzungsrisiko der Insassen auf das geringstmögliche Maß reduziert, kommt in jüngster Zeit ein zusätzlicher Aspekt hinzu: die adaptive Sicherheit, die manche Fachleute auch mit dem Begriff Konditionssicherheit beschreiben. Darunter verstehen Verkehrswissenschaftler die optimale Anpassung (Adaption) der technischen Systeme eines Automobils an den Menschen. Das Ziel also, ein perfektes Miteinander von Mensch und Fahrzeug herzustellen. Dafür

Praxis-Tip

Sind Sie ein streßgefährdeter Autofahrer?

Kreuzen Sie die zutreffende Punktzahl an und addieren Sie alle Punkte. Die Auswertung steht auf Seite 96.

	Punkte
Ihr Alter:	
20 bis 30 Jahre	1
31 bis 40 Jahre	2
41 bis 50 Jahre	3
51 bis 60 Jahre	4
älter	5

Ihr Blutdruck (systolischer Blutdruck, der stets als erster Wert angegeben wird):

bis 130 mm HG	1
bis 140 mm HG	2
bis 160 mm HG	3
bis 170 mm HG	5
bis 180 mm HG	6
über 180 mm HG	9

Ihre Pulsfrequenz (Pulsschläge pro Minute im Ruhezustand):

bis 65	1
bis 75	2
bis 85	3
bis 95	5
bis 105	6

Ihr Arbeitsalltag (Mehrfachnennungen möglich):

Ich habe eine regelmäßige Arbeitszeit	1
Ich habe eine unregelmäßige Arbeitszeit (z.B. Schichtdienst)	2
Ich arbeite häufig unter Zeitdruck	4

Ihr täglicher Nikotinkonsum:

Nichtraucher	0
ehemaliger Raucher	1
Zigarren oder Pfeife	2
1 bis 10 Zigaretten	4
11 bis 25 Zigaretten	6
26 bis 35 Zigaretten	8
mehr als 36 Zigaretten	10

Ihr Bewegungsverhalten:

Ich treibe regelmäßig Freizeitsport	0
Ich bewege mich im Beruf wenig und treibe selten Freizeitsport	1
Ich bewege mich im Beruf und in der Freizeit kaum	2

Ihr Ernährungsverhalten:

kalorienbewußt	0
täglich mehrere kleine Mahlzeiten	1
täglich 2 bis 3 normale Mahlzeiten	2
täglich 2 warme Mahlzeiten	4
täglich 2 bis 3 große Mahlzeiten, zwischendurch Süßigkeiten	6

Ihr Gesundheitszustand (Symptome, die Sie regelmäßig an sich beobachten, Mehrfachnennungen möglich):

Ich leide unter Ohrensausen und Augenflimmern	1
Ich habe einen empfindlichen Magen	1
Ich verspüre öfters Stiche in der Herzgegend	1
Ich habe öfters zittrige Hände und verspüre ein Zucken in der Schultermuskulatur	1
Ich leide unter Schlafstörungen	1
Ich bin nach dem Aufwachen müde und kaputt	1

Ihre persönliche Autofahrer-Situation (wie oft Sie im Stadtverkehr unterwegs sind):

2- bis 3mal pro Monat	1
5- bis 10mal pro Monat	2
2mal täglich	4
mehrmals täglich	6

Ihre Reaktionen als Autofahrer (Mehrfachnennungen möglich):

Ich bin unterwegs in jeder Situation gut gelaunt	0
Ich ärgere mich, wenn es zu Staus kommt	1
Ich bin im Auto öfters unter Zeitdruck	2
Ich lasse es nicht zu, daß sich andere Autofahrer vordrängeln	1
Ich rege mich schnell über andere Autofahrer auf	1
Ich fühle mich im Straßenverkehr stark angespannt und innerlich geladen	2
Ich bin nach einer längeren Fahrt im Stadtverkehr müde	2

____

Summe aller Punkte

Stadtverkehr:
Die E-Klasse zeichnet sich durch ein hohes Maß an Konditionssicherheit aus. Die moderne Fahrzeugtechnik entlastet den Autofahrer und verbessert seine Kondition in streßreichen Situationen.

müssen die Experten sowohl die mentalen Prozesse eines Autofahrers, seine Erwartungen und Einstellungen als auch seine Beanspruchungslage berücksichtigen. Mit dieser neuen Entwicklungsdisziplin leisten die Ingenieure und Wissenschaftler einen weiteren Beitrag zur Verbesserung der Verkehrssicherheit. Fest steht: Die Situation auf unseren Straßen hat sich während der letzten Jahre stark verändert. Überlastete Autobahnen und verstopfte Stadtstraßen sind vielerorts bereits alltäglich, so daß die Freude am Fahren oft im Stau erstickt. Die zunehmende Verkehrsdichte fordert ihren Tribut – auch von den Autofahrern. Geduld, starke Nerven und eine gute Kondition sind heutzutage Grundvoraussetzungen, um den „Streß am Steuer" zu bewältigen. Diese Verkehrsentwicklung stellt aber auch neue Anforderungen an die Automobiltechnik. Mehr denn je muß sie dazu beitragen, den Fahrer zu entlasten, seine physische und psychische Beanspruchung zu vermindern und so die Voraussetzungen für eine optimale Kondition zu schaffen.

Verhaltenswissenschaftler sprechen deshalb von der Konditionssicherheit. Gemeint ist die Eigenschaft eines Automobils, die geistige und körperliche Kondition des Autofahrers nicht zu beeinträchtigen, sondern auch während der Fahrt sogar noch weiter zu verbessern. Dies ist beispielsweise durch ein hohes Maß an Sitzkomfort, durch uneingeschränkte Sicht, durch ein angenehmes Raumklima, durch leicht bedienbare Schalter, durch ein niedriges Geräuschniveau oder durch selbsttätig arbeitende Systeme möglich. Verkehrspsychologen und Ingenieure des Berliner Forschungsinstituts der Daimler-Benz AG beschäftigten sich schon seit mehreren Jahren mit diesem Thema und haben zur physischen und psychischen Beanspruchung von Autofahrern umfangreiche Praxisuntersuchungen durchgeführt. Viele der Forschungsergebnisse bildeten die wissenschaftliche Grundlage für die Konzeption und Entwicklung der neuen Mercedes-Benz E-Klasse. An den Verkehrsuntersuchungen nahmen bisher mehr als 250 Autofahrer und Autofahrerinnen verschiedener Altersklassen teil. Sie hatten sich für Langstreckentests auf in- und ausländischen Autobahnen und für Fahrten im Stadtverkehr zur Verfügung gestellt. Die Tests finden regelmäßig als Vergleichsuntersuchungen statt, an denen auch Limousinen anderer Automobilhersteller teilnehmen.

Bereits die Fahrgeschwindigkeit wird durch Technik und Gesamtkonzept eines Automobils bestimmt. Fahrzeuge mit besonders komfortabler Abstimmung und niedrigem Innengeräuschpegel werden in der Regel langsamer, defensiver gefahren als andere Modelle. Und anhand der Lenkbewegungen ziehen die Verkehrswissenschaftler Rückschlüsse auf die nervliche Anspannung eines Autofahrers. Auf der Autobahn gilt eine geringe Lenkradaktivität beispielsweise als Indiz für einen ausgeglichenen, gleichmäßigen Fahrstil. Die Lenkradbewegungen werden oft durch die Fahrzeugtechnik beeinflußt: In Automobilen, die aufgrund ihrer Konzeption und Auslegung vom Fahrer eine hohe Aufmerksamkeit verlangen, messen die Fachleute in der Regel eine größere Lenkradaktivität als in Modellen mit hohem Fahrkomfort wie der neuen E-Klasse von Mercedes-Benz.

Praxis-Tip

Was tun gegen den Streß am Steuer?

Ein Leben ohne Streß gibt es nicht. Zunächst versteht man unter Streß Ereignisse und Situationen, die als belastend empfunden werden, insbesondere weil man häufig nicht angemessen darauf reagieren kann. Grundsätzlich unterscheidet man zwischen zwei Formen von Streß: dem sogenannten Disstreß, der unerfreuliche Erlebnisse beinhaltet, unzufrieden macht und überlastet. Dem steht der Eustreß gegenüber. Das sind Reize, die als angenehm empfunden werden. Unter Stressor versteht man einen Reiz, der bestimmte Streßreaktionen in unserem Organismus auslöst. Die Reaktion des Körpers auf einen solchen Streßreiz läuft immer nach dem gleichen Schema ab. Es kommt zu einer Ausschüttung von Hormonen (vor allem Adrenalin) und zu einem Anstieg von Herzfrequenz und Blutdruck. Gleichzeitig werden aber auch Energiereserven in Form von Blutzucker und Fetten mobilisiert.

Der Organismus ist nun auf eine maximale physische Anstrengung eingestellt. Diese bleibt in typischen Streßsituationen – vor allem im Auto – jedoch normalerweise aus. Grundsätzlich müssen solche Streßreaktionen ohne muskuläre Folgereaktionen als Risikofaktoren für Stoffwechsel- und Herz/Kreislauferkrankungen angesehen werden. Theoretisch können jeder notorische Linksfahrer, jede rote Ampel oder jeder Stau während des Autofahrens Streßreaktionen auslösen. Zeitdruck, schlechte Sichtverhältnisse, Regen oder Hitze verschärfen die Lage zusätzlich. Jetzt reagieren wir gereizt auf jeden Fehler der anderen, aber wir sitzen fest im Autositz und können uns nicht körperlich abreagieren. Deshalb geben Mediziner folgende Tips:

- Körperliche Fitneß und psychische Ausgeglichenheit sind die besten Voraussetzungen für sicheres und streßfreies Autofahren. Wer viel Auto fährt oder fahren muß, benötigt zum Ausgleich für diese „mobile Immobilität“ viel körperliche Aktivität.
- Zwei- bis dreimal pro Woche etwa 30 Minuten Radfahren, Schwimmen oder Joggen. Mehr wäre besser.
- Regelmäßiges Gymnastiktraining für Schulter-, Nacken- und Rückenmuskulatur ist ebenfalls notwendig.
- Steigen Sie vor längeren Fahrten nur ausgeruht und ausgeschlafen ins Auto!
- Wenn Sie familiären Streß und beruflichen Ärger haben, sollten Sie diesen nicht mit ins Auto nehmen. Entspannungsübungen vor der Fahrt helfen, den Frust loszuwerden.
- Müssen Sie sich wirklich unter Zeitdruck setzen? Früher Aufstehen – besser planen!
- Riskantes Überholen, Drängeln und andere zu belehren bringt noch mehr Streß, mehr Gefahren und meist viel Ärger.
- Lassen Sie anderen den Spaß, schneller zu sein oder sein zu wollen.
- Regen Sie sich nicht über Dinge auf, die Sie eh nicht ändern können!
- Bestimmte Entspannungstechniken, die man leicht lernen kann, helfen gestreßten Menschen, sich psychisch zu beruhigen.

Herzfrequenz und Hautleitfähigkeit als typische Streßindikatoren

Auf eine starke körperliche Anspannung reagiert der menschliche Organismus mit einer höheren Herzfrequenz. Da im Auto normalerweise die körperliche Bewegung fehlt, hat hier ein Anstieg der Herztätigkeit meist eine ganz andere Ursache: Streß.

Die Ursachen dieser psychischen Beeinträchtigung können Hektik, hohes Verkehrsaufkommen oder schlechtes Wohlbefinden sein. Im Auto gibt es aber auch andere Einflußgrößen: Ein hoher Innengeräuschpegel, eine unzureichende Be- und Entlüftung, eine ungünstige Sitzposition und schlechte Sichtverhältnisse können Streßsymptome hervorrufen oder verstärken. Das gilt vor allem bei Menschen, die auch im Berufsalltag unter starker Belastung stehen. In manchen Automobilen steigt die Herzfrequenz der Fahrer auf Werte, die normalerweise nur bei körperlicher Anstrengung wie beispielsweise beim Gehen oder Radfahren auftreten. Doch im Auto herrschen andere Bedingungen: Hier fehlt die Bewegung, so daß der Organismus praktisch im Leerlauf mit „Vollgas“ arbeitet. Dieses Phänomen beeinträchtigt nicht nur die Handlungsbereitschaft des Autofahrers, sondern schadet auf Dauer auch seiner Gesundheit (siehe auch Praxis-Tip auf Seite 93).

Ein weiterer wichtiger Beanspruchungsindikator ist die Hautleitfähigkeit des Menschen. Ihre Messung basiert auf der Erkenntnis, daß sich die hautelektrischen Phänomene ändern, wenn der Mensch auf akustische Reize reagiert und daß diese Vorgänge an der Hautoberfläche mit der Intensität der äußeren Einflüsse variieren.

Die Wissenschaftler nutzen dieses spannungsreiche Wechselspiel, um die Beanspruchung eines Autofahrers durch die Verarbeitung von Informationen zu analysieren. Das bedeutet: Je höher der Meßwert für die Hautleitfähigkeit, desto stärker ist der Fahrer durch optische oder akustische Reize gefordert und abgelenkt. Auf langen Strecken können sich deshalb Konzentrationsschwächen und Defizite in der Aufmerksamkeit einstellen. Die Reizwirkung wird zum einen durch den Straßenverkehr (Schilder, Reklametafeln, andere Verkehrsteilnehmer, Lärm) und zum anderen durch das Fahrzeug selbst ausgelöst. Wichtige Einflußfaktoren sind hier der Geräuschpegel im Fahrzeuginnenraum, die Übersichtlichkeit und Anordnung der Spiegel sowie die Gestaltung der Instrumententafel.

Cockpit:
Die übersichtlichen Instrumente sind so konzipiert, daß eine Reiz- und Informationsüberflutung des Autofahrers vermieden wird. Bewußt verzichtete Mercedes-Benz auf eine Vielzahl von Anzeigen und Cockpitinformationen.

Die Messung der Muskelspannung im Nacken, an der Stirn und am Arm der Versuchspersonen gibt den Wissenschaftlern Aufschluß über die körperliche Anspannung während der Fahrt. Stark belastete Autofahrer sitzen verkrampft hinter dem Lenkrad, so daß hier hohe Muskelspannungen gemessen werden. Das hat Folgen: Bei längeren Fahrten lassen die Handlungsbereitschaft und die Aufmerksamkeit solcher Autolenker nach. Das Ziel der Mercedes-Ingenieure ist es deshalb, Automobile zu entwickeln, die einen positiven

Praxis-Tip

Fit auf langen Strecken

Um am Steuer stets fit zu sein, sollte man seine physiologische Leistungskurve kennen. Normalerweise liegen die Tiefstpunkte in der Mittagszeit zwischen 14.00 und 16.00 Uhr. In den späten Nachtstunden kommt es wieder zu einem Abfall der Wachsamkeit – ein Maximum liegt in den frühen Morgenstunden zwischen 2.00 und 4.00 Uhr. Insbesondere die Mittagsmüdigkeit zwischen 14.00 und 16.00 Uhr wird noch verstärkt, wenn man vorher eine opulente Mittagsmahlzeit eingenommen hat. Um am Steuer fit zu bleiben, sollten Autofahrer folgende Mediziner-Tips beachten:

- Wer eine längere Autobahnfahrt (Urlaubsreise) vor sich hat, sollte sich möglichst ausgeruht und ausgeschlafen ans Steuer setzen. Es ist besser, am frühen Morgen als am späten Abend zu starten.
- Am besten fährt, wer körperlich fit ist. Deshalb gilt generell, daß für Autofahrer, die häufig größere Strecken zu bewältigen haben, auch eine gute körperliche Fitneß und Kondition eine Grundvoraussetzung für gutes Autofahren ist. Chronisch kranke Autofahrer, die regelmäßig Medikamente einnehmen müssen, sollten darauf achten, daß dies auch während langer Autofahrten eingehalten wird.
- Wer wirklich ausgeruht auf eine längere Tour geht und ein ausreichendes Frühstück eingenommen hat, kann durchaus zwei bis drei Stunden nonstop Auto fahren. Danach ist dann allerdings eine zehn- bis 20minütige „aktive“ Pause sinnvoll. Darunter verstehen Verkehrsmediziner kleine gymnastische Übungen oder einen kleinen Spaziergang. Dies alles verbessert die Sauerstoffaufnahme und führt gleichzeitig zu einer Entspannung der verspannten Rücken- und Nackenmuskulatur sowie zu einer besseren Durchblutung der Beine.
- Die Ernährung während langer Autofahrten sollte kohlenhydratreich und fettarm sein. Kleine Mahlzeiten während der Fahrt in Form von Obst, Brot, Brötchen, Keksen oder ähnlichem sind reinen Süßigkeiten und Traubenzucker vorzuziehen. Auch wenn es nicht heiß ist, sollte man das Trinken während der Fahrt nicht vergessen. Mineralwasser oder leicht gesüßter Tee, aber auch Fruchtsäfte sind besonders geeignet. Kaffee oder andere koffeinhaltige Getränke sind nur für eine kurzfristige Verbesserung der Aufmerksamheit geeignet.

Wissenschaftliche Untersuchungen haben gezeigt, daß insbesondere stark pfefferminzhaltige ätherische Öle erfrischend wirken und sich auch positiv auf die Reaktionszeit und die Aufmerksamkeit auswirken können. Dies darf jedoch nicht darüber hinwegtäuschen, daß ein Schlafdefizit letztendlich nur durch Schlaf ausgeglichen werden kann.

Einfluß auf die Kondition des Fahrers haben. Dazu gehören unter anderem ein ergonomisch gestalteter Innenraum, leicht bedienbare Instrumente, komfortable Sitze und ein gutes Raumklima.

Konditionssicherheit durch perfekte Technik

Durch eine Vielzahl technischer Innovationen haben die Entwickler der E-Klasse die Voraussetzungen für ein Optimum an Konditionssicherheit geschaffen. Die laufruhigen, drehmomentstarken Motoren, das komfortable, optimal entkoppelte Fahrwerk, die schwingungsarme Karosserie und der geräumige, ergonomisch gestaltete Innenraum tragen maßgeblich zur Erhaltung der Fahrtüchtigkeit bei. Ein wichtiger Aspekt ist dabei die Vermeidung einer Reiz- und Informationsüberflutung. Der Autofahrer muß zwar stets über den fahrdynamischen Zustand seines Wagens und die jeweilige Verkehrssituation unterrichtet sein, doch eine zu große Vielfalt von Anzeigen und Cockpitinformationen sollte vermieden werden. Dies setzt eine höchst differenzierte Abstimmung des Systems „Fahrer – Fahrzeug" voraus.

Praxis-Tip

Auswertung von Seite 91: Sind Sie ein streßanfälliger Autofahrer?

Unter 20 Punkten:
Sie gehören zu den Autofahrern, die fast keinem Streßrisiko ausgesetzt sind. Ihr Verhalten im Straßenverkehr ist ausgeglichen und vorbildlich. Gesundheitszustand und Lebensweise geben keinerlei Anlaß zur Besorgnis. Allerdings: Dieser Test kann nicht alle Lebensfaktoren berücksichtigen – achten Sie darauf, daß Ihre Gesundheit stabil bleibt.

21 bis 35 Punkte:
Ihr Streßrisiko als Autofahrer ist gering. Achten Sie weiterhin darauf, daß sich die Folgen etwaiger Streßbelastung nicht durch übermäßigen Zigarettenkonsum, falsche Ernährung oder Bewegungsmangel vergrößern.

36 bis 50 Punkte:
Sie stehen im Auto unter großer Streßbelastung. Um gesundheitliche Folgeschäden zu vermeiden, sollten Sie sofort versuchen, die Risikofaktoren zu verringern. Meiden Sie Autofahrten zu den Spitzenzeiten, beginnen Sie ihre Touren rechtzeitig, und setzen Sie sich im Auto weder Zeitdruck noch Hektik aus. Und: Achten Sie auf eine gesunde Lebensweise.

51 bis 65 Punkte:
Sie gelten als besonders streßanfälliger Autofahrer und setzen Ihre Gesundheit aufs Spiel. Falsche Lebensgewohnheiten (Rauchen, Ernährung, Bewegung) erhöhen das Risiko. Sprechen Sie mit einem Arzt über Ihren Alltagsstreß, und probieren Sie ein Entspannungstraining.

Technik-Info Fahrdynamik: Begriffe und ihre Bedeutung

Aktive Sicherheit Eigenschaften eines Automobils, die helfen, Unfälle zu vermeiden. Zur aktiven Sicherheit gehören die Fahrsicherheit, die Konditionssicherheit, die Wahrnehmungssicherheit und die Bediensicherheit.

Aufbaubeschleunigung Maß für den Fahrkomfort. Messung über Sensoren am Sitz, am Fahrzeugboden und am Lenkrad.

Dämpfung Maß für die Geschwindigkeit, mit der sich eine Radschwingung verringert.

Eigenlenkverhalten Vom Fahrer unabhängige Lenkeigenschaft eines Automobils, die bei stationärer Kreisfahrt ermittelt wird.

Elastokinematik Bewegungen eines in elastischen Elementen aufgehängten Rades unter Einwirkung von Kräften und Momenten.

Fahrdynamik Eigenschaften eines Automobils, die vom Fahrverhalten unabhängig sind: Quer-, Längs- und Vertikaldynamik.

Federung Steifigkeit der Radaufhängung. Verhältnis der Kraft, die notwendig ist, um einen bestimmten Ein- und Ausfederweg des Rades hervorzurufen. Auch Federrate genannt.

Federweg Bewegung des Radmittelpunktes beim Ein- und Ausfedern.

Giergeschwindigkeit Drehung des Fahrzeugs um seine Hochachse mit einer bestimmten Winkelgeschwindigkeit.

Kinematik Lehre der Bewegungen. Hier: Beschreibung der beim Ein- und Ausfedern von der Radaufhängung erzwungenen Bewegungen des Rades.

Längsdynamik Bremsverhalten, Beschleunigungsverhalten, Fahrwiderstände eines Automobils.

Passive Sicherheit Eigenschaften eines Automobils, die helfen, Unfallfolgen zu minimieren.

Querdynamik Eigenlenkverhalten, Gierverstärkung, Lenkungsansprechen eines Automobils.

Raddämpfung Maß für die Geschwindigkeit, mit der sich die Schwingungen eines Rades verringern.

Radlastschwankung Maß für die Änderung der Radlast. Maßgebend für die Fahrsicherheit, da zum Beispiel bei Radlast Null das Rad vom Boden abhebt und keine Seitenführungs- und Längskräfte mehr übertragen kann.

Spurwinkel Einschlagwinkel des Rades aus Geradeausfahrt.

Sturzwinkel Neigung des Rades gegenüber der vertikalen Fahrzeugachse. Negativ, wenn sich das Rad oben nach außen neigt. Positiv, wenn sich das Rad oben nach innen neigt.

Übersteuern Der Lenkradwinkel muß mit steigender Querbeschleunigung verkleinert werden.

Untersteuern Der Lenkradwinkel muß mit steigender Querbeschleunigung vergrößert werden.

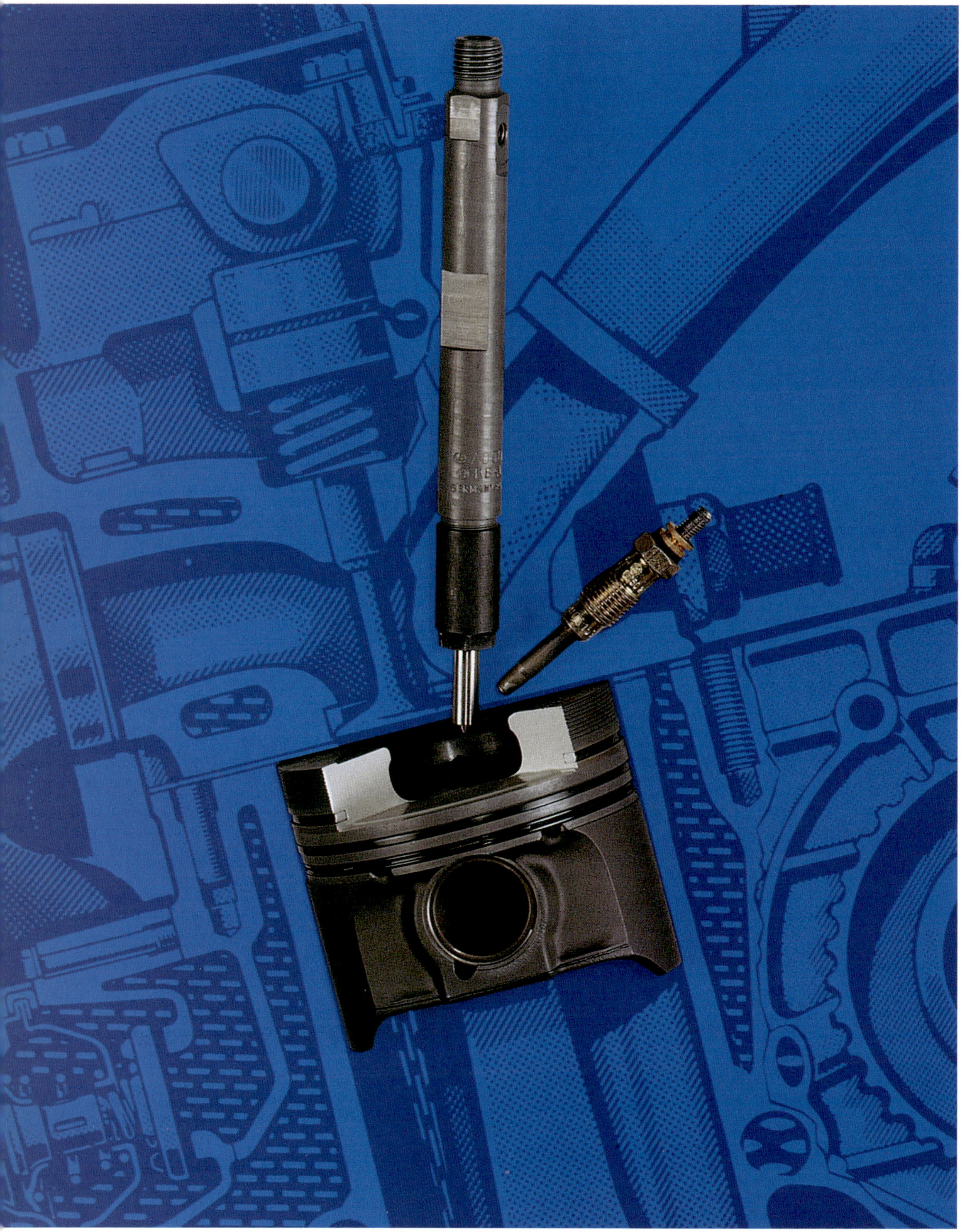

High-Tech unter der Haube

Der Motor ist das Herz des Autos. Eingedenk dieser Tatsache widmete Mercedes-Benz dem Thema Antrieb bei der Entwicklung der neuen E-Klasse besondere Aufmerksamkeit. Durch verschiedene Modifikationen wurden Leistungscharakteristik, Wirtschaftlichkeit, Umweltverträglichkeit, Gewicht und Wartungsfreundlichkeit der Benzin- und Dieseltriebwerke abermals verbessert.

Beispiel Wirtschaftlichkeit: Die Benziner-Limousinen der neuen E-Klasse verbrauchen im Drittelmix bis zu zehn Prozent weniger Kraftstoff als die Limousinen der bisherigen mittleren Mercedes-Modellreihe. Bei den Dieselvarianten setzt ein neuer 2,9-Liter-Turbodieselmotor mit Ladeluftkühlung und Direkteinspritzung Maßstäbe in punkto Kraftstoffverbrauch. Der mit diesem Triebwerk ausgerüstete E 290 TURBODIESEL begnügt sich im Drittelmix nur mit 6,2 Liter Dieselkraftstoff je 100 Kilometer. Bei Konstanttempo 90 km/h beträgt der Verbrauch sogar nur 4,6 Liter je 100 Kilometer. Beispiel Umweltverträglichkeit: Alle Motoren der neuen E-Klasse erfüllen bereits heute die ab 1996 gültigen Abgaslimits der Europäischen Union. Gleiches gilt für das künftige Geräuschlimit von 74 Dezibel (dB/A).

Die Benzinmotoren der neuen E-Klasse

	E 200	E 230	E 280	E 320	E 420
Zylinder und Anordnung	R 4	R 4	R 6	R 6	V 8
Ventile je Zylinder	4	4	4	4	4
Hubraum cm^3	1 998	2 295	2 799	3 199	4 196
Verdichtung	9,6	10,4	10,0	10,0	11,0
Leistung kW/PS bei 1/min	100/136 5 500	110/150 5 400	142/193 5 500	162/220 5 500	205/279 5 700
Max. Drehmoment Nm bei 1/min	190 4 000	220 3 800	270 3 750	315 3 850	400 3 900

Direkteinspritzung: Der Fünfzylinder des neuen E 290 TURBODIESEL ist der erste Pkw-Dieselmotor von Mercedes-Benz mit Kraftstoffdirekteinspritzung. Das Triebwerk verbraucht nur 6,2 Liter Kraftstoff je 100 Kilometer.

Die Dieselmotoren der neuen E-Klasse

	E 220 DIESEL	E 290 TURBODIESEL*	E 300 DIESEL
Zylinder und Anordnung	R 4	R 5	R 6
Ventile je Zylinder	4	2	4
Hubraum cm^3	2 155	2 874	2 996
Verdichtung	22,0	19,5	22,0
Leistung kW/PS bei 1/min	70/95 5 000	95/129 4 000	100/136 5 000
Max. Drehmoment Nm bei 1/min	150 3 100 - 4 500	300 1 800 - 2 400	210 2 200 - 4 600

* vorläufige Angaben

Vier Ventile im Kopf

Mit einer neuen Dieselmotoren-Generation hat Mercedes-Benz 1993 als weltweit erster Automobilhersteller die Vierventiltechnik bei Diesel-Personenwagen in die Serie eingeführt. Die neue Dieselmotoren-Generation entstand mit dem Ziel, die Vorteile der Dieseltechnologie hinsichtlich Schadstoffemissionen und Kraftstoffverbrauch weiter auszuschöpfen. Gleichzeitig sollte die bekannte Wirtschaftlichkeit und Zuverlässigkeit des Diesels mit deutlich höherer Fahrleistung kombiniert werden, ohne jedoch Einbußen beim Fahrkomfort hinnehmen zu müssen. Die Vierventiltechnik in Verbindung mit der symmetrischen Brennraumanordnung und der zentrischen Vorkammerlage hat sich dafür als bestes Konzept erwiesen und bewährt.

Die Vorzüge der Vierventiltechnik liegen grundsätzlich in der besseren Beatmung des Motors. Durch den vergrößerten Einlaßquerschnitt gelangt bei jedem Ansaugtakt mehr Luft in den Brennraum. Zudem geschieht auch der Abtransport der Abgase nach der Verbrennung dank zweier Auslaßventile zügiger. Aufgrund des um rund 40 Prozent vergrößerten gemeinsamen Öffnungsquerschnitts steigt der Gasdurchsatz um mehr als zehn Prozent. Folge: Die Verbrennung wird effizienter, sprich sauberer, bei gesteigertem Drehmoment. Vier Ventile im Zylinderkopf erfordern zwei obenliegende Nockenwellen. Ein gemeinsamer Antrieb beider Nockenwellen über eine Rollenkette, wie dies beim Vierventil-Benzinmotor geschieht, kommt beim Diesel nicht in Betracht, weil die Ventile wegen des hohen Verdichtungsverhältnisses des Selbstzünders nahezu senkrecht hängen. Daraus ergibt sich ein geringer Abstand der Nockenwellen, was zur Kollision der Kettenräder führen würde. Dieses Problem wurde elegant gelöst: Die Kurbelwelle treibt über eine zweireihige Kette die Auslaßnockenwelle an, welche ihrerseits über ein Zahnradpaar für die Drehbewegung der Einlaßnockenwelle sorgt.

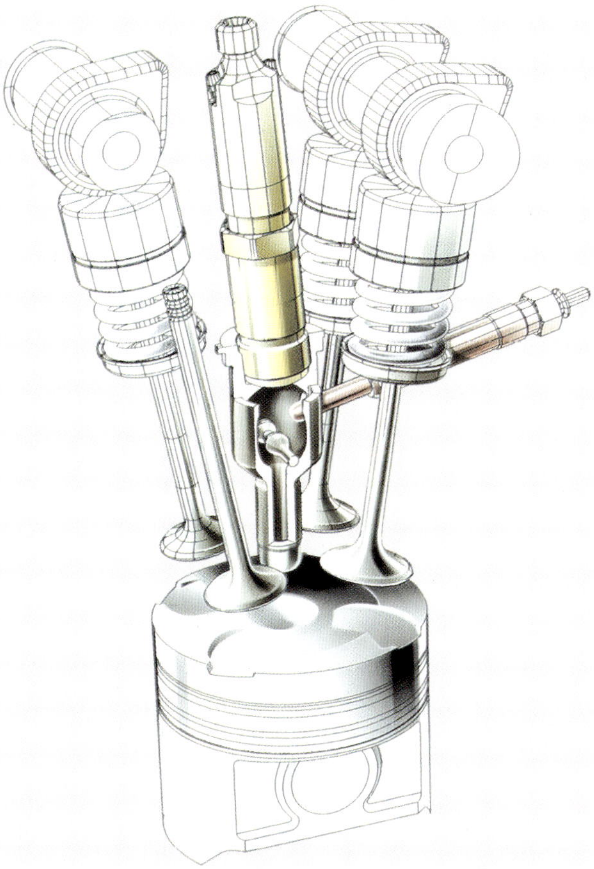

Vierventiler:
Als weltweit erster Automobilhersteller hat Mercedes-Benz auch bei Dieselmotoren die Vierventiltechnik eingeführt. Sie bietet Vorteile bei der Verringerung von Kraftstoffverbrauch und Schadstoffemissionen.

Besondere Aufmerksamkeit widmeten die Mercedes-Ingenieure der Kühlung des Zylinderkopfes. Dabei sorgt eine ausgefeilte Führung des Kühlmittels zu einem im Vergleich zum Zweiventilkopf deutlich geringeren Durchströmungswiderstand. Insgesamt verschafft das Kühlsystem allen Zylindern trotz höherer Wärmemengen ein gleichmäßig niedriges Temperaturniveau. Die geschaffene Symbiose aus Vorkammerbrennraum und Vierventiltechnik stellt ein optimales Brennraumkonzept dar. Durch die nur mit der Vierventiltechnik mögliche symmetrische Anordnung der Vorkammer im Brennraum, die zum Beispiel das Wirbelkammerverfahren nicht erlaubt, treffen alle acht radialen Gemischstrahlen aus der Vorkammer beim Eintritt in den Hauptbrennraum auf gleiche geometrische Verhältnisse. Die Verbrennung setzt sich im gesamten Hauptbrennraum zur gleichen Zeit fort und dauert gleich lange. Sogenannte Schadstoffnester, die sich bei ungleichmäßiger Verbrennung in „kühlen Ecken“ der Zylinder bilden, gibt es beim Vierventildiesel nicht. Der Effekt: eine vollständige Kraftstoffverbrennung und demzufolge sehr niedrige Schadstoffemissionen. Das gilt sowohl für die gasförmigen Komponenten Kohlenmonoxid (CO), Kohlenwasserstoff (HC) und Stickoxide (NO_X) als auch für die Partikel. Um auch die noch verbleibenden Restmengen weiter zu ver-

Praxis-Tip

Neuwagen richtig einfahren

Einfahrvorschriften, wie sie früher einmal üblich waren, gibt es bei Mercedes-Benz heute nicht mehr. Es genügt, wenn Neuwagenbesitzer die wenigen Hinweise beachten, die Sie bei Übernahme Ihres Wagens erhalten. Danach soll während der ersten 1 500 Kilometer mit wechselnder Geschwindigkeit und Drehzahl gefahren, hohe Belastung (Vollgas) und hohe Drehzahlen (mehr als zwei Drittel der Höchstgeschwindigkeit in den einzelnen Gängen) sowie ein besonders niedertouriges Fahren vermieden werden. Nach Erreichen der 1 500-Kilometer-Marke kann man den Neuwagen langsam auf Höchstgeschwindigkeit steigern – natürlich nur, wenn es die Verkehrslage zuläßt. Beim ersten Mal empfiehlt es sich, nur kurzzeitig mit Höchstgeschwindigkeit zu fahren, danach sollte man die Geschwindigkeit durch Zurücknahme des Fahrpedals wieder reduzieren, um kurze Zeit wieder auf Höchstgeschwindigkeit zu beschleunigen. Übrigens ist es nicht so, daß man befürchten muß, mit einem Wagen ließe sich später die Höchstgeschwindigkeit und die volle Motorleistung nicht erreichen, wenn er schonender als erforderlich eingefahren wird. Die Fahrweise während der ersten 1 500 Kilometer und danach hat zwar Einfluß darauf, wann der Motor „frei" wird, nicht aber, ob er es wird.

ringern, werden Abgasnachbehandlungssysteme eingesetzt. So haben alle Mercedes-Dieselmotoren serienmäßig Abgasrückführung und Oxidationskatalysator. Die wichtigsten technischen Merkmale der modernen Vorkammermotoren im Überblick:

E 220 DIESEL
Vierventil-Zylinderkopf mit zentraler Vorkammer und geneigt angeordneten Ventilen
Fünffach gelagerte Kurbelwelle mit vier Gegengewichten
Ölgekühlte Kolben
Schrägeinspritzung
Zwei Nockenwellen
Schwingrohr-Ansaugsystem mit langen Einzelsaugrohren und Luftfilter
Elektronisch geregeltes Einspritzsystem mit Verteilereinspritzpumpe

E 300 DIESEL
Vierventil-Zylinderkopf mit zentraler Vorkammer und geneigt angeordneten Ventilen
Siebenfach gelagerte Kurbelwelle
Zweimassenschwungrad (bei Modellen mit Schaltgetriebe)
Variable Sauganlage in Form eines dreistufigen Register-Resonanzsaugrohrs
Elektronisch gesteuerte Reiheneinspritzpumpe mit elektromagnetischem Stellwerk

Technik-Info Diesel-Ansaugsystem: Schwingungen im System

Um im gesamten Drehzahlbereich eine gute Zylinderfüllung der Vierventil-Dieselmotoren und damit ein hohes Drehmoment, günstigen Kraftstoffverbrauch und geringe Abgasemissionen zu erzielen, haben die Mercedes-Ingenieure ein innovatives Ansaugsystem entwickelt. Beim Vierzylinder des E 220 DIESEL kommt dazu ein Saugrohr mit fester Geometrie zum Einsatz, das mit langen Ansaugstrecken für gute Füllung speziell im unteren Drehzahlbereich sorgt. Beim Sechszylinder im E 300 DIESEL verhilft eine aktive Lösung dem an sich schon drehmomentstarken Dreilitermotor zu besonders viel Kraft. Sie besteht aus zwei beweglichen Klappen im Saugrohr, mit deren Hilfe sich die Schwingungen der angesaugten Luftsäulen variieren lassen. Das wirkt sich direkt auf die Drehmomentabgabe des Triebwerks aus. Erzeugt werden die Schwingungen der Luftsäulen im Saugrohr durch die Hubbewegungen der Kolben. Diese Schwingungen kann man dazu nutzen, die Zylinderfüllung und damit das Drehmoment zu verbessern. Die bestmögliche Zylinderfüllung wird dann erreicht, wenn ein Druckmaximum auf die geöffneten Einlaßventile trifft. Für das Zusammentreffen von Druckmaximum und offenen Ventilen sorgt die Dieselelektronik mit Hilfe der beiden Klappen im Ansaugtrakt: Tritt der Fahrer bei niedriger Drehzahl das Fahrpedal voll durch, werden beide Steuerklappen geschlossen und die größtmögliche Resonanzrohrlänge (= niedrige Eigenfrequenz) ist wirksam. Bei etwa 2 500/min wird die Steuerklappe in der Ansaugleitung geöffnet und damit die Resonanzrohrlänge verkürzt (= mittlere Eigenfrequenz). Die dritte Stufe der Registeraufladung setzt bei etwa 3 300/min ein, wenn die Steuerklappe im Saugrohr öffnet und damit den Übergang vom Resonanz-Ansaugbetrieb zum Schwingrohr-Saugbetrieb (= hohe Eigenfrequenz) herstellt. Diese Schaltpunkte gelten jedoch nur für den Vollastbetrieb. Um bei Teillast niedrige Verbräuche und eine saubere Verbrennung zu erreichen, sind andere Kombinationen zwischen Luftsäulenfrequenz und Drehzahl nötig. Deshalb aktiviert eine elektronische Steuerung zu den errechneten Zeitpunkten sowohl die Steuerklappenstellung als auch die Rückführrate des Abgases zur Stickoxidverminderung.

Mercedes-Benz E 300 DIESEL Leistungsdiagramm Motor OM 606

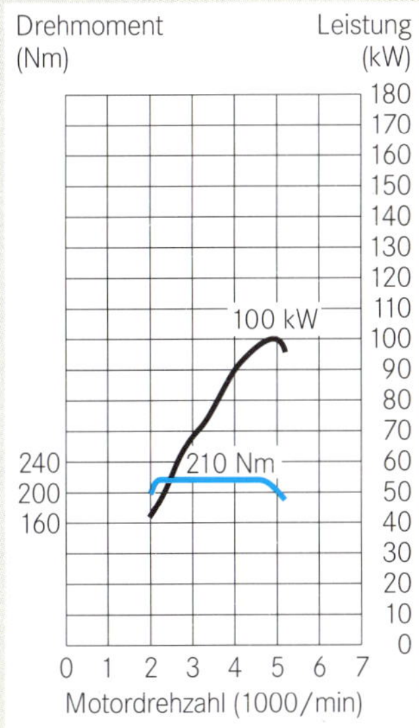

Computer im Einsatz

Bei der Steuerung der Dieselmotoren in der neuen E-Klasse setzt Mercedes-Benz jetzt konsequent auf die Elektronik (siehe auch Technik-Info auf Seite 105). Sie steuert die Einspritzpumpen – beim E 220 DIESEL eine Verteilereinspritzpumpe und beim E 300 DIESEL eine Reiheneinspritzpumpe. Damit unterscheiden sich diese Dieselmotoren von den hubraumgleichen Triebwerken der bisherigen E-Klasse, deren Einspritzpumpen noch mechanisch geregelt wurden. Der konsequente Einsatz der Elektronik bei der Kraftstoffeinspritzung macht die Dieselmotoren zu vollwertigen Partnern im elektronischen Datennetzwerk der neuen Mercedes-Limousinen. Die Electronic Diesel Control (EDC) steht mit anderen Regel- und Assistenzsystemen in ständigem Dialog. Der CAN-Datenbus (Controller Area Network), den Mercedes-Benz erstmals in einem Dieselmotor einsetzt, macht's möglich. Obwohl weniger Verbindungsleitungen und Sensoren im Fahrzeug eingebaut sind, läuft ein ständiger Datenaustausch zwischen Motorsteuerung und Antiblockiersystem (ABS), elektronischem Traktionssystem (ETS), Antriebsschlupfregelung (ASR), der elektronischen Getriebesteuerung bei Fahrzeugen mit Fünfgangautomatik, mit der Heizungs- und Klimaregelung sowie mit dem Fahrberechtigungssystem (Wegfahrsperre). Wenn eines der Fahrwerksysteme aktiviert wird, kann der Motor die entsprechende Funktion unterstützen, etwa durch Reduzierung der Antriebsmomente oder durch Erhöhung der Motordrehzahl.

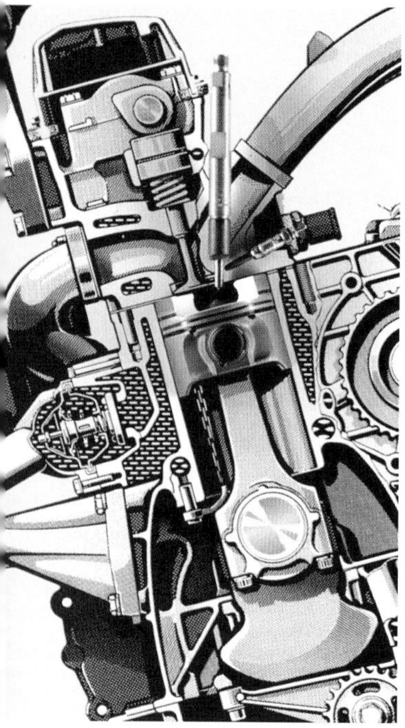

Einblick:
Die Fünfloch-Düse und die spezielle Mulde im Kolbenboden sind wesentliche Bestandteile der Mercedes-Direkteinspritzung.

Einspritzung auf direktem Wege

Eine weitere motorentechnische Besonderheit bietet Mercedes-Benz mit dem neuen E 290 TURBODIESEL, dem ersten Dieselmotor des Stuttgarter Automobilherstellers mit Kraftstoffdirekteinspritzung (siehe auch Technik-Info auf Seite 107). Um dieses Motorenprinzip in punkto Komfort, Geräuschentwicklung und Durchzugskraft an das Mercedes-Niveau anzupassen, war viel innovative Kleinarbeit nötig. Beispielsweise bei der Konstruktion des optimalen Brennraums. Es kommt nämlich darauf an, daß bei Einpritzbeginn möglichst viel Frischluft in der Kolbenmulde zur Verfügung steht. Zugleich muß die Mulde in Abstimmung mit dem Dralleinlaßkanal im Zylinderkopf für Turbulenz sorgen, damit Kraftstoff und Luft bestmöglich miteinander verwirbelt werden. In vergleichsweise kurzer Entwicklungszeit fanden die Stuttgarter Motorenentwickler die richtige Bauform. Die ähnelt formal im Querschnitt dem kleinen Omega des griechischen Alphabets.

Der neue Direkteinspritzer basiert im wesentlichen auf dem bewährten 2,5-Liter-Turbodiesel aus dem Vorgängermodell. Von ihm haben die Ingenieure das Zylinderkurbelgehäuse und den Kurbeltrieb übernommen. Die Zylinderbohrung beträgt 89 Millimeter, der Kolbenhub mißt 92 Millimeter. Daraus ergibt sich ein effektives Zylindervolumen von 2 874 cm^3. Konstruktive Puzzle-

Technik-Info Elektronische Dieselsteuerung: Alles unter Kontrolle

Die Hauptaufgabe der elektronischen Dieselregelung ist die Regelung der Kraftstoffeinspritzung. Ein elektronisches Steuergerät wacht, unterstützt von einer Vielzahl Sensoren, über den Motor und dessen Umgebung. Insgesamt greift der Rechner auf rund 50 Kennfelder und Kennlinien zu, um für jede Betriebssituation das bestmögliche Betriebsverhalten des Motors hinsichtlich Leistungs- und Drehmomentabgabe, Emissions- und Fahrverhalten sicherzustellen. Nach „Echtzeit"-Auswertung verschiedener Meßgrößen wie Gaspedalstellung, Motordrehzahl, Kühlmitteltemperatur und Saugrohrdruck wird die Einspritzpumpe durch Betätigung von Stellgliedern vom Rechner angewiesen, eine bestimmte Kraftstoffmenge zu einem genau definierten Zeitpunkt in die Kraftstoffleitungen zu den Fünflocheinspritzdüsen zu schicken. Dabei erfolgt auch die Förderbeginnregelung auf elektronischem Wege. Abgasrückführung und Ladedruck werden im Sinne geringstmöglicher Schadstoffemissionen von der EDC gesteuert und überwacht. Die Leerlaufregelung gewährleistet durch die selektive Anpassung der Einspritzmenge jedes einzelnen Zylinders einen absolut gleichmäßigen Motorleerlauf. Darüber hinaus bietet die Elektronik auch beim Fahren mehr Komfort. So werden Ruckelerscheinungen, wie sie durch sehr schnelles Vollgasgeben oder entsprechend rasche Gaswegnahme entstehen können, schon im Ansatz vermieden: Das Gaspedal ist nicht mehr mechanisch mit dem Regler verbunden, der Leistungswunsch des Fahrers wird im Rechner bewertet und realisiert.

Arbeit erforderte auch die Entscheidung über die richtigen Höhenwinkel der Einspritzstrahlen. Denn: Je direkter der Kraftstoff aus der Fünfloch-Düse nach unten in die Kolbenmulden spritzt, um so geringer ist der Schwarzrauchanteil im Abgas. Soweit die Theorie. In der Praxis war es jedoch anfangs gar nicht möglich, die Abweichungen mit der nötigen Präzision zu messen. Forschungsingenieure von Daimler-Benz lösten das Problem. Sie entwickelten ein spezielles Untersuchungsverfahren, mit dem die Motorenbauer in einem durchsichtigen Modellzylinder dem Einspritzverlauf live „zuschauen" konnten. „Hochgeschwindigkeits-Schattenrißaufnahme" heißt die Methode. Sie ähnelt einem Röntgen-Schnappschuß wenige hundert Millionstel Sekunden nach dem Einspritzbeginn und brachte für die Motorenentwickler klare Fakten: Durch zwei Löcher schossen die feinen Dieselspritzer um Millimeterbruchteile nach oben über die rechnerische Ideallinie hinaus. Nach dem Motto „Problem erkannt – Problem gebannt" nahmen die Fachleute eine entsprechende „Kurskorrektur" um zwei Grad nach unten vor, so daß der Motor deutlich weniger Ruß aus dem Auspuff bläst.

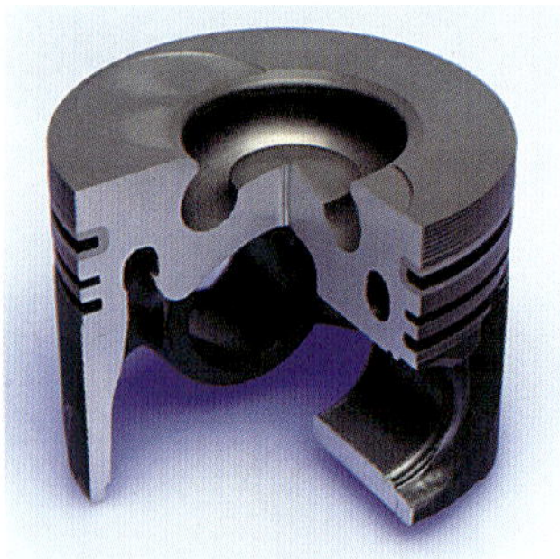

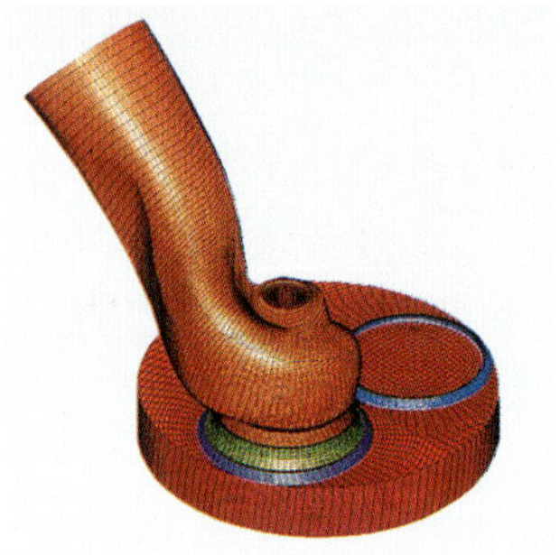

High-Tech-Motor:
Kolben und Ansaugkanal des neuen Dieseldirekteinspritzers sind das Ergebnis aufwendiger Berechnungen mit Hilfe der Computersimulation.

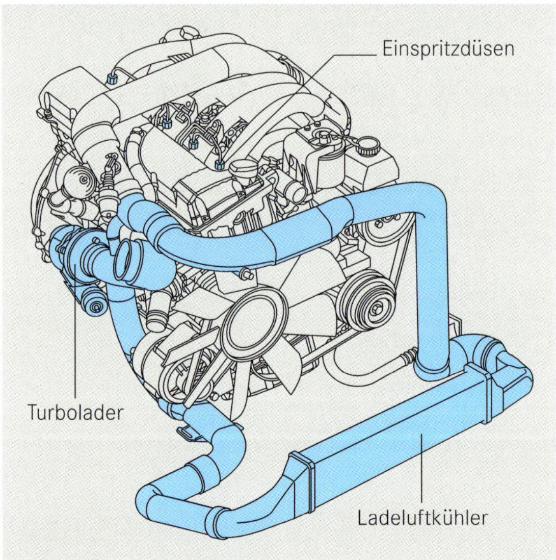

Kreislauf:
Der Ladeluftkühler senkt die Temperatur der Ansaugluft und bewirkt damit eine weitere Verringerung des Kraftstoffverbrauchs.

Technik-Info Diesel-Direkteinspritzung: Hochdruck im Zylinder

Der Clou der Direkteinspritzung ist die wesentlich wirkungsvollere Verbrennung des Kraftstoffs. Feinzerstäubt wird er beim neuen E 290 TURBODIESEL mit einem Druck von bis zu 310 bar direkt in den Brennraum gespritzt, wo er sich aufgrund der hochverdichteten, heißen Luft im Inneren der Zylinder sofort entzündet. Wichtig ist dabei die Aufbereitung des Kraftstoffs durch die Einspritzdüse: Strahlrichtung und Drall entscheiden über eine möglichst homogene Vermischung von Kraftstoff und Luft – vor allem in den Randbereichen der Brennräume. Allerdings können Direkteinspritzer ohne Aufladesysteme heute weder in punkto Leistung noch Abgasqualität die hochgesteckten Anforderungen für einen Einsatz im Personenwagen vollständig erfüllen. Deshalb setzt man Turboaufladung und Ladeluftkühlung ein, um einerseits eine hohe Leistung zu erzielen und andererseits die Schadstoffemissionen auf geringstmöglichem Niveau zu halten. Die Ladeluftkühlung unterstützt die Aufladung im Sinne einer thermischen Entlastung des Motors und einer Verbesserung des Wirkungsgrads.

Eine wirksame „Säuberungsaktion" war auch für die übrigen Schadstoffe angesagt. Kohlenwasserstoffe und Kohlenmonoxid werden, wie bei den Vorkammermotoren schon längst Standard, in einem Oxidationskatalysator größtenteils in ungiftige Gase umgewandelt. Allerdings mußte der „Oxi-Kat" für den E 290 TURBODIESEL wegen der geringeren Abgastemperatur eigens angepaßt werden. Das Ingenieursteam optimierte das Katalysatorvolumen ebenso wie die Monolithbeschichtung. Sichtbarer Unterschied zu den Kammermotoren: Der Schadstoffumwandler ist näher an den Motor gerückt. Dort strömen die Abgase heißer in den Katalysator als im Bereich des Unterbodens und können deshalb mit noch höherem Wirkungsgrad umgewandelt werden. Zugleich ersetzt der Kat den bisherigen Mittelschalldämpfer und trägt damit auch seinen Teil zum besonders niedrigen Außengeräusch des Motors bei. Es liegt unter dem ab 1996 von der Europäischen Union geforderten Wert von 74 Dezibel.

Umleitung für die Abgase

Zur Minimierung der dritten Schadstoffkomponente, den Stickoxiden, fließt ein Teil des Abgases nochmals in den Motor zurück und wird unterwegs mit Frischgas aufgemischt. Die exakte Mengenregelung des rückgeführten Abgases erledigt ein sogenannter Heißfilm-Luftmassenmesser. Damit hat der neue E 290 TURBODIESEL das modernste Abgasreinigungssystem an Bord, das derzeit für Dieselmotoren existiert. Der erhebliche Mehraufwand lohnt sich: Der Mercedes-Direkteinspritzer unterbietet damit die ab 1996 gültigen Abgasnormen der Europäischen Union schon heute.

Für den notwendigen Druck im Motor sorgt ein Abgasturbolader. Er ist neu entwickelt und zeichnet sich durch kompakte Abmessungen und geringes Gewicht aus. Der Turbolader wurde so abgestimmt, daß sein Ladedruck im unteren Drehzahlbereich besonders hoch ist: Der maximale Absolutdruck von 1950 Millibar wird bereits bei 1900/min erreicht. Auf diese Weise vermeiden die Mercedes-Ingenieure das sogenannte „Turboloch“ im Anfahrbereich. Die Regelung des Ladedrucks erfolgt über einen elektropneumatischen Druckwandler durch entsprechende Ansteuerung des Wastegates – die Steuersignale kommen von der Dieselelektronik.

Im Interesse hoher Motorleistung bei niedrigen Schadstoffemissionen, zur Verbrauchsabsenkung sowie zur thermischen Entlastung setzt Mercedes-Benz bei dem neuen Direkteinspritzer eine Ladeluftkühlung ein. Sie befindet sich vor dem eigentlichen Fahrzeugkühler und senkt die Ansauglufttemperatur um circa 80 Grad Celsius. Vorteil Nummer eins: Weil die Bauteile des

Praxis-Tip

Spielregeln für die Ölstandskontrolle

Selbst die modernsten Motoren verbrauchen Öl. In der Regel ist der Verbrauch bei normaler Fahrweise kaum meßbar, doch wer sein Triebwerk häufig mit (zu) hohen Drehzahlen quält, muß mit maximal einem Liter pro 1 000 Kilometer rechnen. Die ausgeklügelte Anzeigetechnik in der neuen E-Klasse macht Autofahrern die Ölstandskontrolle leicht. Sobald der Motorölstand in den Bereich der unteren Markierung des Meßstabes fällt, leuchtet im Cockpit für kurze Zeit eine Kontrollampe auf. Das Licht bleibt eingeschaltet, wenn der Ölstand während der Fahrt weiter sinkt. Für eine richtige Ölstandskontrolle mittels Peilstab muß das Auto waagrecht stehen. Ist der Motor warm, sollte man nach dem Abstellen etwa fünf Minuten warten und erst dann zum Meßstab greifen. Vor jeder Kontrolle sollte man den Stab abwischen und ihn anschließend wieder ganz in den Motor zurückschieben. Liegt der Ölstand anschließend zwischen der Maximum- und der Minimum-Markierung des Meßstabes, ist alles in Ordnung. Liegt er im Bereich der Minimum-Marke, muß Öl nachgefüllt werden. Die Differenzmenge zwischen der oberen und der unteren Markierung beträgt rund zwei Liter.

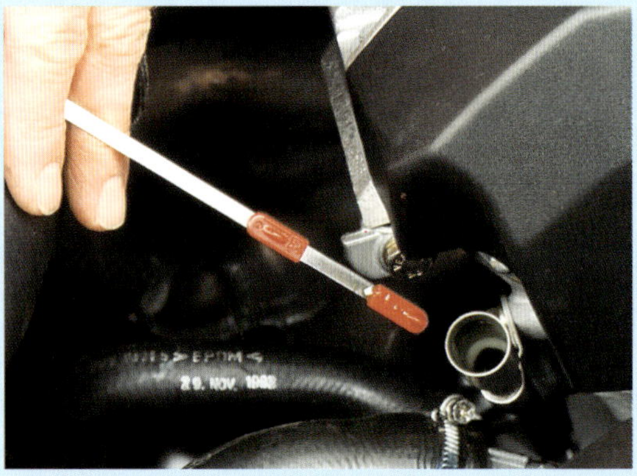

Motors weniger stark erhitzt werden, steigt dessen Dauerhaltbarkeit. Vorteil Nummer zwei: Der Treibstoffverbrauch sinkt. Dies war das wichtigste Entwicklungsziel der Stuttgarter Ingenieure. Es wurde erreicht: Der Kraftstoffverbrauch des neuen Dieseldirekteinspritzers liegt um durchschnittlich 15 Prozent unter dem eines vergleichbaren Vorkammermotors. Der Fortschritt in konkreten Zahlen:

- Tempo 90 – 4,6 Liter je 100 Kilometer
- Tempo 120 – 6,2 Liter je 100 Kilometer
- Stadtzyklus – 7,8 Liter je 100 Kilometer
- Drittelmix – 6,2 Liter je 100 Kilometer

Damit zählt der neue E 290 TURBODIESEL unter den großen Diesellimousinen zu den sparsamsten Modellen. Mit einer Tankfüllung (65 Liter) kann der Direkteinspritzer fast 1 050 Kilometer weit fahren.

Ein wesentlicher Garant für die niedrigen Verbrauchswerte ist auch hier die elektronische Dieselregelung EDC (Electronic Diesel Control). Der elektronische Kontrolleur paßt den Spritzbeginn exakt an die jeweiligen Motoranforderungen an. Er ist in allen Bereichen auf den optimalen Kompromiß aus Schadstoffemissionen, Geräuschentwicklung und Kraftstoffverbrauch abgestimmt. Bei Bedarf reagiert das System aber automatisch auf ungünstige Zündbedingungen: Auch in der Kaltstart- und Warmlaufphase arbeitet der Motor dann ebenso rauch- und geräuscharm wie in extremen Höhen. Auch die Verteilereinspritzpumpe gehorcht bei der Regelung der Kraftstoffmenge und der Festlegung des Einspritzbeginns dem elektronischen Rechner, der die Informationen verschiedener Sensoren mit gespeicherten Kennfeldern vergleicht und auf diese Weise die für die jeweilige Fahrsituation optimalen Werte berechnet. Diese moderne Steuerungstechnik ermöglicht eine noch exaktere Anpassung der Einspritzmenge an den jeweiligen Betriebszustand. Dadurch sinken sowohl der Kraftstoffverbrauch als auch die Emissionen. Zudem gewährleistet die elektronische Dieselregelung über lange Zeit eine große Genauigkeit bei der Kraftstoffeinspritzung.

Mit 95 kW/129 PS reicht die Leistung des 2,9-Liter-Motors für flotte Autobahnfahrt. Tempospitzen von über 190 Stundenkilometer liegen über dem üblichen Dieselniveau. Außerdem: Mit einem maximalen Drehmoment von 300 Newtonmetern, das schon bei knapp 2 000 Umdrehungen pro Minute anliegt, macht das Triebwerk genügend Kraft für jedes fahrerische Naturell locker: Wer will, kann den E 290 TURBODIESEL extrem schaltfaul fahren oder ihm große Lasten im Hängerbetrieb aufbürden.

Mercedes-Benz E 290 TURBODIESEL Leistungsdiagramm Motor OM 602

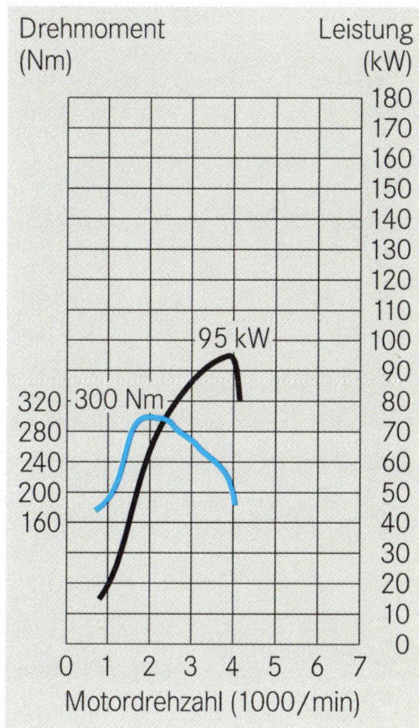

Vorbilder in Sachen Kraftstoffverbrauch

Mit einem Kraftstoffverbrauch zwischen 6,2 und 7,4 Litern je 100 Kilometer (Drittelmix) zählen die Dieselmotoren der neuen E-Klasse zu den wirtschaftlichsten Triebwerken ihrer Klasse.

Kraftstoffverbrauch und Fahrleistungen der Dieselmodelle

Kraftstoffverbrauch* l/100 km	E 220 DIESEL	E 290 TURBODIESEL**	E 300 DIESEL
Stadtzyklus	8,3	7,8	10,0
90 km/h	5,0	4,6	5,3
120 km/h	6,5	6,2	6,8
Drittelmix	6,6	6,2	7,4
Beschleunigung in Sek. 0 - 100 km/h	17,0	11,5	13,0
Höchstgeschwindigkeit km/h	180	200	205

* nach Richtlinie 80/1268/EWG ** vorläufige Angaben

Praxis-Tip

Was tun, wenn der Motor vor Kälte streikt?

- Springt der Benzinmotor nicht an, darf man ihn niemals durch Anschieben oder Abschleppen auf Touren bringen. Dabei saugt das Triebwerk nämlich unverbrannten Sprit an, der Fehlzündungen verursacht. Solche Zündstörungen beschädigen den Katalysator. Deshalb: Liegengebliebene Kat-Autos nur mit Hilfe eines Starthilfekabels wieder flottmachen.
- Kommt der Diesel vor Kälte nicht auf Touren, liegt es meistens am Kraftstoff. Der wird bei niedrigen Temperaturen immer dickflüssiger und verwandelt sich schlimmstenfalls sogar in eine dicke, klumpige Masse. Deshalb: Fällt das Thermometer auf minus 25 Grad, dürfen dem Dieselkraftstoff ausnahmsweise besondere Fließverbesserer oder Petroleum beigemischt werden. Dabei gilt: Bei minus 25 bis minus 30 Grad höchstens 20 Prozent Petroleum und 80 Prozent Dieselkraftstoff (Winterware). Niemals Benzin beimischen.

Praxis-Tip

Welches Motoröl ist am besten?

Wer gut fährt, der gut schmiert. Das Sprichwort aus dem Kutschen-Zeitalter hat auch heute noch Gültigkeit. Denn ohne Schmiermittel funktioniert auch die modernste Automobil-Technik nicht einwandfrei: Öle arbeiten in Motor und Getriebe, unterstützen die Lenk- und Bremspedalkräfte oder sorgen bei stark beladenem Kofferraum für den notwendigen Niveauausgleich der Karosserie. Damit die verschiedenen Systeme unter den Motorhauben unserer Autos ihre Aufgaben stets zuverlässig ausführen können, sind allerdings einige technische Spielregeln zu beachten. Die wichtigste ist die Einhaltung der werksseitig vorgeschriebenen Ölwechsel-Intervalle. Der regelmäßige Austausch des Motorenschmierstoffs ist erforderlich, weil die im Öl enthaltenen Additive im Laufe der Zeit ihre schützende Wirkung einbüßen. Auch bei der Auswahl der Ölsorte sollte man sich auf die Angaben seines Autohersteller verlassen, der Schmierstoffe regelmäßig gründlichen Tests unterzieht. Wichtig: Ein gutes Motoröl erkennt man nicht unbedingt am Preisetikett. Viel aussagekräftiger sind die Abkürzungen und Code-Buchstaben, die auf den Dosen oder Kanistern aufgedruckt sind. Die Kürzel stammen vom Comité des Constructeurs d'Automobiles du Marché Commun (CCMC), einer Vereinigung europäischer Automobilhersteller, die Öle unter hiesigen Verkehrsbedingungen testet. Die CCMC-Norm gibt es seit Januar 1990. Spitzenöle für Benzinmotoren tragen seitdem die Zusatzbezeichnung CCMC-G 4 oder CCMC-G 5, empfehlenswerte Schmierstoffe für Dieselmotoren tragen die Kürzel CCMC-D 4, CCMC-D 5 oder CCMC-PD 2. Ebenso wichtig wie der Blick auf das Qualitätskennzeichen nach CCMC ist die Wahl der richtigen Viskositätsklasse. Sie ist in sogenannte SAE-Klassen (Society of Automotive Engineers) gegliedert, die ein Maß für die Zähflüssigkeit eines Schmierstoffes unter verschiedenen Temperaturbedingungen darstellen. Für hiesige Klimaverhältnisse sollte man grundsätzlich nur Öle mit dem Kennbuchstaben „W" kaufen. Er zeigt an, daß dieser Schmierstoff ganzjährig eingesetzt werden kann – Öle ohne den Kennbuchstaben „W" sind Einbereichsöle, die regelmäßig vor Beginn der kalten oder der warmen Jahreszeit gewechselt werden müssen.

Viskositätsklassen für Motorenöle*

Außentemperatur °C	Viskositätsklassen nach SAE/Qualitätsstufen
–25 bis +5°	5W-30
–25 bis +30°	5W-30/CCMC-G 5
–25 bis über +30°	5W-40, 5W–50
–20 bis +10°	10W-30
–20 bis +30°	10W-30/CCMC-G 5
–20 bis über +30°	10W–40, 10W-50, 10W-60
–15 bis über +30°	15W-40, 15W-50
–5 bis über +30°	20W-40, 20W-50

* Pkw-Benzin- und Dieselmotoren von Mercedes-Benz

Sparmeister:
Der neue 2,3-Liter-Motor der E-Klasse leistet 110 kW/150 PS und verbraucht dank höherer Verdichtung deutlich weniger Kraftstoff als das bisherige 2,2-Liter-Triebwerk.

Ottomotoren mit innovativer Technik

Den Ottomotoren der neuen E-Klasse ist eine moderne Gaswechseltechnik mit zwei Einlaß- und zwei Auslaßventilen pro Zylinder, vollelektronischer Motorsteuerung mit Heißfilmluftmassenmessung (HFM), ruhender Hochspannungs-Zündverteilung mit Doppelfunkenspulen und leistungsfähiger Abgasreinigungstechnik gemeinsam. Hinter diesen aufwendigen Systemen steht das Bestreben der Mercedes-Ingenieure, den Vierventilern einen hohen Alltagsnutzen mitzugeben. Das heißt konkret: hohes Drehmoment und damit Durchzugskraft für die am meisten gefahrenen Geschwindigkeits- und Drehzahlbereiche, niedrige Schadstoffemissionen, gute Laufkultur und hohe Nennleistung für entspanntes Reisen und sicheres Überholen.

Mercedes-Benz hat bereits 1992 die Weichen für die heutige Ottomotorengeneration gestellt und mit völlig neukonstruierten Vierventilern ein deutliches Signal für die Zukunft gesetzt. Damals wie heute war nicht die größtmögliche Leistungsausbeute das Entwicklungsziel, sondern ein harmonischer Leistungs- und Drehmomentverlauf in dem für die Kunden wichtigen Drehzahlbereich unterhalb von 4 000/min. Durch diese drehmomentorientierte Auslegung der Motoren gelang es, den ursprünglich eher sportlich geprägten Vierventilern eine Charakteristik zu geben, bei der Verbrauch, Abgas- und Geräuschemissionen im Vordergrund stehen.

Mercedes-Benz E 230
Leistungsdiagramm Motor M 111

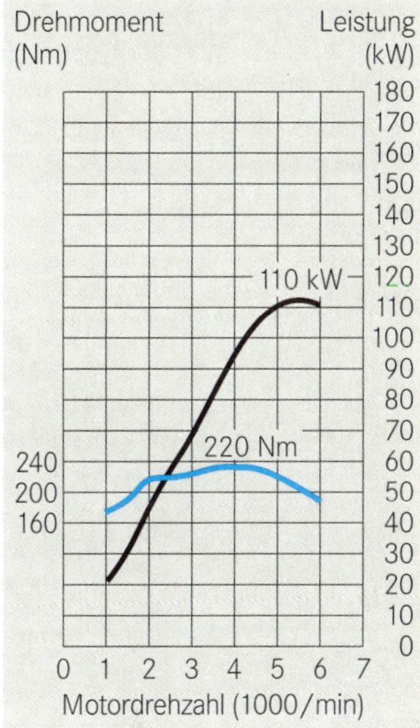

Neuling mit 2,3 Litern Hubraum

Auf der Basis des 2,2-Liter-Vierzylindermotors mit Vierventiltechnik entwickelten die Motoreningenieure ein neues Triebwerk mit 2,3 Litern Hubraum und 110 kW/ 150 PS Leistung. Das Ziel der Entwicklung waren weitere Verbesserungen beim Kraftstoffverbrauch und den Schadstoffemissionen, verbunden mit einer noch einmal verbesserten Drehmomentcharakteristik. Die Mehrleistung liegt jedoch bewußt nicht im oberen Drehzahlbereich an – die Nennleistung wurde mit 110 kW/150 PS unverändert beibehalten –, sondern vielmehr im unteren und mittleren Drehzahlbereich. Das höchste Drehmoment als Indikator für die Durchzugskraft beträgt jetzt 220 Newtonmeter und bleibt zwischen 3 700 und 4 500/min annähernd konstant in dieser Höhe verfügbar. Die Verdichtung des Triebwerks im neuen E 230 liegt mit 10,4 : 1 höher als beim bisherigen 2,2-Liter-Motor, was sich im Verein mit anderen Maßnahmen vor allem an der Tankstelle positiv bemerkbar macht: Der neue 2,3-Liter-Motor verbraucht im Drittelmix 5,7 Prozent weniger Kraftstoff als das bisherige 110 kW/150 PS-Triebwerk.

Praxis-Tip

Wasser genügt nicht

Das Kühlmittel der Mercedes-Motoren besteht aus Wasser und einem kombinierten Korrosions-/Frostschutzmittel, das speziell für die Mercedes-Motoren geprüft und freigegeben wurde. Der Anteil des Schutzmittels soll 50 Prozent betragen – bei mehr als 55 Prozent verschlechtert sich die Wärmeabfuhr des Kühlmittels. Wichtig: Muß Kühlmittel nachgefüllt werden, darf man nicht nur Wasser verwenden, sondern stets anteilig auch das freigegebene Korrosions-/Frostschutzmittel. Und: Nicht jedes Trinkwasser ist für den Kühler Ihres Motors geeignet. Fragen Sie die örtliche Mercedes-Vertragswerkstatt, ob das Leitungswasser die Qualitätsanforderungen erfüllt.

Durchblick:
Das Leichtbauprinzip haben die Mercedes-Ingenieure an verschiedenen Stellen von Motor und Abgasanlage verwirklicht. Neue Materialien wie Kunststoff oder Blech ermöglichen Gewichtseinsparungen von bis zu 25 Prozent.

Der neue 2,3-Liter-Motor besitzt einen sogenannten „offenen" Brennraum. Diese Konstruktion ermöglicht es, die Verbrennungsgeschwindigkeit niedrig zu halten, wodurch die Geräuschemissionen positiv beeinflußt werden. Hinsichtlich der Triebwerksabmessungen war eine Erhöhung des Kolbenhubs um 1,8 auf 88,4 Millimeter sowie die Erweiterung der Zylinderbohrung um einen Millimeter auf insgesamt 90,9 Millimeter notwendig, um den gewünschten Zuwachs an Hubvolumen von knapp 100 cm^3 – 2 295 statt bisher 2 199 cm^3 – zu erzielen. Die gewählten Maße für die Vergrößerung von Hub und Bohrung ließen das Hub-/Bohrungsverhältnis nahezu unverändert. Die Kolben sind zwar größer, aber dank eines leichteren Werkstoffs nicht schwerer als beim bisherigen 2,2-Liter-Motor. Beides sind Grundvoraussetzungen für die gute Laufkultur dieses Vierzylinders. Schließlich sollte die anerkannt gute Laufkultur des Vierzylinders, insbesondere seine Vibrationsarmut, auch mit dem größeren Hubraum erhalten bleiben.

Leichtbau unter der Motorhaube

Für ein geringeres Motorgewicht sorgen auch andere Maßnahmen bei den Vierzylindermotoren der neuen E-Klasse. So konnten die Ingenieure beispielsweise am Kurbelgehäuse zwei Kilogramm einsparen, obwohl einzelne Partien zur Minderung der Geräuschabstrahlung durch Rippen oder größere Wanddicken verstärkt wurden. Das Kurbelgehäuse wiegt jetzt nur noch 40 Kilogramm. Auch im Ventiltrieb fanden sich entbehrliche Massen. Um 22 Prozent verringerte sich beispielsweise das Gewicht der Hydrauliktassen, die jetzt nur noch 52 Gramm auf die Waage bringen. Die Ventile stammen ebenfalls aus einer neuen, leichteren Generation. Mit Einführung kegelförmiger Ventilfedern war eine weitere Massenreduzierung möglich. Ergebnis in der Summe: Durch entsprechend angepaßte Ventilfederkräfte sank die Reibleistung des Zylinderkopfes um 290 Watt bei 2 000/min.

Ebenfalls leichter ist das neuentwickelte Kunststoffsaugrohr der Vierzylindermotoren, obwohl es zur Erzielung eines hohen Drehmoments im unteren Drehzahlbereich in der Saugrohrlänge gegenüber der bisherigen Aluminiumausführung um 23 auf 508 mm verlängert wurde. Auch der Zweilitermotor erhält das Kunststoffsaugrohr anstelle der Aluminiumanlage – die Sechszylinder sind schon seit jeher mit solchen Kunststoffrohren ausgerüstet.

Der doppelflutige Auspuffkrümmer aller Ottomotoren wird nicht mehr im Gußverfahren, sondern aus Blech hergestellt. Dies geschieht nicht nur aus Gründen der Gewichtseinsparung, sondern vor allem auch zur weiteren Verminderung der Schadstoffemissionen. Denn: Wegen seiner geringeren Masse – bei den Vierzylindern immerhin minus 3,5 Kilogramm – erwärmt sich der Blechkrümmer nach dem Kaltstart schneller, wodurch der Katalysator nach kürzerer Zeit seine Betriebstemperatur erreicht. Zur Reduzierung der Geräuschabstrahlung – hier ist der Blechkrümmer gegenüber dem Gußteil prinzipiell im Nachteil – dient eine Geräuschkapsel im oberen Krümmerbereich. Das Austrittsrohr des Krümmers ist zudem isoliert, um die Umgebung der Abgasanlage vor hohen Temperaturen zu schützen.

Bei den Vierzylindermotoren strömt das Abgas in vier Abgangskanälen aus dem Zylinderkopf und wird über eine Länge von 53 Zentimetern zweiflutig in einem sogenannten Doppel-D-Rohr bis zum Krümmerflansch geführt. Dieser lange zweiflutige Abschnitt verbessert die Drehmomentcharakteristik. Die Auspuffanlage schließt mit einem einflutigen Vorrohr an den Blechkrümmer an. Um einen hohen Wirkungsgrad bei der Abgasreinigung zu erzielen, entschieden sich die Mercedes-Ingenieure bei der Auslegung des Katalysators für die sogenannte „Race-Track"-Technik mit Schräganströmung und eine neuartige Edelmetallbeschichtung (siehe Seite 131/132). Dank Blechkrümmer, Schräganströmung und neuer Beschichtung arbeitet der Dreiwege-Katalysator der neuen Vierzylinderlimousinen der E-Klasse so effektiv, daß die Ingenieure das Volumen des Abgasreinigers von bisher drei auf 2,7 Liter verringern konnten – und dies bei besseren Abgaswerten.

Die Schalldämpferanlage der Vierzylindermodelle, bestehend aus Mittelschalldämpfer, Nachschalldämpfer und Anschlußrohren, ist aufgrund konsequenter Gewichtseinsparung deutlich leichter als beim Vorgängermodell. Die gesamte Auspuffanlage des E 230 bringt beispielsweise nur noch 28 Kilogramm auf die Waage – das sind 25 Prozent weniger als beim vergleichbaren Vorgängermodell E 220. Dabei kommt auch der Umweltschutz nicht zu kurz: Dank des einflutigen Schalldämpferkonzepts und anderer konstruktiver Maßnahmen unterschreiten die Vierzylinder der neuen E-Klassse das künftige Geräuschlimit der Europäischen Union von 74 Dezibel. Das Vorbeifahrgeräusch des neuen E 200 beträgt nur 73 Dezibel, die Automatikversion dieses Typs ist mit 71 Dezibel sogar noch leiser.

Die Benzinermodelle der neuen E-Klasse rollen mit einem luftmassengesteuerten, vollelektronischen Einspritz- und Zündsystem von den Montagelinien. Diese sogenannte HFM-Motorsteuerung zeichnet sich durch eine

Technik-Info Antiklopfregelung: Klopfzeichen aus dem Motor

Ein möglichst hohes Verdichtungsverhältnis steigert den Wirkungsgrad der Kraftstoffverbrennung und macht sich damit positiv auf den Spritverbrauch bemerkbar. Bei sehr hoher Verdichtung kann es jedoch zu unkontrollierter Selbstentzündung des Kraftstoff/Luft-Gemisches kommen, die sich als Klopfgeräusch bemerkbar macht. Schlimmstenfalls kann diese unkontrollierte Verbrennung den Motor sogar beschädigen. Klopfgeräusche aus dem Motorinneren treten auch auf, wenn der Zündzeitpunkt falsch ist oder wenn die Qualität des Kraftstoffes zu wünschen übrig läßt. Um das Klopfen des Motors zu erkennen und zu verhindern, setzt Mercedes-Benz einen speziellen Körperschallsensor ein, der verbrennungstypische Geräusche aufnimmt und sie in elektrische Signale umwandelt. Ein Mikrocomputer wertet die Sensorinformationen aus und erkennt, ob und wann der Motor klopft. In diesem Fall nimmt der Rechner den Zündzeitpunkt so lange zurück, bis kein Klopfen mehr auftritt. Die Antiklopfregelung in der neuen E-Klasse arbeitet zylinderselektiv. Das bedeutet, der Körperschallsensor am Motorblock erkennt, welcher Zylinder klopft, so daß die Zündung nur für diesen Brennraum verstellt werden muß. Hat der Autofahrer irrtümlich Normalbenzin getankt, paßt das System die Zündeinstellung automatisch der Kraftstoff-Oktanzahl an. Bei Außentemperaturen von über 30 Grad Celsius oder Kühlmitteltemperaturen von mehr als 100 Grad Celsius sollte man jedoch in diesem Fall dem Motor längere Vollgasfahrten ersparen.

Heißfilmluftmassen-Messung aus, die eine noch genauere Erfassung der angesaugten Luftmasse im Saugrohr ermöglicht. Der Mikrocomputer steuert die Einspritzventile einzeln – sequentiell – an, nur beim Zweilitermotor gibt es eine gruppensequentielle Kraftstoffeinspritzung. Zur Bereitstellung des maximalen Frühzündbedarfs setzen die Mercedes-Ingenieure eine Antiklopfregelung ein, über die mit Ausnahme des E 200 alle Benzinmotoren der neuen E-Klasse verfügen (siehe auch Technik-Info auf Seite 116). Diese Anlage verringert zugleich den Kraftstoffverbrauch und vermeidet etwaige Motorschäden durch schlechte Kraftstoffqualitäten. Der Hochspannungskreis wird elektronisch überwacht – bei einer Zündstörung schaltet der Mikrocomputer die Kraftstoffzufuhr des betreffenden Zylinders ab. Alle Vierventiler haben eine ruhende Hochspannungszündverteilung. In dieser Zündanlage gibt es keine bewegten Teile und demzufolge auch keinen Verschleiß, was die Betriebssicherheit erhöht und dem Schutz des Katalysators vor Aussetzern und Fehlzündungen dient. Jeder Zylinder bekommt seinen Zündfunken von einer Zündspule, die sich als Doppelfunkenspule zusammen mit einem Spannungswandler das Gehäuse teilt. Die Doppelfunkenspulen – zwei bei den Vierzylindern, drei bei den Sechszylindern – sind in der Zylinderkopfhaube angeordnet.

Zur weiteren Verringerung der Abgasemissionen und zur Steigerung des Drehmoments im mittleren Drehzahlbereich verfügen der 2,3-Liter-Vierzylinder sowie beide Sechszylinder über variable Steuerzeiten auf der Einlaßseite. Dies wird durch eine Nockenwellenverstellung realisiert, die technisch den Ausführungen in den Acht- und Zwölfzylindermotoren von Mercedes-Benz entspricht.

Doppelter Dreizylinder

Wichtig für den guten Drehmomentverlauf bei niedrigen Drehzahlen der Sechszylindermotoren ist das verwendete Resonanzschaltsaugrohr. Die vom Motor angesaugte Luft strömt dabei durch das Resonanzrohr in das Luftsammelgehäuse. Darin befindet sich eine pneumatisch gesteuerte Klappe, die im unteren Drehzahlbereich das Sammelvolumen des Saugrohres halbiert und die Ansaugluft auf je drei Zylinder verteilt. Dadurch wird der Gaswechsel so beeinflußt, daß schon bei niedrigen Drehzahlen hohe Aufladeeffekte je Zylinder wirken, die eine deutlich spürbare Drehmomententfaltung zur Folge haben. Ab etwa 4 000/min erfolgt die Umschaltung mittels Resonanzklappe zurück auf den gewohnten Normalbetrieb – ohne spürbaren Einfluß auf das Fahrverhalten. Mit Hilfe der Schaltklappe wird das Ansaugsystem, vereinfacht ausgedrückt, von einem Sechszylinder in zwei Dreizylinder gewandelt. Der „doppelte Dreizylinder“ nutzt die gleichmäßig hohen Aufladeeffekte bei niedrigen und mittleren Drehzahlen mit dem Ergebnis einer kraftvollen Drehmomententfaltung bereits ab einer Drehzahl von etwa 1 000 /min. Im Bereich über 4 000/min schaltet das Schaltsaugrohr wieder auf „normalen“ Sechs-

Mercedes-Benz E 420
Leistungsdiagramm Motor M 119

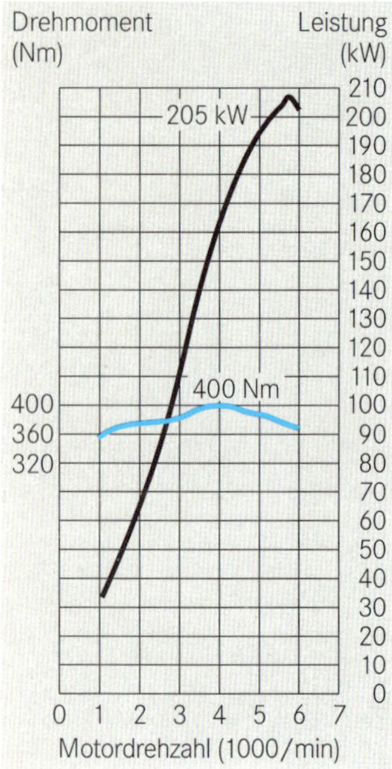

zylinderbetrieb um. Während der Fahrt ist von diesen Vorgängen selbst bei Limousinen mit Schaltgetriebe so gut wie nichts zu spüren.

Den Achtzylinder-V-Motor haben die Mercedes-Ingenieure noch weiter optimiert. Das 205 kW/279 PS starke Triebwerk steht jetzt unter der Regie einer neuentwickelten elektronischen Motorsteuerung vom Typ Bosch Motronic ME 1.0, die weitere Fortschritte bei der Reduzierung von Kraftstoffverbrauch und Abgasemissionen ermöglicht. Zündung, Kraftstoffeinspritzung, Luftsteuerung, Diagnoseschaltung – kurzum alle Systeme, die für das Motormanagement erforderlich sind, bilden bei der neuen Triebwerkssteuerung eine „Wohngemeinschaft“: Die verschiedenen Systeme sind erstmals in einem Gehäuse vereint und können somit ohne Umweg – sprich Kabelverbindungen – miteinander kommunizieren. Doch das ist nur ein Vorteil dieser sogenannten Systemintegration. Überdies profitieren die Mitglieder der elektronischen Wohngemeinschaft von einer gemeinsamen Infrastruktur, die aus Mikroprozessor, Daten- und Programmspeicher, Ein-/Ausgangsschaltungen und anderen Bauelementen besteht. Das war bisher anders: Jedes Steuergerät besaß seine eigenen Chips und seine eigenen Peripherieschaltungen.

Die Steuerung der Zündenergie erfolgt hier ebenfalls nach dem Prinzip der ruhenden Hochspannungsverteilung, bei der sich die Zündspulen in unmittelbarer Nähe der Brennräume befinden. Jeder Zylinder des V 8-Motors verfügt über seine eigene Zündspule, die mit der jeweiligen Zündkerze eine Funktionseinheit bildet. So läßt sich die Zündenergie zylinderindividuell und bedarfsgerecht steuern. Neu ist auch eine sogenannte Momentenschnittstelle, die das elektronische Verbindungselement zwischen der Motorsteuerung und den Mikrocomputern des neuen serienmäßigen Fünfgang-Automatikgetriebes im E 420 darstellt (siehe auch Seite 120). Alle Motoreingriffe, die für die Getriebesteuerung notwendig sind, erfolgen über diese Schnittstelle. Damit steht der gesamte Antriebsstrang des Topmodells der neuen E-Klasse unter elektronischer Regie. Motor- und Getriebesteuerung führen eine ständige Datenkommunikation aus und suchen stets gemeinsam nach den bestmöglichen Steuerungsfunktionen. Das Ergebnis dieser digitalen Verbindung macht sich unter anderem in besonders „weichen“ Schaltvorgängen bemerkbar: Bei jedem Gangwechsel verändert die Elektronik für einen kurzen Augenblick den Zündzeitpunkt, so daß sich das Motordrehmoment verringert und das Getriebe die nächste Schaltstufe ruckfrei einlegen kann.

Darüber hinaus bietet die innovative ME 1.0-Motorsteuerung Funktionsvorteile, die in erster Linie der weiteren Verringerung des Kraftstoffverbrauchs und der Abgasemissionen dienen:

- Luftsteuerung: Im Gegensatz zur bisherigen Luftmassen-Messung mittels eines beheizten Drahtes verfügt der V 8-Motor jetzt über eine moderne Heißfilmtechnik, die unter anderem eine zylinderindividuelle Berechnung der jeweiligen Luftmasse ermöglicht. Bei der Bestimmung der Einspritzzeiten berücksichtigt der Mikrocomputer erstmals auch die Anlagerung und

Abdampfung des Kraftstoffes an den Saugrohrwänden und am Einlaßkanal, die er mit Hilfe eines mathematischen Modells berechnet. Auf diese Weise ist eine noch genauere Vorsteuerung des Kraftstoff-/Luftverhältnisses möglich, was sich positiv auf die Schadstoffemissionen des Triebwerks auswirkt.

- Warmlaufsteuerung: Zur Absenkung der Kaltstartemissionen korrigiert der ME 1.0-Computer Zündungseinstellung und Kraftstoffzufuhr während der Warmlaufphase des Motors. Dadurch erreichen die Katalysatoren des Achtzylinders früher als bisher ihre Betriebstemperatur. Die computergesteuerte Kat-Erwärmung mittels Zündungskorrektur funktioniert auch im Leerlauf.
- Sekundärluftsystem: Während der Warmlaufphase erfolgt eine Nachverbrennung der Abgase mittels zusätzlicher Lufteinblasung. Dadurch steigt die Abgastemperatur, was wiederum die Anspringzeit der Katalysatoren verkürzt.
- Katalysatorschutz: Der ME 1.0-Mikroprozessor überwacht ständig die Verbrennungsvorgänge in jedem einzelnen Brennraum und schaltet bei etwaigen Aussetzern die Kraftstoffzufuhr des jeweiligen Zylinders ab. Auf diese Weise wird ein unzulässig hoher Anstieg der Temperatur in den Katalysatoren verhindert – zum Schutz der Abgasreiniger.
- Diagnose: Das neue Motormanagement führt automatisch eine motorinterne Fehlerdiagnose durch und speichert etwaige Fehlfunktionen in seinem elektronischen Gedächtnis. Gleichzeitig ruft der Mikrocomputer bei einer Störung die Daten anderer Systeme ab, so daß sich die Kundendiensttechniker später ein genaues Bild über die Fehlerursache machen können.

Zentralcomputer:
Das Steuergerät der neuentwickelten Motorsteuerung vom Typ ME 1.0 vereint erstmals Zündung, Kraftstoffeinspritzung, Luftsteuerung und Diagnoseschaltung in einem Gehäuse.

Kraftstoffverbrauch und Fahrleistungen der Benzinmodelle

Kraftstoffverbrauch* l/100 km	E 200	E 230	E 280	E 320	E 420
Stadtzyklus	10,9	11,3	14,6	12,9	14,1
90 km/h	6,1	6,1	7,5	8,3	8,2
120 km/h	7,6	7,5	9,0	9,9	9,7
Drittelmix	8,2	8,3	10,4	10,4	10,7
Beschleunigung in Sek. 0 - 100 km/h	11,4	10,5	9,1	7,8	7,0
Höchstgeschwindigkeit km/h	205	215	230	235	250

* nach Richtlinie 80/1268/EWG

Schaltbox:
Das neuentwickelte Fünfgang-automatikgetriebe zeichnet sich durch kompakte Bauweise und geringes Gewicht aus. Die Steuerung übernimmt ein leistungsfähiger Mikrocomputer.

Chips im Getriebe

Für Fahrschüler hat der Angstgegner Nummer 1 einen Namen. Er heißt Kupplung und befindet sich zwischen Motor und Getriebe. Wobei die Tücke des Objekts weniger in der Kupplung selbst steckt als vielmehr im Umgang mit derselben. Daß überhaupt ein solches Bauteil benötigt wird, liegt an einer „Unart" der Motoren. Egal ob Diesel oder Benziner, die Triebwerke eines Automobils können ihre Kraft nicht aus dem Stillstand heraus abgeben – sie müssen auf Drehzahl gebracht werden. Doch dazu braucht man wiederum ein Getriebe, mit dessen Hilfe die Leistung des Motors den jeweiligen Anforderungen an den praktischen Fahrbetrieb angepaßt werden kann (siehe auch Technik-Info auf Seite 128). Und die Kupplung ist das kraftübertragende Glied zwischen Motor und Getriebe.

Daran hat sich seit den Pioniertagen des Automobils prinzipiell nichts geändert. In jedem Fall sind Vorrichtungen zur Drehzahl- und Drehmomentwandlung – sprich Getriebe – unverzichtbar. Doch für die hilfreichen „Gangschaltungen" hat es nicht immer gute Kritiken gegeben: „Es ist zwar brutal, aber es funktioniert", soll der Autopionier Emile Levassor gesagt haben, als er um 1890 das erste Mal mit einem Zahnradwechselgetriebe in Berührung kam. Der Franzose mußte miterleben, wie paarweise verbundene Zahnräder zum Zwecke des Gangwechselns brutal hin- und hergerückt wurden. Die alles erleichternde Getriebesynchronisation fand erst um 1930 ihren Weg in die Großserie.

Aber auch mit Vollsynchronisation, leichter Gangschaltung und ebensolcher Kupplungsbetätigung bleibt Schalten handfeste Arbeit und deshalb der Schrecken vieler Autolenker. Bei Mercedes-Benz gibt es deshalb schon seit fast 35 Jahren eine segensreiche Einrichtung, die den Autofahrer in punkto Gangwechsel entlastet: das Automatikgetriebe. Es entscheidet selbsttätig, wann mit welchem Gang gefahren wird. Dabei besteht in aller Regel die Auswahl zwischen vier Vorwärtsgängen. Doch das ändert sich: Bei der vierten Generation von Automatikgetrieben, die bei Mercedes-Benz seit Frühjahr 1995 in Produktion ist, sind fünf grundsätzliche Fahrstufen das Maß aller Dinge. Das Topmodell der neuen E-Klasse, der E 420, rollt serienmäßig mit der neuentwickelten, elektronisch gesteuerten Fünfgangautomatik von den Montagelinien, die ab 1996 auch für andere Modellvarianten lieferbar sein wird. Beim E 320 kommt serienmäßig eine Viergangautomatik zum Einsatz, und für die anderen Modellvarianten steht ein hydraulisch gesteuerter Viergangautomat auf Wunsch zur Verfügung.

Die neue Fünfgangautomatik für den E 420 stellt zweifellos das Nonplusultra dieser komfortablen Art von Getriebetechnik dar. Die eine Schaltstufe mehr schafft nämlich gegenüber einer herkömmlichen Viergangautomatik doppelten Nutzen. Zum einen kann dadurch die Motordrehzahl im Sinne eines noch geringeren Kraftstoffverbrauchs im oberen Gang gesenkt werden, zum anderen bleibt in den unteren Fahrstufen der Zugkraftüberschuß hoch genug für durchzugsstarke Beschleunigung. Die Zahl der Gänge oder Fahrstufen ist prinzipiell von der Leistung des Motors unabhängig. Schaltgetriebe überfordern den Durchschnittsfahrer jedoch manchmal schon bei fünf, ganz sicher aber bei sechs Gängen. Automatikgetriebe hingegen entlasten ihn – unabhängig von der Zahl der Schaltstufen. Während Viergangautomatikgetriebe seit jeher unter Berücksichtigung der Zugkrafterhöhung im Drehmomentwandler fast den Übersetzungsbereich von Fünfgangschaltgetrieben bieten, ist die neue Fünfgangautomatik diesbezüglich mit einer Sechsgangschaltbox vergleichbar.

Kompakte Abmessungen, geringes Gewicht

Für die fünf Vorwärtsgänge der neuen Automatikgetriebe-Generation werden nur noch drei Planetenebenen und sechs Lastschaltelemente benötigt – bisher waren für die gleiche Anzahl Vorwärtsgänge vier Planentenebenen und sieben Lastschaltelemente im Einsatz. Wie bei Planetengetrieben üblich, werden die einzelnen Gangstufen durch feste Kopplung an sich freidrehender Elemente erreicht. Anstelle der bisher zu diesem Zweck verwendeten Lamellenkupplungen und Bandbremsen verwenden die Mercedes-Ingenieure in der neuen Getriebegeneration nur noch Lamellenkupplungen und Lamellenbremsen. Der Vorteil: Durch die Steuerelektronik lassen sich diese Lastschaltelemente in ihrer Schaltqualität über die gesamte Getriebelebensdauer auf optimalem Niveau halten. Die Verringerung der Planetenradsätze ermöglicht eine besonders kompakte Bauform: Weder Fünfganggetriebe anderer Hersteller noch Viergangautomaten sind in dieser Drehmomentklasse auch nur annähernd so kurz wie die neue Mercedes-Schaltbox. Sie mißt in der Länge nur 600 Millimeter und ist damit um rund 150 Millimeter kürzer als vergleichbare andere Automatikgetriebe. Nur das bisherige Mercedes-Viergangautomatikgetriebe ist etwa gleich kompakt – allerdings mit einem Gang weniger und ohne Wandlerüberbrückungskupplung, die ebenfalls Baulänge beansprucht. Das gleiche Bild ergibt sich beim Gewichtsvergleich. Mit 80 Kilogramm bringt die neue Fünfgangautomatik rund ein Drittel weniger Gewicht auf die Waage als andere Getriebe dieser Art. Gewichtsreduzierend wirkt sich neben der durchdachten Konstruktion auch die für Mercedes-Getriebe typische Blechbauweise aus. Dahinter verbirgt sich ein Konstruktionsprinzip, das schwere

Technik-Info Drehmomentwandler: Kraftübertragung durch Öl

Der Drehmomentwandler entspricht in seiner Funktion einer hydraulischen Kupplung. Er sorgt dafür, daß ohne mechanische Kupplungsbetätigung angefahren und die einzelnen Gangstufen geschaltet werden können. Außerdem sorgt der Wandler in bestimmten Geschwindigkeitsbereichen für eine Drehmomenterhöhung. In einem geschlossenen Wandlergehäuse arbeitet ein vom Motor angetriebenes Pumpenrad und setzt Öl in Bewegung. Auf der gegenüberliegenden Seite sitzt das Turbinenrad, das mit der Eingangswelle des Getriebes verbunden ist. Pumpen- und Turbinenrad haben im Wandlergehäuse keinerlei mechanische Berührung miteinander. Durch die Drehung des Pumpenrades wird das Öl aufgrund der Zentrifugalkraft nach außen beschleunigt und nimmt dadurch das Turbinenrad mit. Die Getriebewelle dreht sich, und damit drehen sich auch die Fahrzeugräder. Beim Drehmomentwandler kommt allerdings noch ein Bauteil hinzu: das Leitrad. Es ist zwischen Turbinen- und Pumpenrad angeordnet. Die Schaufeln des Leitrades lenken den Ölstrom um, so daß sich das vom Motor abgegebene Drehmoment erhöht, und zwar bis zum Doppelten. Die größte Drehmomentübersetzung findet beim Anfahren statt, denn hier ist die Drehzahldifferenz zwischen Pumpen- und Turbinenrad am größten. Mit steigender Motordrehzahl reduziert sich die Momenterhöhung, da das Leitrad durch die Strömungsverhältnisse immer mehr an Wirkung verliert. Entspricht das Eingangsdrehmoment dem Ausgangsdrehmoment, wird das Leitrad durch einen Freilauf gelöst, es läuft leer mit. Da zwischen Pumpen- und Turbinenrad immer etwas Schlupf herrscht, ist der Wirkungsgrad einer Getriebeautomatik etwas schlechter als beim Zahnradschaltgetriebe. Verbesserungen schaffen hier Wandler mit großem Durchmesser („steifer" Wandler) oder sogenannte Wandler-Überbrückungskupplungen. Sie verbinden ab einer bestimmten Fahrzeuggeschwindigkeit Pumpen- und Turbinenrad mechanisch, so daß der Schlupf entfällt.

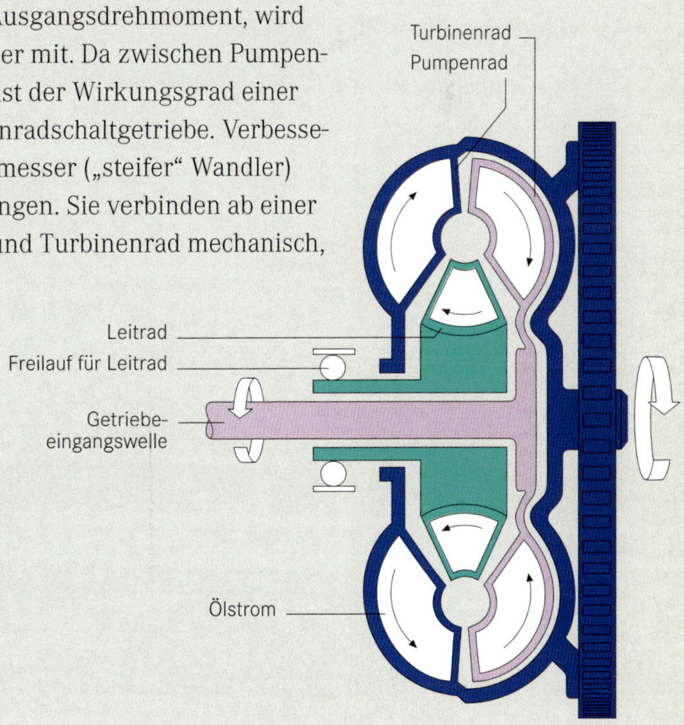

Prinzip:
Dank seiner modernen Konstruktion besteht das Automatikgetriebe nur noch aus 630 Einzelteilen. Das sind 45 Prozent weniger als bei vergleichbaren Getrieben mit fünf Fahrstufen.

Guß- und Schmiedeteile durch geformte, leichte Blechteile ersetzt. Für das neue Getriebe wurde diese bewährte Blechbautechnik im Sinne der Mercedes-Philosophie des intelligenten Leichtbaus abermals weiterentwickelt. So ersetzen in Zukunft Aluminiumdruckgußteile an vielen Stellen das schwerere Stahlblech.

Die deutlich reduzierte Zahl der Einzelteile des neuentwickelten Fünfgangautomaten trägt ebenfalls zur Gewichtseinsparung bei. Gegenüber dem seit langem für die Sechszylinder-Ottomotoren der S-Klasse lieferbaren Fünfgang-Automatikgetriebe konnten 45 Prozent bisher benötigter Teile durch intelligente Baugruppenkombinationen entfallen. Konkret: Der neue Mercedes-Automat besteht nicht mehr aus 1 160, sondern nur noch aus 630 Einzelteilen.

Als Anfahrelement dient auch in der vierten Automatikgetriebegeneration von Mercedes-Benz ein hydrodynamischer Drehmomentwandler (siehe auch Technik-Info auf Seite 123). Dieses Bauteil, von Mercedes-Benz-Ingenieuren entwickelt und im Hause produziert, ist seit 25 Jahren bekannt für guten Wirkungsgrad im Wandlungsbereich und hohe Momentenübertragung im Hauptfahrbereich. Als Medium zur Kraftübertragung dient Hydrauliköl, das vom motorseitigen Pumpenrad in Bewegung gesetzt wird und seine Energie an das getriebeseitige Turbinenrad abgibt. Im Leitrad wird es dann wieder in Richtung Pumpenrad gelenkt. Beim Anfahren dreht zunächst nur das Pumpenrad, während die Turbine steht. Das Öl wird zwischen den Schaufeln des Pumpenrades nach außen gedrückt, trifft auf die Schaufeln des Turbinenrades und setzt dieses in Bewegung. Durch die Strömungsumlenkung im Leitrad, das sich hierbei über einen Freilauf am Gehäuse abstützt, wird das Turbinenmoment erhöht. Die Erhöhung der vom Motor abgegebenen Zugkraft ist maximal, wenn das Pumpenrad mit höchstmöglicher Drehzahl gegen die stehende Turbine arbeitet. Der Wandler läuft in diesem Fall mit seiner Festbremsdrehzahl. Der sogenannte Schlupf, die Drehzahldifferenz zwischen Pumpe und Turbine, beträgt dann 100 Prozent.

Dosierter Dauerschlupf

Mit zunehmender Geschwindigkeit nimmt der Schlupf und mit ihm die Drehmomentwandlung ab, bis schließlich der Kupplungsbereich des Drehmomentwandlers erreicht ist. Bei Mercedes-Wandlern ist dank langjähriger Feinarbeit in diesem Bereich ein besonders verlustarmer Betrieb möglich. Verlustarm heißt, daß wenig Energie im Wandler steckenbleibt und somit auch weniger Kraftstoff verbraucht wird. Bei der neuen Generation von Automatikgetrieben setzt Mercedes-Benz nun konsequent auf Wandlerüberbrückung. Dabei wird genau dann überbrückt, wenn es am effektivsten ist. Denn nicht nur der Wandlerschlupf im Kupplungsbereich macht verbrauchsmäßig Sorgen, sondern auch jener im Wandlungsbereich selbst. Es genügt eben nicht, den Drehmomentwandler nur im größten Gang und bei Überlandgeschwindigkeiten zu überbrücken, wie es für niedrige Verbrauchswerte bei Konstantfahrt nach DIN-Vorschrift mitunter üblich ist. Vielmehr muß auch der untere Teillast- und Geschwindigkeitsbereich mit erfaßt werden, will man mit einer Wandlerüberbrückung wirklich nennenswerte Vorteile beim Praxisverbrauch erzielen. Deshalb schaltet sich die Wandlerüberbrückung bei Mercedes-Benz öfter zu und bleibt erheblich länger im Einsatz als bei anderen Systemen. Vom dritten Gang an wird überbrückt – doch immer mit Schlupf. Rund 20 bis 80 Umdrehungen pro Minute Differenzdrehzahl zwischen Antrieb und Abtrieb liegen meistens an. Doch was bei einer normalen, trocken laufenden Reibkupplung binnen kürzester Zeit zum Totalausfall führen würde, funktioniert hier für die Dauer eines ganzen Autolebens: Die Kupplung verfügt nämlich über spezielle Reibbeläge und läuft überdies im Ölstrom des Drehmomentwandlers. Außerdem kontrolliert der Getriebecomputer dauernd den Schlupf und öffnet die Kupplung, bevor kritische Temperaturen und damit Verschleiß auftreten können.

Für diesen dosierten Dauerschlupf haben die Mercedes-Entwickler gute Gründe: Ein Drehmomentwandler ist nämlich ein unübertrefflicher Vibrationskiller. Überbrückt man ihn vollständig, kommt es zu dem von manuell geschalteten Automobilen bekannten Triebstrangbrummen. Statt diese lästigen, weil komfortmindernden Schwingungen mit teuren und gewichtstreibenden Sekundärmaßnahmen wie Torsionsdämpfer oder zusätzlichen Schwungmassen zu bekämpfen, ist man bei Mercedes-Benz lieber den intelligenten Weg des dosierten Dauerschlupfs gegangen. Dem Ziel der Kraftstoffeinsparung steht der eingesteuerte Dauerschlupf nur theoretisch negativ gegenüber. In der Praxis läßt sich ein schlupfbedingter Mehrverbrauch nicht messen, der Vorteil der Überbrückung überwiegt bei weitem. Und das war auch das Ziel der Ingenieure.

Elektronik statt Hydraulik

Ohne den Einsatz der modernen Mikroelektronik wäre dieser dosierte Dauerschlupf der Wandlerüberbrückungskupplung allerdings kaum machbar. Ein komplettes Steuerungsprogramm beschäftigt sich in der neuen Mercedes-Fünfgangautomatik allein mit der Regelung der Wandlerüberbrückungskupplung. Aufgrund verschiedenster Parameter wie „Fahrt in der Ebene", „bergauf oder bergab", „starke, moderate oder schwache Beschleunigung", „kalter oder warmer Motor" fällt die Entscheidung zwischen „Kupplung auf" oder „Kupplung zu ohne Schlupf".

Neben dem Management der Wandlerüberbrückungskupplung hat die Steuerungselektronik natürlich noch eine andere Hauptaufgabe. Sie muß entscheiden, wann welche der fünf Gangstufen für die optimale Übersetzung des Motormoments sorgt. Das war bisher anders. Alle automatischen Getriebe von Mercedes-Benz waren im wesentlichen rein hydraulisch gesteuert. Die Signale zwischen Motor, Fahrzeug und Getriebe wurden über mechanische, pneumatische und elektromagnetische Stelleinrichtungen übertragen. Heute werden alle wesentlichen Steuerungsfunktionen von der elektronischen Getriebesteuerung ausgeführt. Für die Hydraulik bleibt in der neuen Getriebegeneration die Aufgabe der Umsetzung von Steuerungsbefehlen sowie die Sicherstellung von Notbetriebsfunktionen.

Das Herz der Getriebeelektronik ist ein Mikroprozessor mit integriertem CAN-Baustein, einem Modul für die digitale Datenübertragung mit sogenannter Bus-Technik (Controller Area Network). Dieser Baustein arbeitet im

Praxis-Tip

Automatikautos richtig an- und abschleppen

Um Getriebeschäden zu vermeiden, sollte man beim Abschleppen von Automobilen mit Automatikgetriebe folgende Ratschläge unbedingt beachten:

- Ein Anschleppen von Automatikautos ist nicht möglich. Als Notstartmethode des Motors empfiehlt sich hier die Starthilfe mittels Kabel.
- Beim Abschleppen Automatikwählhebel in Stellung „N" bringen.
- Beim Abschleppen nicht schneller als 50 km/h fahren.
- Die Abschleppstrecke sollte nicht länger als 50 Kilometer sein. Bei längeren Strecken darf das Automatikauto nur mit angehobener Hinterachse abgeschleppt werden.

Verbund mit anderen Motor- und Fahrzeugsteuerungssystemen und greift dabei auf bereits vorhandene Signale zurück. So liefert das ABS-Steuergerät beispielsweise stets aktuell die Raddrehzahlen, und die Getriebeelektronik berechnet daraus unter anderem Längs- und Querbeschleunigung. Das erspart den Einbau teurer Beschleunigungssensoren. Die schnelle Datenübermittlung zwischen den Steuergeräten obliegt dem CAN-Datenbus (siehe auch Technik-Info auf Seite 179). Das macht den Austausch großer Datenmengen bei minimalem Verkabelungsaufwand möglich. Alle CAN-Daten sind praktischerweise gleich als physikalische Größen definiert, was wiederum Sprachprobleme an einzelnen Schnittstellen vermeidet. So sendet zum Beispiel das Motorsteuergerät als Lastsignal nicht die Einspritzmenge oder die Luftmasse, sondern gleich das jeweilige Motormoment in Newtonmeter. Analog dazu fordert die Getriebeelektronik eine Momentenreduzierung während einer Schaltung nicht verklausuliert als „Rücknahme des Zündwinkels um X Grad“, sondern gleich im Klartext: „Bitte X Newtonmeter weniger“.

Produktion:
Die Montage des neuen Automatikgetriebes erfolgt im Mercedes-Werk Untertürkheim.

Neben den bisher schon verwendeten Parametern wie Geschwindigkeit und Motorlast, die von der Steuerhydraulik – einem hydraulischen Rechner sozusagen – auf Basis eines definierten Schaltprogramms in die passende Gangwahl umgesetzt wurden, kommt bei der Getriebeelektronik eine Vielzahl zusätzlicher Einflußgrößen hinzu. Die Basis aller Schaltungen ist ein Grundprogramm, das auf niedrigen Kraftstoffverbrauch und gute Fahrbarkeit hin ausgelegt wurde. „Bergerkennung“ und „dynamische Rückschaltung“ sind zwei Beispiele für die neuen Schaltparameter, die zu wesentlich mehr Fahrkomfort führen als bisher. So verhindert die Bergerkennung das bisher oft unvermeidbare Pendeln zwischen zwei Gängen. Auch bergab gibt‘s helfende Eingriffe: Hat der Getrieberechner Talfahrt diagnostiziert, ändert er das Schaltprogramm stufenlos, so daß Hochschaltungen wesentlich später als unter normalen Fahrbedingungen erfolgen. Mit dieser Anpassung der Schaltstrategie an die aktuelle Fahrsituation wird ein manueller Eingriff in die Getriebesteuerung überflüssig.

„Kick-fast“ statt „Kick-down“

Darüber hinaus entwickelt die Elektronik ein Gespür für die Wünsche des Autofahrers. So greift eine dynamische Rückschaltung – die Techniker sprechen hier vom sogenannten „Kick-fast“ – ein, wenn schnelles Gasgeben eine gewisse Eile des Autolenkers signalisiert. Früher war dafür ein „Kick-down“ oder ein manueller Eingriff am Wählhebel nötig, um eine oder zwei Gangstufen abwärts zu schalten. Heute macht das die Steuerelektronik ohne besonderes Zutun des Fahrers. Wieder liefern Soll-Ist-Vergleiche den Grund zum Handeln. In diesem Fall ist es die Bewertung der Art und Weise, wie der Fahrer das Gaspedal niedertritt, die über die Änderung der Schaltlinien entscheidet. Bewegt er das Pedal mit einer gewissen Hektik und tendiert dabei

Technik-Info Schaltgetriebe: Zahnräder im perfekten Zusammenspiel

Handgeschaltete Getriebe sind grundsätzlich als Zahnradgetriebe aufgebaut. In der einfachsten Form besteht ein Getriebe aus einer Antriebswelle, die mit der Motordrehzahl läuft, einer darunterliegenden Vorgelegewelle sowie der gleichachsig zur Antriebswelle angeordneten Abtriebswelle. Mit der Antriebswelle ist ein Zahnrad fest verbunden, das mit dem größten Rad der Vorgelegewelle ständig im Eingriff ist. Für jeden indirekten Gang ist ein Zahnradpaar vorhanden, zusätzlich gibt es für den Rückwärtsgang noch ein separat angeordnetes Zahnrad. In der Regel ist der vierte oder fünfte Gang ein direkter Gang – Antriebs- und Abtriebswelle sind hier miteinander gekoppelt, so daß die Kraft ohne Umwege direkt durch das Getriebe geleitet wird und die Zahnräder leer mitlaufen. Bei modernen Schaltgetrieben der Marke Mercedes-Benz kommen ausnahmslos schrägverzahnte Zahnräder zum Einsatz – sie sind ständig miteinander im Eingriff. Das Schalten erfolgt durch Kuppeln des Zahnrads mit der Welle. Dafür ist die Synchronisierung zuständig, die einen schnellen und einfachen Gangwechsel ohne „schönen Gruß vom Getriebe“ ermöglicht. Die Synchronisierung hat im Getriebe die Aufgabe, das gerade gebrauchte Zahnrad mit seiner Welle zu verbinden. Dies geschieht durch ein Angleichen der Drehzahlen von Zahnrad und Welle. Solange das nicht passiert ist, wird eine kraftschlüssige Verbindung unmöglich gemacht – der Ausdruck „Sperrsynchronisierung“ kennzeichnet diesen Vorgang. Erst bei Drehzahlgleichheit erfolgt das Einkuppeln des Gangs. Für die dafür nötigen Bewegungen sorgt die sogenannte Schaltmuffe (Bestandteil der Synchronisierung), die über eine Schaltgabel mit dem Schalthebel in Verbindung steht.

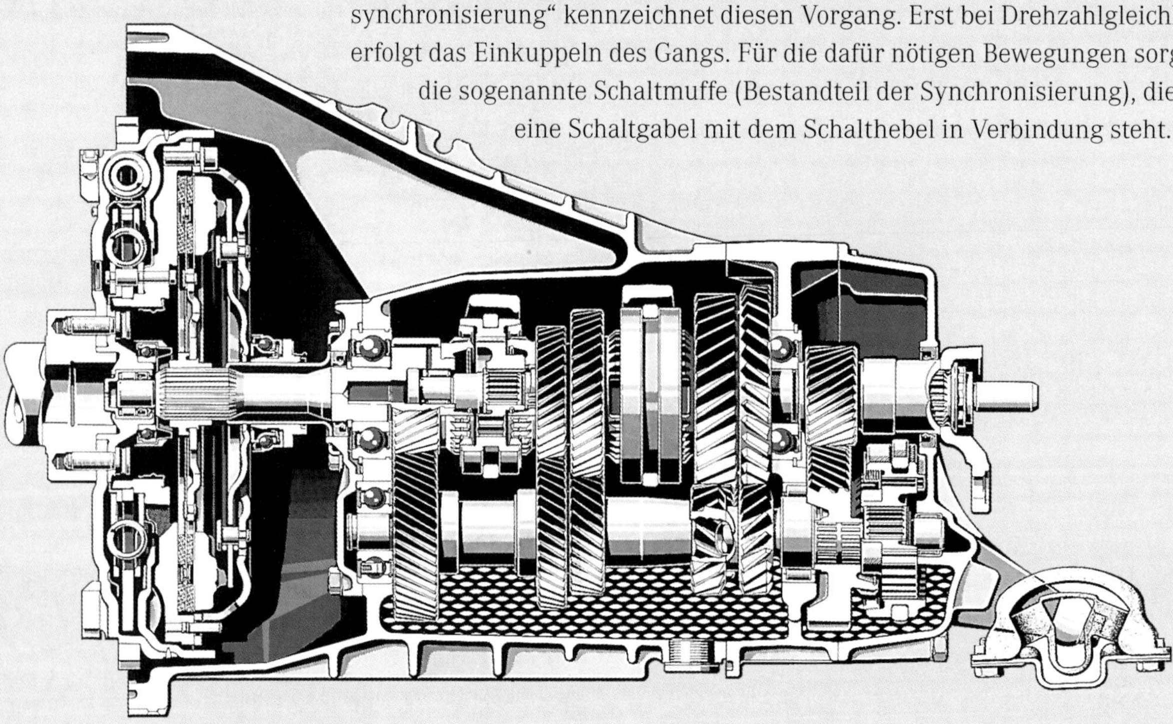

deutlich in Richtung Vollgas, so folgt kurzentschlossen eine Abwärtsschaltung um einen, wenn nötig auch um zwei Gänge.

Umgekehrt findet auch das sehr schnelle Gaswegnehmen – das sogenannte „Fast-off" – unmittelbare Berücksichtigung. Weil es beispielsweise ein Indikator für eine kurzfristige Unterbrechung eines Beschleunigungsvorgangs ist, schaltet die Elektronik in diesem Fall entgegen dem Grundschaltprogramm nicht hoch. Die Schaltlinienverschiebung, die dies verhindert, wird auch beibehalten, wenn die Drehzahlsensoren an den Rädern eine Kurve erkannt und via Datenbus an den Getrieberechner gemeldet haben. Zurück ins Grundprogramm geht's, wenn der Fahrer das Gaspedal wieder mit normaler Agilität bedient.

Trotz aller Schnelleingriffe wie „Kick-fast" oder „Fast-off" bleibt die bewährte Einrichtung des typischen „Kick-down" erhalten. Wenn der Fahrer sein Gaspedal über den bekannten, gut definierten Druckpunkt hinaus durchtritt, schaltet die Automatik sofort in den niedrigsten, bei der aktuellen Geschwindigkeit verfügbaren Gang – im Extremfall vom fünften in den zweiten.

Alle Anpassungen seitens der Steuerungselektronik erfolgen als unmittelbar wirksame Reaktionen auf eine (oder mehrere) aktuelle Fahrsituationen. Erkennt der Rechner das Ende einer Eingriffsnotwendigkeit, kehrt er sofort und ohne jede Verzögerung in das auf minimalen Verbrauch ausgelegte Grundschaltprogramm zurück. Mit dieser reaktiven Strategie unterscheidet sich die neue Mercedes-Automatik deutlich von sogenannten adaptiven Getriebesteuerungen, deren Lern- und Anpassungsprozeß wesentlich länger dauert. Der Vorzug der Mercedes-Lösung: Das Getriebe verhält sich immer so, wie es der Fahrer eines Automatikautomobils erwartet. Probleme, die mit der Rückfallstrategie auftreten können – wann beispielsweise soll von einer „sportlichen" Adaptionsebene auf eine weniger dynamische zurückadaptiert werden –, vermeidet die Mercedes-Benz-Lösung schon im Ansatz.

Zwei Rückwärtsgänge

Zusätzlich zu den reaktiv wirksamen Schaltbeeinflussungen kann der Fahrer über einen Schalter an der Mittelkonsole ein spezielles Winterfahrprogramm wählen. Es unterscheidet sich in wesentlichen Punkten vom Standard-Grundprogramm. So wird mit Blick auf ein harmonisches Anfahrverhalten bei Glatteis oder Schnee grundsätzlich im zweiten Gang angefahren. Für eine ebenso gefühlvolle Rückwärtsfahrt wird ein zweiter, lang übersetzter Rückwärtsgang eingelegt. Alle Gangwechsel erfolgen im „W"-Programm bei abgesenkten Motordrehzahlen. Wesentliche reaktive Schaltbeeinflussungen wie die Bergerkennung bleiben erhalten, mehr auf Fahrdynamik ausgerichtete Programmeingriffe wie die dynamische Vollgasrückschaltung („Kick-fast") oder die schnelle Gaswegnahme („Fast-off") hingegen legt der Getrieberechner im Winterprogramm auf Eis.

Kälteschock:
Die erstmals aus einer Flachs-/Sisal-Kombination hergestellte Türinnenverkleidung der E-Klasse bestand härteste Materialprüfungen. In der Kältekammer stellte der Werkstoff seine Verformungsbeständigkeit selbst bei minus 40 Grad Celsius unter Beweis.

Saubere Sache

Geringer Schadstoffausstoß, günstiger Kraftstoffverbrauch, niedrige Geräuschemissionen, hoher Rezyklateinsatz – das sind die Kennzeichen eines umweltverträglichen Automobils. Die neue E-Klasse von Mercedes-Benz entspricht diesen Anforderungen.

Beispiel Abgasreinigung: Auch zehn Jahre nach der Vorstellung des ersten Katalysatormodells in Deutschland räumt Mercedes-Benz der Verringerung der Schadstoffemissionen nach wie vor einen hohen Stellenwert ein. Das beweisen die erzielten Fortschritte: Alle Limousinen der neuen Modellreihe – Diesel und Benziner – erfüllen die ab 1996 gültigen Schadstofflimits der Europäischen Union (EU), die um bis zu 48 Prozent unter den heutigen Grenzwerten liegen (siehe auch Technik-Info auf Seite 133). Konsequent haben die Stuttgarter Ingenieure die systembedingten Eigenschaften des Dreiwege-Katalysators während der letzten Jahre untersucht und Maßnahmen entwickelt, um dem Abgasreiniger noch bessere Umweltmanieren beizubringen. Das Hauptaugenmerk der Fachleute galt dem Wirkungsgrad des Katalysators nach dem Kaltstart. Denn: Bisher vergehen rund zwei Minuten, bis der Kat seine Betriebstemperatur erreicht und mit der vollständigen Umwandlung der Abgasschadstoffe beginnt. Das Ziel der Ingenieure ist es, diese Aufwärmphase deutlich zu verkürzen.

Der Einsatz neuer Werkstoffe bei der Herstellung der Auspuffkrümmer und der Katalysatoren für die neue E-Klasse macht es möglich. Der doppelflutige Auspuffkrümmer der Benzinmodelle wird nicht mehr im Gußverfahren hergestellt, sondern besteht aus Stahlblech, das sich nach dem Kaltstart schneller erwärmt und somit auch den Katalysator in kürzerer Zeit „auf Touren" bringt. Dem gleichen Zweck dient eine neuentwickelte Beschichtung der Katalysatorzellen: Sie besteht bei den Vierzylindermodellen E 200 und E 230 aus einer Mischung von Palladium und Rhodium, die für eine noch schnellere Umwandlung der Abgasschadstoffe sorgt. Auf das bisher verwendete Edelmetall Platin können die Ingenieure bei diesen Modellvarianten verzichten und statt dessen das günstigere Palladium einsetzen, das sich bei aufwendigen Dauertests auf Prüfständen und Straße als gleichwertige Alternative erwies. In Kombination mit dem unverzichtbaren Rhodium sorgt Palladium (Mischungsverhältnis 1:5) sogar für ein früheres Anspringen des Katalysators, was sich

Abgasbilanz:
Emissionen um mehr als 48 Prozent verringert *

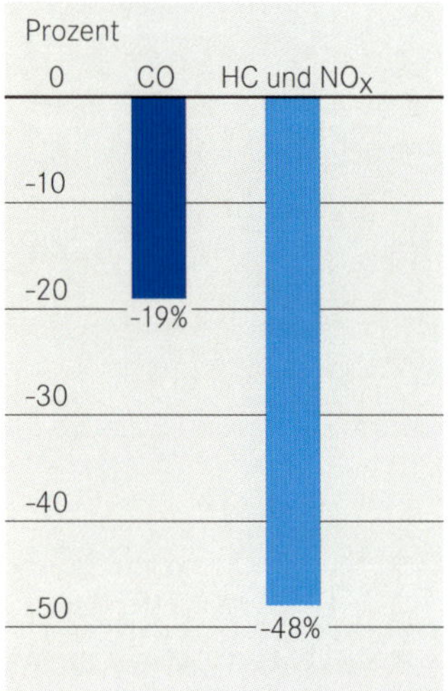

* im europäischen Fahrzyklus

vor allem in Form geringerer Kohlenwasserstoffemissionen bemerkbar macht. Immerhin: Der Palladium-Rhodium-Katalysator springt um mehr als 30 Grad Celsius früher an als ein vergleichbarer Abgasreiniger mit Platin-Rhodium-Beschichtung. Dauerversuche bestätigten die positiven Eigenschaften des neuen Katalysatortyps: Dank der Palladium-Rhodium-Beschichtung liegen die Kohlenwasserstoffemissionen im US-Fahrzyklus um 35 Prozent und die Kohlenmonoxidwerte um etwa 15 Prozent unter denen eines herkömmlichen Kats. Der Wirkungsgrad der Stickoxidumwandlung liegt bei beiden Varianten auf gleichem Niveau.

Die Entwicklung eines sogenannten „Race-Track"-Katalysators mit Schräganströmung ermöglichte ebenfalls weitere Fortschritte bei der Umwandlung der Schadstoffe. Die Auspuffgase treffen in einem genau berechneten Winkel auf den Katalysator, so daß auch die Zellen an den Rändern des Keramikmonolithen durchströmt werden und der Abgasreiniger somit auch hier seinen vollen Wirkungsgrad entfalten kann. Bei der Namenswahl für diesen neuen Katalysatortyp orientierten sich die Ingenieure an einem Begriff aus dem Motorsport: „Race-Track" bedeutet, daß der Katalysator die ovale Form einer US-typischen Rennstrecke hat. Dank Blechkrümmer, Schräganströmung und neuer Edelmetallbeschichtung arbeitet der Dreiwege-Katalysator der Vierzylinderlimousinen der E-Klasse so effektiv, daß die Ingenieure das Volumen des Abgasreinigers von bisher drei auf 2,7 Liter verringern konnten – und dies bei besseren Abgaswerten.

Drei Edelmetalle im Kat

Auch die Sechszylindervarianten E 280 und E 320 können in punkto Katalysatortechnik mit einigen Besonderheiten aufwarten. Dazu zählt beispielsweise das neuartige Katalysatorgehäuse in Wickeltechnik, die Mercedes-Benz für große zweiflutige Unterbodenkatalysatoren als weltweit erster Automobilhersteller in der Serienproduktion einsetzt. Dieses Konstruktionsprinzip bietet den Ingenieuren bei der Anpassung des Kat-Volumens an die Motorvarianten ein hohes Maß an Flexibilität. Denn: Bei gleichem Querschnitt lassen sich mit Hilfe der Wickeltechnik unterschiedliche Baulängen realisieren – das Katalysatorgehäuse besteht nicht mehr aus einem vorgefertigten Bauteil, sondern wird je nach Länge des Abgasreinigers um den Keramikmonolithen gewickelt. Dadurch verringert sich die Teilevielfalt bei der Herstellung der Abgasreiniger. Die neue Flexibilität bei der Kat-Entwicklung in Zahlen: Beim E 280 beträgt das Volumen des Abgasreinigers 3,8 Liter, beim E 320 sind es 4,4 Liter.

Ebenso wie bei den Vierzylindermodellen entwickelten die Mercedes-Ingenieure auch für den E 280 und den E 320 eine neuartige Katalysatorbeschichtung, die den Wirkungsgrad der Abgasreinigung während der Warmlaufphase nochmals verbessert. Hier kommen maßgeblich – wie bei den Vier-

Technik-Info Abgasvorschriften: Die Limits der Europäischen Union

Die Limits der Europäischen Union

Schadstoff	EU-Abgasvorschrift Stufe 1 (seit 1992)	EU-Abgasvorschrift Stufe 2 (ab 1996)
Kohlenmonoxid	2,72 g/km	Ottomotor: 2,2 g/km Dieselmotor: 1,0 g/km
Kohlenwasserstoffe und Stickoxide*	0,97 g/km	Ottomotor: 0,5 g/km Dieselmotor: 0,7 g/km Diesel-Direkteinspritzer: 0,9 g/km
Partikel	0,14 g/km	Dieselmotor: 0,8 g/km Diesel-Direkteinspritzer: 0,10 g/km

*Summenwert

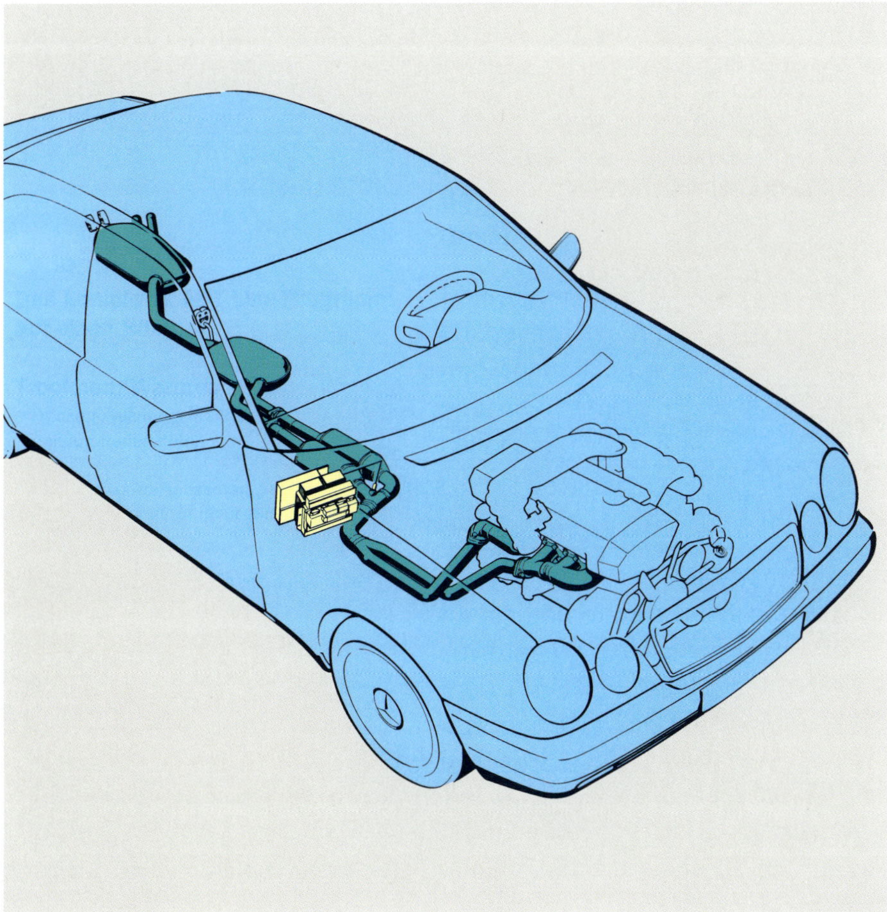

Abgasreinigung:
Die Katalysatoren der E-Klasse sind Neuentwicklungen, die sich dank verbesserter Edelmetallbeschichtung durch einen hohen Wirkungsgrad auszeichnen. Beim E 280 und E 320 kommen zweiflutige Kats zum Einsatz (Bild), deren Gehäuse erstmals in Wickeltechnik hergestellt wird.

Technik-Info Katalysator: Chemische Reinigung für die Abgase

Der geregelte Dreiwege-Katalysator ist die derzeit effektivste Technik zur Abgasreinigung bei Ottomotoren. Durch ihn werden schädliche Emissionen wie Kohlenmonoxid, unverbrannte Kohlenwasserstoffe und Stickoxide zu über 90 Prozent in ungiftige Sekundärverbindungen umgewandelt. In seiner ursprünglichen Definition steht das Wort Katalysator für einen Stoff, der eine chemische Reaktion beschleunigt oder überhaupt erst möglich macht. Der Stoff selbst wird dabei nicht verändert. Beim Katalysator für Ottomotoren übernehmen die Edelmetalle Platin und Rodium, bei der neuen E-Klasse auch Palladium, die Rolle dieses Umwandlungsstoffes. Sie sind Bestandteile der Beschichtung der Keramikwaben im Kat-Gehäuse. Die Bezeichnung „Dreiwege-Katalysator" steht nicht etwa für drei verschiedene Wege, die sich die Abgase durch den Katalysator suchen. Vielmehr ist damit die chemische Umwandlung der drei wesentlichen Schadstoffe Kohlenmonoxid (CO), Kohlenwasserstoffe (HC) und Stickoxide (NO_X) gemeint. Durch Verbindung mit Sauerstoff (Oxidation) entstehen aus Kohlenmonoxid und Kohlenwasserstoffen die ungiftigen Verbindungen Kohlendioxid und Wasserdampf (H_2O). Für die Verminderung der Stickoxidemissionen benötigt der Katalysator Kohlenmonoxid als Hilfsmittel, das den Stickoxiden den Sauerstoff entzieht, so daß die Stickoxide zu Stickstoff (N_2) reagieren. Diese Prozesse laufen allerdings nur bei einem genau dosierten Verhältnis von einem Kilogramm Kraftstoff und etwa 14,6 Kilogramm Sauerstoff ab. Die Techniker bezeichnen diese Gemischzusammensetzung als „Lambda = 1".

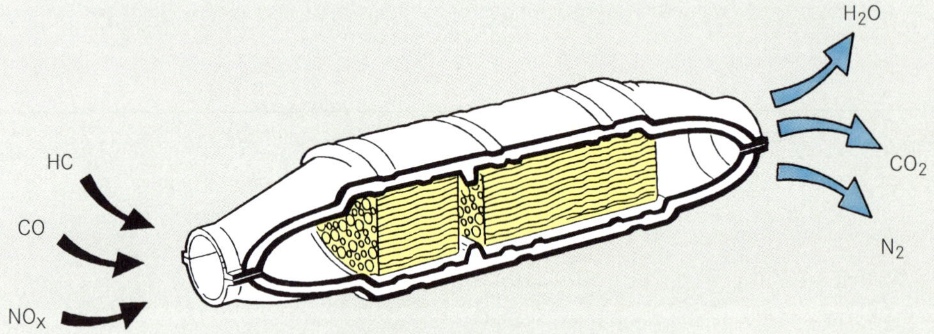

zylindern – die Edelmetalle Palladium und Rhodium zum Einsatz. Durch eine spezielle Abstimmung wird jedoch zusätzlich auch eine geringe Menge Platin verwendet, die als Synergieeffekt die ohnehin schon sehr hohe Leistungsfähigkeit der Abgasreinigungsanlage nochmals steigert – vor allem in der Warmlaufphase des Motors.

Kat-Erwärmung per Computer

Beim neuen E 420 mit Achtzylindermotor trägt eine leistungsfähige Motorelektronik maßgeblich zur Verringerung der Abgaswerte bei. Das neuentwickelte Managementsystem verfügt über eine spezielle Warmlaufsteuerung, die zur Absenkung der Kaltstartemissionen beiträgt. Nach dem Kaltstart korrigiert der Computer Zündungeinstellung und Kraftstoffzufuhr, so daß die Katalysatoren früher als bisher ihre Betriebstemperatur erreichen. Die computergesteuerte Kat-Erwärmung mittels Zündungskorrektur funktioniert auch im Leerlauf. Außerdem erfolgt während der Warmlaufphase eine Nachverbrennung der Abgase mittels zusätzlicher Lufteinblasung. Dadurch steigt die Abgastemperatur, was wiederum die Anspringzeit der Katalysatoren verkürzt. Ergebnis: Der Achtzylindermotor unterschreitet die ab 1996 gültigen Abgaslimits der Europäischen Union deutlich.

Bei den Sechs- und Achtzylindermotoren sorgt zusätzlich eine sogenannte Sekundärlufteinblasung für eine Verringerung der Schadstoffemissionen. Der Trick: Mit Hilfe einer Förderpumpe wird Luft direkt in die Auslaßkanäle des Zylinderkopfs geblasen, so daß unverbranntes Kohlenmonoxid und unverbrannte Kohlenwasserstoffe nachoxidiert werden. Auch diese Maßnahme trägt zur Reduzierung der Kaltstartemissionen bei.

Diesel mit Doppelpack

Auch bei den Diesellimousinen der E-Klasse geht Mercedes-Benz in punkto Abgasreinigung keine Kompromisse ein und setzt die derzeit beste und zuverlässigste Technik ein. Das bedeutet: Oxidationskatalysator plus Abgasrückführung. Alle Selbstzünder der neuen Modellreihe sind serienmäßig mit diesem „Doppelpack“ ausgestattet. Dank der Abgasrückführung wird ein Teil der Abgase wieder zurück in die Brennräume geleitet, wo sie zu einer Verringerung der Verbrennungstemperatur beitragen. Denn je höher die Verbrennungstemperatur, desto höher die Stickoxidbildung. Bei Ottomotoren können maximal drei bis fünf, bei Dieselmotoren sogar bis zu 20 Prozent der Abgase zurückgeführt werden. Damit unterstützt die Abgasrückführung die Arbeit des speziellen Diesel-Katalysators, der die verschiedenen Abgaskomponenten auf chemischen Wege umwandelt.

Beim neuen Diesel-Direkteinspritzer im E 290 TURBODIESEL haben die Ingenieure den sogenannten „Oxi-Kat“ eigens an die geringeren Abgastemperaturen dieses Motors angepaßt. Sichtbarer Unterschied: Der Schadstoffwandler ist näher an den Motor gerückt. Dort strömen die Abgase heißer in den Katalysator als im Bereich des Unterbodens und können deshalb leichter umgewandelt werden. Zugleich ersetzt der Kat den bisherigen Mittelschalldämpfer. Zur Minimierung der dritten Schadstoffkomponente, den Stickoxiden, fließt ein Teil der Abgase nochmals in den Motor zurück und wird unterwegs mit Frischgas aufgemischt. Die exakte Mengenregelung des rückgeführten Abgases erledigt ein sogenannter Heißfilmluftmassenmesser. Dieser Sensor steckt im Luftfiltergehäuse und erfaßt die dem Motor zugeführte Frischluftmasse. Dadurch erfolgt die Steuerung der Abgasrückführung nicht nur last- und drehzahlabhängig, sondern auch unter Berücksichtigung der jeweiligen Ansaugluft- und Kühlmitteltemperatur. Das Ergebnis dieser aufwendigen, aber wirkungsvollen Technik kann sich sehen lassen: Die Verminderung des Stickoxidausstoßes beträgt bis zu 50 Prozent. Die modernen Vierventil-Vorkammermotoren der Modellvarianten E 220 DIESEL und E 300 DIESEL gehören prinzipiell zu den schadstoffärmsten Triebwerken ihrer Klasse. Immerhin: Die Partikelemissionen liegen um rund ein Drittel unter den Werten vergleichbarer Selbstzünder mit Zweiventiltechnik, und die gasförmigen Abgasschadstoffe fallen bei den Vierventilern um bis zu 20 Prozent geringer aus.

Fortschritt beim Sparen

Wer heutzutage das Thema „Auto und Umwelt" anspricht, darf Aspekte wie Kraftstoffverbrauch und Kohlendioxidemissionen (CO_2) nicht außer acht lassen. Kohlendioxid gehört zu den Substanzen, die sich in der Atmosphäre sammeln und unser Klima künstlich aufheizen. Am sogenannten Treibhauseffekt ist Kohlendioxid gut zur Hälfte beteiligt. Je weniger Benzin die Automotoren verbrennen, desto geringer fallen auch deren CO_2-Emissionen aus. Denn mit jedem verbrannten Liter Benzin stoßen die Triebwerke pro 100 Kilometer durchschnittlich 2,3 Kilogramm aus.

Die neue E-Klasse zeigt, daß sich Kraftstoffverbrauch und CO_2-Emissionen der Personenwagen durch den Einsatz moderner Technik noch weiter verringern lassen: Die Modelle der neuen Mercedes-Baureihe verbrauchen bis zu zehn Prozent weniger Kraftstoff als die bisherige E-Klasse. Die durchschnittliche Kraftstoffeinsparung beträgt sechs Prozent.

Der E 290 TURBODIESEL macht die Fortschritte auf diesem Gebiet der Automobilentwicklung deutlich: Beim direkteinspritzenden Fünfzylindertriebwerk begnügt sich die Limousine im Drittelmix mit nur 6,2 Litern Kraftstoff je 100 Kilometer – ein Wert, der in dieser Fahrzeugklasse zu den Bestmarken zählt (siehe auch Seite 104). Doch auch bei den Benzinermodellen wurden deutliche Verbrauchseinsparungen erzielt: Der neue E 230 verbraucht im Drittelmix auf 100 Kilometer einen halben Liter weniger Kraftstoff als das gleichstarke Vorgängermodell E 220, und der Benzinverbrauch des neuen E 420 liegt mit 10,6 Litern je 100 Kilometer um zehn Prozent unter dem Drittelmix-Wert des bisherigen 4,2-Liter-Modells der E-Klasse.

Der Blick auf die Verbrauchsdaten (siehe auch Seite 110) zeigt, daß moderne Selbstzünder mit Direkteinspritzung oder Vierventiltechnik ihren Verbrauchsvorsprung gegenüber den Ottomotoren noch weiter ausbauen. Damit fallen auch die Kohlendioxidemissionen der Dieselmodelle günstiger aus – in der neuen E-Klasse um bis zu zwölf Prozent bei Motoren gleicher Hubraumgröße. Dieser CO_2-Vorteil des Diesels, der beim stationären Prüfstandsbetrieb im Europa-Fahrzyklus gemessen wurde, vergrößert sich unter Praxisbedingungen abermals. Dann kommen nämlich Kaltstarts und Kurzstreckenbetrieb hinzu, die beim Ottomotor mehr verbrauchssteigernd wirken. Grund hierfür ist vor allem die sogenannte Kaltstartanreicherung, ohne die kein Ottomotor die Warmlaufphase überwindet. Zudem muß im Kurzstreckenbetrieb üblicherweise mit einem hohen Leerlaufanteil des Motors gerechnet werden. Sind es im Stadtzyklus zweier Vergleichsfahrzeuge schon beim Warmstart zehn Prozent weniger CO_2-Emissionen zugunsten des Diesels, so erhöht sich dieser Wert auf 22,5 Prozent, wenn beide Fahrzeuge bei minus sieben Grad Celsius starten.

Kohlendioxidemissionen: Diesel im Vorteil *

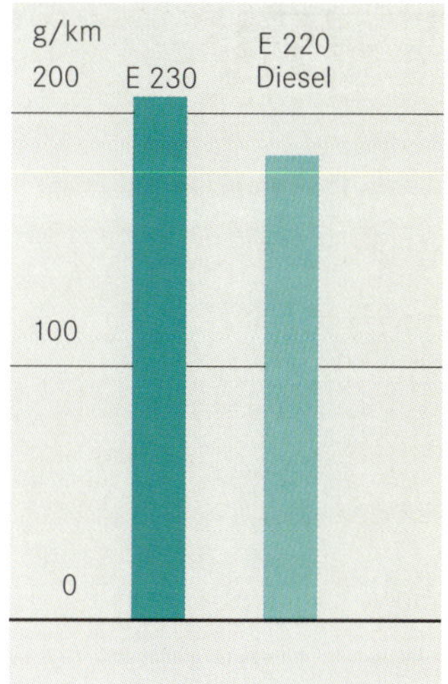

* im europäischen Fahrzyklus

Gasgeben mit Gefühl

Durch die weiteren Fortschritte auf dem Gebiet der Fahrzeugtechnik lassen sich die Kohlendioxidemissionen des Straßenverkehrs in den nächsten Jahren voraussichtlich um 15 Prozent vermindern. Doppelt soviel könnte der Mensch mit „Köpfchen“ und richtigem Gasgeben schaffen. Das wären allein in Deutschland rund 40 Millionen Tonnen weniger Kohlendioxid – Jahr für Jahr. Zu dieser Erkenntnis kommen Wissenschaftler des Forschungsinstituts Mercedes-Benz, dessen Fachleute etwa 1 200 Autofahrerinnen und Autofahrer im Rahmen eines ECO-Fahrtrainings mit den Möglichkeiten einer energiebewußten Fahrweise vertraut gemacht haben. Das Ergebnis: Im Durchschnitt verringerte sich der Kraftstoffverbrauch der „Fahrschüler“ durch das Training um 42 Prozent. Beeindruckender als die höhere Wirtschaftlichkeit, die sich durch wesentlich geringere Tankrechnungen auszahlt, ist die Entlastung der schützenden Ozonhülle in der Atmosphäre. Selbst dann, wenn das schlechteste Einzelergebnis aller ECO-Schüler von „nur“ 15 Prozent zugrunde gelegt wird, ergibt sich folgende Rechnung: Bei einer jährlichen Laufleistung von jeweils 15 000 Kilometern sind alle Teilnehmer insgesamt 117 Millionen Kilometer gefahren. Bei einem durchschnittlichen Verbrauch von sieben Litern je

Reichweite: Im E 290 Turbodiesel mit einer Tankfüllung von Berlin nach Venedig

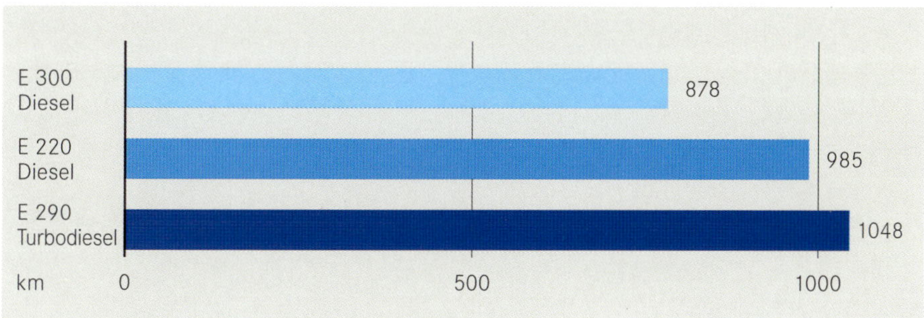

Basis: Drittelmixverbrauch bei 65 Liter Tankinhalt

Praxis-Tip: Sparen beim Fahren

- Motor ausschalten: Staufahrten zwingen zu häufigem Stillstand und Anfahren. Nach Untersuchungen des Kraftfahrtbundesamtes liegt beispielsweise die mittlere Fahrgeschwindigkeit vor Ampelanlagen bei rund vier Kilometern pro Stunde. Fachleute raten deshalb, den Motor bei längerem Fahrzeugstillstand abzustellen und auf diese Weise Kraftstoff zu sparen. Daß der Griff zum Zündschlüssel lohnt, beweisen Messungen von Mercedes-Benz: Der Motor eines Personenwagens, der binnen einer Minute 30mal gestartet und wieder abgestellt wird, verbraucht nur 0,85 Liter Kraftstoff pro Stunde. Läuft der gleiche Benzinmotor eine Minute lang im Leerlauf, beträgt der Spritkonsum 1,45 Liter pro Stunde. Im Vergleichstest zwischen zwei Fünfzylinder-Dieselmotoren fällt die Differenz sogar noch größer aus: Hier stehen 0,95 Liter im Leerlauf genau 0,5 Liter bei 30 Starts pro Minute gegenüber.
- Sparen durch Vollgas: Behäbiges Anfahren galt für Generationen von Autofahrerinnen und Autofahrern als Musterbeispiel für energiebewußtes Fahrverhalten. Diese Zeiten sind vorbei. Jetzt heißt die Devise: In kurzer Zeit viel Motorleistung abfordern, um möglichst früh hochschalten zu können. Beim ECO-Fahrtraining absolvieren die Teilnehmer mit einem Dieselmodell hintereinander drei Testfahrten über jeweils 200 Meter. Zuerst wird mit Vollgas in den einzelnen Gängen auf jeweils 4 000/min beschleunigt, bis 60 km/h erreicht sind. Dann wird der Versuch wiederholt, das Fahrpedal dabei aber nur jeweils halb durchgetreten. Bei der dritten Meßfahrt wird wieder voll beschleunigt, aber schon bei 2 000/min hochgeschaltet. Bei der Auswertung der Kraftstoffverbräuche scheinen die zaghaften Starter zunächst bestätigt. Sie verbrauchen – auf 100 Kilometer umgerechnet – im zweiten Versuch mit Halblast 15,6 Liter Dieseltreibstoff, während die Vollgastreter 16,7 Liter verbrennen. Aber: Bei voller Beschleunigung und niedrigen Schaltpunkten konsumierte das Triebwerk nur 15 Liter.
- Schalten und sparen: Wer durch kräftiges Beschleunigen früher in den passenden Gang schalten kann, spart vor allem bei der anschließenden Konstantfahrt. Konkret: Ein E 280 mit Automatikgetriebe verbraucht in Fahrstufe 3 bei Tempo 100 genau 10,8 Liter Kraftstoff auf 100 Kilometer. Im ökonomisch günstigsten Betrieb, in Stufe D mit Tempomat, aber nur noch 8,2 Liter.

100 Kilometer hätten die Motoren dabei 8,19 Millionen Liter Diesel und Benzin verbrannt. Mit den gelernten Tricks und Tips haben die ECO-Fahrer somit rund 1,23 Millionen Liter Kraftstoff eingespart – und damit rund 35 000 Tonnen Kohlendioxid weniger produziert.

Hörprobe:
Im Akustiklabor untersuchten Mercedes-Ingenieure die Außengeräusche der E-Klasse mit Hilfe der modernen Kunstkopf-Stereophonie.

Leiser Auftritt

Ebenso wie bei den Abgaslimits führt die Europäische Union ab Oktober 1995 strengere Vorschriften für die Geräuschemissionen von Personenwagen ein. Die Limousinen der neuen E-Klasse erfüllen den künftigen Grenzwert von 74 Dezibel (dB/A) bereits heute – einzelne Modell- und Motorvarianten unterschreiten ihn sogar um bis zu drei Dezibel. So beträgt das Vorbeifahrgeräusch des E 220 DIESEL in der Automatikversion nur 71 Dezibel. Von den Benzinern zählen der E 200 Automatik und der E 320 zu den leisesten Modellen. Damit hat sich der Außengeräuschpegel der Mercedes-Benz E-Klasse in den letzten zehn Jahren um sechs Dezibel verringert. Mit anderen Worten: Die Geräuschentwicklung der neuen Modelle des Jahrgangs 1995/ 1996 beträgt nur noch ein Viertel des Wertes von 1985. Ein Altwagen entwickelt das gleiche Vorbeifahrgeräusch wie vier Limousinen der neuen E-Klasse.

Die hörbare Reduzierung der Vorbeifahrgeräusche erzielten die Mercedes-Ingenieure durch eine Reihe von Verbesserungen am und unter dem Blechkleid der E-Klasse. Zu den wichtigsten Anti-Lärm-Maßnahmen zählen

- der Einsatz einer Geräuschkapsel im oberen Bereich des Krümmers, dessen Austrittsrohr isoliert ist. Auf diese Weise wird die Umgebung der Abgasanlage noch besser vor hohen Temperaturen geschützt, während sich gleichzeitig auch die Geräuschabstrahlung reduziert,

- die Ausführung der Mittel- und Nachschalldämpfer der Dieselmodelle in Reflexionsbauweise anstelle der bisherigen Absorptionsbauweise mit Hilfe von Steinwolle,
- die Kapselung der Dieselmotoren durch spezielle Absorberelemente aus recyclingfreundlichem Polyurethanschaum.

Werkstoffe im Kreislauf

Paradox aber wahr: Schon in der allerersten Konzeptphase neuer Modelle denken die Ingenieure von Mercedes-Benz darüber nach, was mit dem Automobil am Ende seines langen Lebens geschehen soll. Wie lassen sich die Altfahrzeuge von morgen umweltgerecht entsorgen, wie können die verschiedenen Werkstoffe sinnvoll und wirtschaftlich wiederverwertet werden? Ziel ist es, die gegenwärtige Recyclingquote von rund 85 Prozent noch weiter zu erhöhen – durch die Schaffung weiterer Materialkreisläufe sowie durch die metallurgische Verwertung der restlichen Automobilmaterialien.

Mit der E-Klasse setzen die Werkstoffexperten dieses Engagement konsequent fort:

- Die für die Limousinen ausgewählten Kunststoffsorten sind recycelbar, Werkstoffkennzeichen auf Teilen mit mehr als 100 Gramm Gewicht erleichtern das sortenreine Zusammenstellen der Chemie-Werkstoffe.
- Die Kunststoffteile sind demontageleicht an der Karosserie befestigt, so daß im Sinne des Recyclings ein schneller und damit wirtschaftlicher Ausbau der Komponenten gewährleistet ist.
- An einer Vielzahl von Kunststoffteilen haben die Ingenieure den Rezyklateinsatz bereits erfolgreich getestet, so daß sich diese Teile ohne Qualitätseinbußen aus Sekundärwerkstoffen herstellen lassen. Dazu gehören unter anderem die komplette Kofferraumverkleidung, die Halteschale des Ersatzrades, die Geräuschkapsel der Dieselmotoren, die Radlaufverkleidungen, die Kabelkanäle, die untere Hälfte des Luftfiltergehäuses sowie Teile der Unterbodenverkleidung.

Durch enge Zusammenarbeit mit den Lieferanten wird Mercedes-Benz in Zukunft weitere Fortschritte bei der Wiederverwertung von Automobilteilen erzielen. Bereits in den Lastenheften neuer Modelle schreibt das Automobilunternehmen die demontage- und recyclinggerechte Gestaltung der Bauteile vor. Die Lieferanten werden bei der Ausschreibung neuer Aufträge per Fragebogen gebeten, Angaben über ihre Recyclingaktivitäten zu machen. Bei größeren Fahrzeugteilen wie Stoßfängern, Sitzen, Teppichen, Türverkleidungen oder Instrumententafeln strebt Mercedes-Benz bei der Verwertung von Altteilen eine

Wiederverwertung: Zahlreiche Kunststoffteile der neuen E-Klasse lassen sich aus Rezyklaten herstellen. Die Recyclingquote der Mercedes-Modellreihe beträgt rund 85 Prozent.

enge Zusammenarbeit mit dem jeweiligen Lieferanten an. Das angestrebte Ziel einer fast vollständigen Verwertung der Automobilwerkstoffe läßt sich mit Hilfe des metallurgischen Recyclings erzielen, das Mercedes-Benz in Zusammenarbeit mit Fachbetrieben entwickelt. Es stellt eine sinnvolle Ergänzung stofflicher Wiederaufbereitungsverfahren dar. Der Grund: Beim metallurgischen Recycling können kleinere Kunststoffteile, für die sich eine Demontage nicht lohnt, im Fahrzeug bleiben. Sie werden gemeinsam mit der Karosserie paketiert und gelangen anschließend in einen speziellen Schmelzofen, in dem flüssiger Stahl oder Roheisen erzeugt wird. Bei dem Schmelzvorgang dienen Kunststoffe und andere organische Bestandteile des Schrottpakets als Energieersatz, so daß bei der Stahlerzeugung bis zu 40 Prozent Primärenergie eingespart werden können. Die E-Klasse ist auf das metallurgische Recycling vorbereitet. Bauteile, die den Schmelzvorgang negativ beeinflussen, lassen sich problemlos ausbauen.

Preßwerk:
Die Türinnenverkleidungen der E-Klasse bestehen aus nachwachsenden Rohstoffen. Flachs und Sisal werden miteinander vermischt und zu Matten gepreßt.

Der Natur auf der Spur

Ein weiterer wichtiger Beitrag zur Ressourcenschonung ist die Verwendung natürlicher, nachwachsender Rohstoffe. Die neue E-Klasse beweist es: Naturmaterialien wie Flachs, Sisal, Baumwolle oder Kokosfasern haben an zahlreichen Stellen der Karosserie chemische Werkstoffe ersetzt und ermöglichen somit weitere Fortschritte auf dem Gebiet des Recyclings. Überdies helfen nachwachsende Rohstoffe, den Verbrauch traditioneller Energieressourcen wie Kohle, Erdgas oder Erdöl zu drosseln und die Kohlendioxidemissionen zu verringern, die bei der Verbrennung fossiler Energieträger entstehen.

Die Trägerteile der Türinnenverkleidungen in der E-Klasse stellen eine Besonderheit bei der Verwendung nachwachsender Rohstoffe dar. Für die großflächigen Teile entdeckten die Mercedes-Werkstoffingenieure zwei Naturfasern, die eine ganze Reihe positiver Eigenschaften haben: Flachs und Sisal.

Der Name des Naturprodukts: „Flexiform". Jährlich läßt Mercedes-Benz bereits jeweils rund 350 Tonnen der beiden Naturfasern verarbeiten. Zwar kommt das Sisal für die Türinnenverkleidungen aus Übersee, doch der zweite Werkstoff für dieses großflächige Automobilteil stammt aus deutschen Landen.

Zurück zur Natur. Für Daimler-Benz und Mercedes-Benz hat dieser Slogan durchaus tiefgreifende Bedeutung. Schon seit einigen Jahren entwickeln Forschungsingenieure beider Unternehmen Möglichkeiten für den Einsatz natürlicher Materialien in der Automobilproduktion. Die neue E-Klasse dokumentiert den Erfolg dieses Engagements, mit dem die Automobilentwickler im Einklang mit den Zielen der Welt-Umweltkonferenz stehen. Deren Fachleute fordern vor allem bei der Nutzung der Rohstoffquellen ein dauerhaftes umweltbewußtes Handeln mit Verantwortung und Weitsicht. Denn nachwachsende Rohstoffe helfen, den Verbrauch traditioneller Energieressourcen wie Kohle, Erdgas oder Erdöl zu drosseln. Auf diese Weise verringern sich auch die klimarelevanten Kohlendioxidemissionen, die bei der Verbrennung fossiler Energieträger entstehen. Bei der neuen E-Klasse haben neben Flachs und Sisal auch andere Naturmaterialien chemische Werkstoffe ersetzt. Insgesamt werden bereits 17 Bauteile der E-Klasse mit Materialien aus nachwachsenden Rohstoffen hergestellt. Zu diesen Naturprodukten zählen unter anderem die vorderen Sitzkissen, die aus einer Mischung von Kokosfasern, Tierhaaren und Latex bestehen, oder die Trägerteile für Hutablage, Sitzlehnen- und Säulenverkleidungen, die Mercedes-Benz aus einem Baumwollfaservlies herstellen läßt. Doch mit einem Tagesbedarf von etwa 8 000 „Flexiform"-Teilen für die Limousinen der C- und E-Klasse ist die Flachs-/Sisal-Türinnenverkleidung derzeit der größte Posten auf der Mercedes-Stückliste mit Serienteilen aus nachwachsenden Rohstoffen.

Naturfasern im Einsatz

Bauteil	Werkstoff
Trägerteil der vier Türinnenverkleidungen	Flachs-/Sisal-Kombination
Sitzkissen vorn	Kokosfasern, Tierhaare, Latex
Sitzlehnen vorn	Kokosfasern, Tierhaare, Latex
Sitzkissen im Fond	Kokosfasern, Tierhaare, Latex
Trägerteil der Hutablage	Baumwollfaservlies
Trägerteil der Sitzlehnenverkleidung	Baumwollfaservlies
Trägerteil der hinteren Säulenverkleidungen	Baumwollfaservlies aus Jeansstoff
Oberes Dämpfungsteil des Mitteltunnels	Baumwollfaservlies
Dämpfungsteil der Instrumententafel	Baumwollfaservlies
Untere Abdeckung der Instrumententafel	Baumwollfaservlies

Pflanzenfasern unter Hochdruck

Die Verarbeitung der Naturfasern beginnt bei einem Mercedes-Lieferanten im nordbayerischen Nordhalben. Die Firma hat ein patentiertes Verfahren entwickelt, bei dem die zehn bis 50 Zentimeter langen Flachs- und Sisal-Fasern miteinander vermischt werden. Dabei entsteht ein zentimeterdickes Vlies, das anschließend zu einer festen Matte gepreßt wird. Danach kommen diese Matten in eine Spezialpresse, wo sie in einem Arbeitsgang unter Beimischung eines Bindemittels weiterverarbeitet werden. Bei dieser Prozedur wird mächtig Druck gemacht: Eine Kraft von rund 200 Tonnen wirkt auf die Fasermatten ein und formt sie bei Temperaturen von 160 Grad Celsius zur Türinnenverkleidung. Nur ein paar Minuten vergehen, bis das fertige Trägerteil aus der Presse kommt. Anschließend wird es mit einer hauchdünnen Folie überzogen und je nach Innenraumausstattung mit Stoff oder Leder verziert.

Bei dem Herstellungsprozeß zeigen sich die ersten Vorteile der Naturfasern. Das Verfahren ist nicht nur einfacher und schneller, sondern auch umweltverträglicher als bei herkömmlichen Materialien, der Energieaufwand ist vergleichsweise gering, und es entstehen keine Abfälle. Mehr noch: Die Fasern bieten auch den Automobildesignern bessere Gestaltungsmöglichkeiten. Dank des Preßverfahrens lassen sich aus den Flachs-/Sisal-Matten selbst komplizierte Formen und Rundungen herstellen – in einem Arbeitsgang.

Weitere Pluspunkte sammelt das „Flexiform“-Trägerteil bei Tests in den Mercedes-Labors. „Die Flachs-/Sisal-Kombination zeichnet sich im Vergleich zu anderen Naturfasern durch gute mechanische Eigenschaften aus“, heißt es im Prüfbericht der Techniker. Wie stets gilt dabei dem Thema Sicherheit das Hauptaugenmerk. Im Crashlabor des Sindelfinger Entwicklungszentrums

Naturprodukte: Kokosfasern, Baumwolle, Flachs und Sisal zählen zu den Naturfasern, aus denen Mercedes-Benz Teile für die E-Klasse herstellen läßt.

Forschung: Gute Perspektiven für Naturmaterialien

Rohstoff	Herkunft	Einsatzmöglichkeiten
Banane	Philippinien, Zentralamerika	Verstärkungsfaser in Polyesterharzen
Baumwolle	Afrika, China, USA, Indien, Pakistan, Brasilien, Rußland	Herstellung von Verkleidungs- und Trägerteilen sowie Schalldämmatten
Flachs	Deutschland, Kanada, Rußland	Herstellung von Trägerteilen im Autoinnenraum; Verstärkungsfaser für Kunststoffe
Jute	Indien	Verstärkungsfaser und Füllstoff für Automobilkunststoffe
Kokos	Afrika, Südsee	Verarbeitung in Gummihaarmatten für Sitzpolster und Kopfstützen; Verstärkungsfaser für Kunststoffe
Ramie	China, Japan, Brasilien	Verstärkungsfaser für Verbundwekstoffe; Verarbeitung in Mischgeweben für Auto-Textilien
Sisal	Mexico, Brasilien	Herstellung von Trägerteilen im Autoinnenraum; Verstärkungsfaser für Kunststoffe

führten die Mercedes-Ingenieure verschiedene Aufprallversuche durch und untersuchten, wie sich das Naturmaterial im Falle eines Unfalls verhält. Das Ergebnis: Das Flachs-/Sisal-Trägerteil ist extrem schlagzäh und splittert nicht, so daß bei einem Seitenaufprall keine spitzen Bruchstücke in den Innenraum dringen und die Insassen gefährden. Kommentar der Experten: „Auch in diesem Punkt ist das Flachs-/Sisal-Teil anderen Werkstoffen überlegen."

Das können auch die Ingenieure im Mercedes-Werkstofflabor bestätigen. Sie haben das Naturprodukt ebenso schonungslos in die Mangel genommen wie jedes andere Material, das in den Mercedes-Modellen zum Einsatz kommt. In einer Brennkammer prüften die Fachleute beispielsweise, wie sich die Flachs-/Sisal-Kombination im Falle eines Autobrands verhält. Geht es lichterloh in Flammen auf, oder bietet es dem Feuer Paroli? Das Testergebnis entspricht der strengen US-Norm MVSS 302: Die Naturfasern ersticken die Flamme nach kurzer Zeit und verhindern somit die Ausbreitung des Feuers. Das andere Temperaturextrem erwartete die „Flexiform"-Teile in der Kältekammer. Bei minus 40 Grad Celsius und unterschiedlicher Luftfeuchtigkeit mußten sie selbst in tiefgefrorenem Zustand ihre Verformungsbeständigkeit unter Beweis stellen.

Allein mit diesen guten Werkstoffeigenschaften wäre das „Flexiform"-Bauteil fit für die Serie. Doch es kommt noch ein weiterer, ganz entscheidender Vorteil hinzu. Thema Leichtbau. Im Fall der Flachs-/Sisal-Türinnenverkleidung beträgt die Gewichtseinsparung gegenüber dem bisherigen Werkstoff rund 20 Prozent – das entspricht etwa einem Kilogramm pro Fahrzeug.

Kein Zweifel also, daß die Karriere der nachwachsenden Rohstoffe im Automobilbau gerade erst begonnen hat. Ein Blick in die Forschungslabors

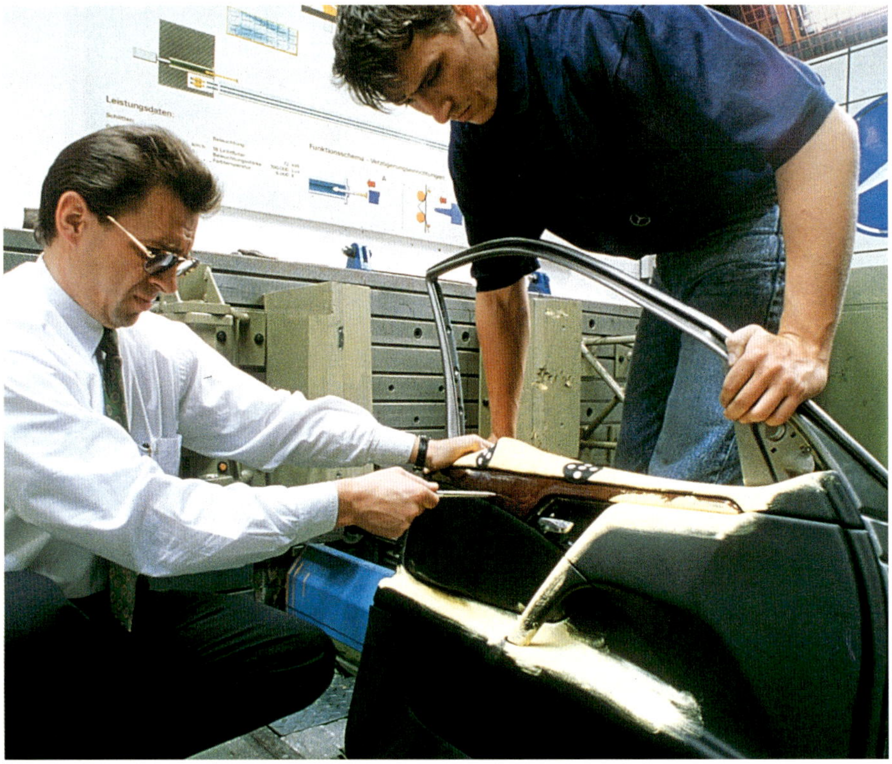

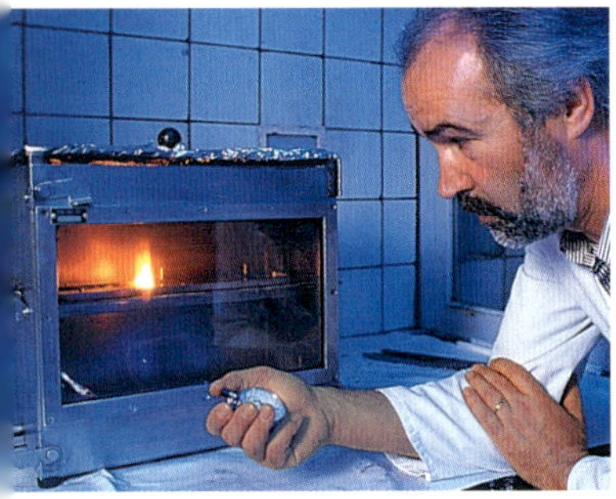

Prüfung:
Mercedes-Ingenieure haben die neuartige Flachs-/Sisal-Türinnenverkleidung in die Mangel genommen. Die Brandprüfung (kleines Foto oben) bestand der Naturwerkstoff ebenso wie den Crashversuch (oben).

von Daimler-Benz und Mercedes-Benz beweist es: Hier befinden sich weitere Naturfasern auf dem Prüfstand, die vielleicht schon in einigen Jahren fit für die Serienproduktion sind: Banane, Jute oder Ramie. Sie eignen sich entweder als Rohstoffe für die Herstellung von Automobilteilen oder könnten als Verstärkungsfasern für Kunststoffe dienen. Ein solches Naturfaser-Verbundmaterial, das aus einem thermoplastischen Kunststoff wie Polypropylen und einer Naturfaser wie Flachs oder Kokos besteht, zeichnet sich gegenüber heutigen glasfaserverstärkten Kunststoffen durch bessere Recyclingeigenschaften und eine günstigere Kohlendioxidbilanz aus. Das Nonplusultra bei der Suche nach neuen Automobilwerkstoffen wären zweifellos sogenannte „Bio-Kunststoffe", die auf pflanzlichen Ölen wie Rizinus und Verstärkungsfasern aus Flachs oder Kokos basieren. Auch solche „Naturprodukte" sind keine Utopie mehr – sie befinden sich bereits in der Forschung.

Technik-Info Wartungsintervalle: Altölaufkommen um 36 Prozent verringert

Durch die Verlängerung der Wartungsintervalle leisteten die Mercedes-Ingenieure bereits vor einiger Zeit einen weiteren Beitrag zum Umweltschutz. Dank dieser Maßnahme verringert sich die jährliche Menge entsorgungspflichtiger Betriebsstoffe wie Motoröl, Kühl- oder Bremsflüssigkeit deutlich. Bei der neuen E-Klasse gehen sie noch einen Schritt weiter: Die Fahrstrecke bis zum ersten Werkstattstopp wurde von bisher 5 000 auf 15 000 Kilometer erhöht. Das bedeutet: Bei einer Gesamtfahrleistung von 110 000 Kilometern sind statt elf nur noch sieben Service- und Wartungsdienste vorgeschrieben, so daß sich beispielsweise das Altölaufkommen um mehr als 36 Prozent verringert. Wichtiger Nebeneffekt: Auch die Unterhaltskosten der Mercedes-Kunden liegen bei der neuen E-Klasse deutlich unter den entsprechenden Aufwendungen für das Vorgängermodell. Einbußen in punkto Zuverlässigkeit oder Qualität sind durch das neue Konzept freilich nicht zu erwarten. Die Verlängerung der Service- und Wartungsintervalle war möglich, weil sich die Mercedes-Motoren in den vergangenen Jahren durch gute Langzeitzuverlässigkeit auszeichneten. Die Triebwerksteile weisen nur geringe Verschleißraten auf, und die ausreichend großen Ölmengen von bis zu sieben Litern (E 420) garantieren zusammen mit den Ölfilterflächen für eine sehr gute Dauerhaltbarkeit des Schmiermittels. Die Filterpartrone ist so konstruiert, daß beim Auswechseln kein Öl auslaufen kann. Durch Verzicht auf Metallbestandteile ist die Patrone überdies voll veraschbar, so daß eine umweltgerechte Entsorgung der ausrangierten Motorölfilter sichergestellt ist.

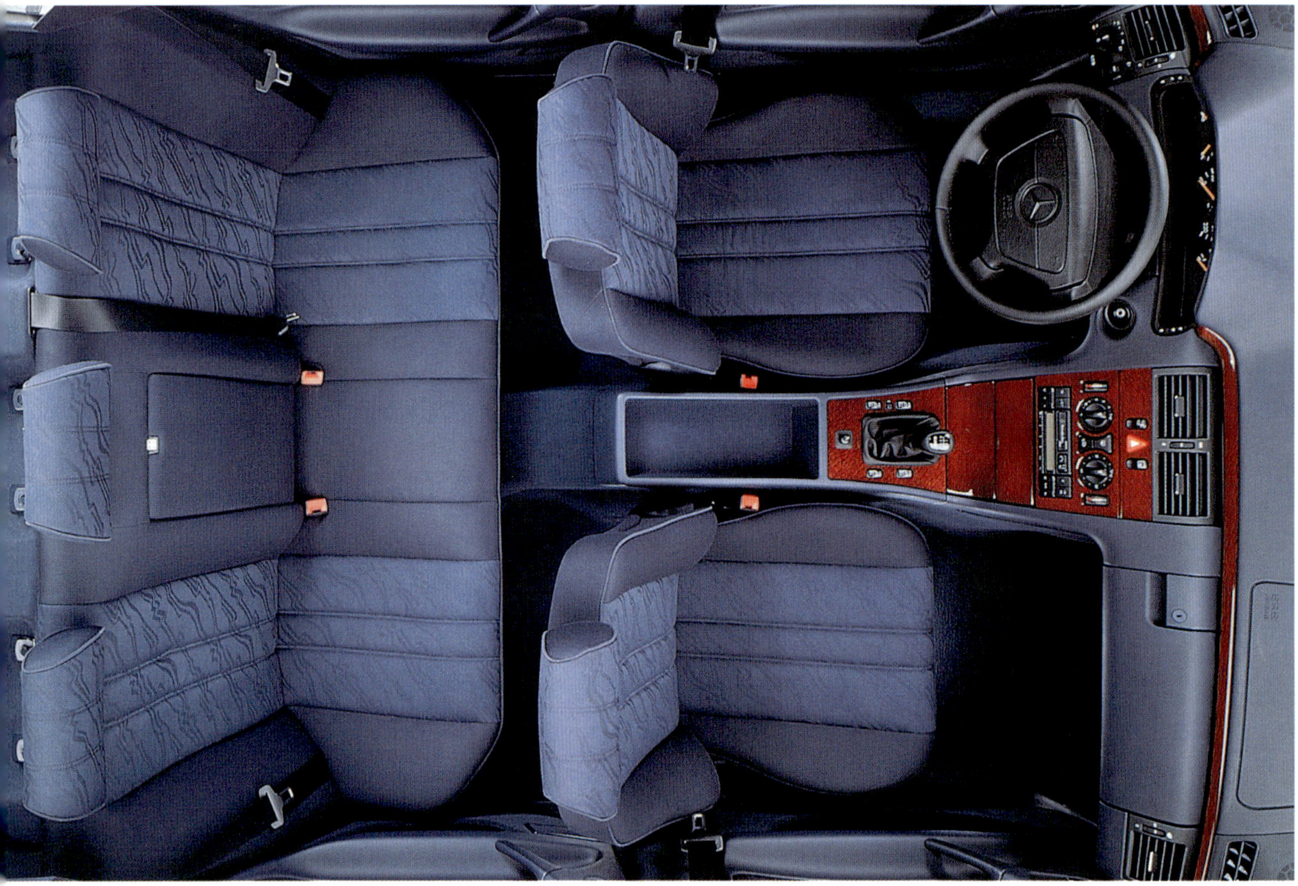

Erste-Klasse-Abteil:
Der Innenraum der E-Klasse zeichnet sich durch großzügige Platzverhältnisse, komfortable Sitze und eine attraktive Farbgestaltung aus.

Innere Werte

Sicherheit, Antriebstechnik, Umweltverträglicheit und Design – keine Frage, das sind wichtige Kriterien bei der Entwicklung eines neuen Automobils. Für die Mercedes-Modelle kommt jedoch noch ein weiterer, nicht minder wichtiger Aspekt hinzu: der Komfort.

Auch auf diesem Gebiet hat die E-Klasse einiges zu bieten, wie ein Blick in den Innenraum der Limousine zeigt. Die Gestaltung des Interieurs ist von fließend-weichen Formen geprägt, die sich aus dem Karosseriedesign fortsetzen und somit bei einer Gesamtbetrachtung von Exterieur und Interieur ein harmonisches Ganzes ergeben. Kurzum: Die organische Formgebung der neuen E-Klasse wurde von außen nach innen transformiert und durch Farben und Materialien so ergänzt, daß ein Innenraum entstand, der Ruhe und Solidität ausstrahlt. Hochwertige Stoffe, feines Leder und in Handarbeit hergestellte Holzzierstäbe aus Platane, Wurzelnuß oder Vogelaugenahorn verstärken den Eindruck von Eleganz und Solidität. Zugleich werden bei der E-Klasse zusätzliche Akzente gesetzt, die das gesamte Ambiente maßgeblich beeinflussen. So fällt zunächst die konsequent durchgehaltene Zweifarbigkeit des Innenraums auf. Im Bereich der Bordkante sind grundsätzlich dunkle Farbtöne gewählt (dadurch werden beispielsweise Spiegelungen in der Frontscheibe vermieden), darunter dominieren helle Partien. Diese Farbgestaltung unterstreicht das gesamte Formenkonzept nachhaltig. Auf diese Weise wird auch die stilistisch intelligente Form der Instrumententafel betont.

Effekte durch Farben

Allein fürs Classic-Interieur sind vier Ausstattungsfarben erhältlich. Die Bedienteile sind jedoch stets in einem tiefen Dunkelgrau gehalten. Das geschäumte Lenkrad und der Schalthebel sind schwarz. Auch beim Classic verstärken eingesetzte Chromprofile, zum Beispiel an den Luftdüsen, den gediegenen Gesamteindruck.

Auch beim Elegance sind vier Ausstattungsfarben verfügbar. Besonders augenfällig ist das exklusive Stoff-Dessin „Presto“, das mit einem edlen Mittelrot-Ton kombiniert wird. Und grundsätzlich wird beim Elegance Wurzelholz anstatt Platanenholz verwendet. Hinzu kommt: Jedes einzelne Bedienelement ist farblich auf die übrige Ausstattung beziehungsweise auf die Farbe des Instrumententrägers abgestimmt.

Die Avantgarde-Line schließlich macht mit dem exklusiven Stoff-Dessin „Tiffany“ in der Basisfarbe Schwarz auf sich aufmerksam. Dies kann mit drei extra darauf abgestimmten Effektfarben kombiniert werden. Und als besonderer Augenschmaus kommt im Bereich der Holz-Applikationen das exklusive Vogelaugenahorn zum Einsatz. Eine Plakette mit dem Schriftzug Avantgarde gibt dem Innenraum einen besonderen Wert.

Daß auch die Sitzanlage in der neuen E-Klasse von den Mercedes-Designern in gestalterischer Hinsicht nicht unberücksichtigt blieb, versteht sich von selbst. So wirken sowohl die Vordersitze als auch die Sitzbank im Fond durch Profilierung und durch Dessin- und Farbgestaltung sportlich-elegant. Dabei sind es in jeder der drei Ausstattungsvarianten Muster und Farben, die dem Innenraum ein besonderes Gepräge verleihen. Die Sitze des Classic verfügen über ein Längspfeifen-Bild, Elegance und Avantgarde unterscheiden sich durch eine aufwendig genähte Freiformsitzqualität vom Basismodell.

Design zum Anfassen

Knopfdruck:
Für die E-Klasse hat Mercedes-Benz neue griffgünstige Schalter entwickelt.

Das neue Interieurdesign läßt sich überdies auch ertasten. Denn in der E-Klasse setzt Mercedes-Benz eine völlig neue Schaltergeneration ein. Ein Akt, der mehrere Jahre der Entwicklungsarbeit bedurfte. Tatsächlich verbirgt sich hinter diesen rund angeformten Wipp-, Dreh- und Druckschaltern, Rändelrädern und Kombiknöpfen eine kleine Wissenschaft. Stichwort: Haptik. Diese Lehre vom Tastsinn hatten die Designer bei der Entwicklung der neuen Schaltergeneration zu berücksichtigen: Das Gefühl bei der Berührung, die Oberflächenstruktur, die Festigkeit des Materials. Schließlich auch noch jedes einzelne Piktogramm, jedes Symbol und dessen Beleuchtung. Man fühlt es sofort: Ergonomie und Handhabung „passen“. Fehlbedienungen sind nahezu ausgeschlossen, denn die haptisch günstige Form der Schalter drückt die jeweilige Betätigungsrichtung aus. Alles war neu zu entwerfen und zu entwickeln. Selbst die Mercedes-Erfindung der dreidimensionalen Symbolik wurde auf diesem Weg ergänzt. Denn den Schaltern von elektrischer Sitz- und Kopfstützeneinstellung wurde ein weiterer hinzugefügt – ein Mini-Lenkrad zur Höhenjustierung. In der neuen E-Klasse feiert auch dieses Detail Premiere. Ebenso wie die halbkreisförmigen Schalter der Klimaautomatik oder der rote Warnblinkschalter, der ein Warndreieck symbolisiert.

Alle wichtigen Betätigungsschalter befinden sich in der Mittelkonsole, die als wichtige Schaltzentrale für Fahrer und Beifahrer gleichermaßen gut zu erreichen ist. Damit setzt Mercedes-Benz seine Tradition fort und verzichtet bewußt auf ein halbkreisförmiges, fahrerorientiertes Cockpitdesign, das nicht nur aus ergonomischer Sicht, sondern auch bei einem schweren Offset-Fron-

Praxis-Tip

Großputz im Innenraum

Alle Mitfahrer, ob Kinder oder Erwachsene, hinterlassen im Autoinnenraum ihre „Spuren". Sie kennen das: Im Fußraum der halbe Sandkasten und ein Teil des letzten Spaziergangs. Die Eisdiele läßt von der Rücksitzbank aus schön grüßen, und der Hund hat seine Nase an der Heckscheibe plattgedrückt – von den fünf Schokoladenfingern auf der Rückenlehne des Beifahrersitzes ganz zu schweigen. In solchen Fällen ist Großputz angesagt – Tips für die Innenraumpflege und -reinigung:

- Durch Kontakt mit farbstoffabgebenden Sitzfellen oder Kleidungsstücken (zum Beispiel Veloursleder) kann sich die Polsterung verfärben. Diese Flecken lassen sich nicht mehr entfernen. Durch eine geeignete Unterlage kann die Polsterung vor einer Kontaktverfärbung geschützt werden.
- Stoffpolster häufig abbürsten und absaugen. Als Reinigungsmittel MB-Autoshampoo, Polsterreiniger und – bei Bedarf – Fleckenentferner verwenden. Bei starker Verschmutzung im Trockenschaumverfahren reinigen – keine aggressiven Mittel verwenden. Das gilt auch für Dachhimmel und Hutablage.
- Lederpolster mit einem feuchten Tuch abwischen und nachtrocknen. Perforiertes Leder darf rückseitig nicht naß werden, deshalb besonders vorsichtig reinigen.
- Das Kombi-Instrument mit lauwarmer Lösung (MB-Autoshampoo, neutrales Geschirrspülmittel oder Feinwaschmittel) und fusselfreiem Tuch abwischen. Keine Scheuermittel verwenden.
- Kunststoff- und Gummiteile nicht einölen oder einwachsen. Nur MB-Autoshampoo oder Kunststoffreiniger verwenden.

talaufprall nachteilig ist. Unfallforscher befürchten nämlich, daß sich der Beifahrer bei einer solchen Kollision an dem herausstehenden Verkleidungsteil eines fahrerorientierten Cockpits verletzen könnte.

Im Interesse der Übersichtlichkeit sind die Wippschalter zu Funktionsgruppen zusammengefaßt: In der oberen Reihe befinden sich die Schalter für Fondkopfstützen, Zentralverriegelung und Warnblinkanlage, darunter ist die Bedieneinheit für Heizung, Klimaanlage und Umluftschaltung angeordnet. Tonbandcassetten oder andere kleinere Gegenstände finden unterhalb des Autoradios in einem Ablagefach Platz, dessen Deckel je nach Ausstattungsline mit Platanen-, Wurzelnuß- oder Vogelaugenahorn-Holz verziert ist. Das gleiche gilt für den Deckel des Aschenbechers, der sich nach einem leichten Antippen automatisch öffnet.

Im unteren Teil der Mittelkonsole befindet sich ein weiterer Schalterblock für die Bedienung der elektrischen Fensterheber, für die Kindersicherung und für die Einstellung der Außenspiegel. Zwischen den Vordersitzen gibt es

Schaltzentrale: Alle wichtigen Bedienelemente befinden sich in der Mittelkonsole und sind für Fahrer und Beifahrer gleichermaßen gut zu erreichen. Die Rundinstrumente des Kombi-Instruments (kleines Foto) sind übersichtlich gestaltet und leicht ablesbar.

weitere Ablagefächer, die je nach Ausstattungsline gestaltet sind. Elegance und Avantgarde werden mit einer Armauflage ausgerüstet, deren Innenraum im Sommer ein idealer Aufbewahrungsort für Getränke und Süßigkeiten ist. Der Grund: Bei Limousinen mit Klimaanlage strömt gekühlte Luft durch das Fach und hält den Reiseproviant frisch.

Beim Blick nach oben erkennt der Autofahrer eine neugestaltete Bedieneinheit mit einem zweiteiligen Feld für die Innenraumleuchten sowie den

Schaltern für Schiebedach und Innenraumbeleuchtung. Außerdem ist hier der gebläseunterstützte Sensor für Heizmatik oder Klimaanlage untergebracht.

Für Blinker, Scheibenwischer und Lichthupe gibt es nur einen einzigen Bedienhebel, der sich nach wie vor an bewährter Stelle – links neben der Lenksäule – befindet. In „Links-außen-Position" gehört nach Ansicht der Mercedes-Ingenieure auch die Bedieneinheit für alle lichttechnischen Funktionen eines Automobils: Der Kombischalter für Park- und Abblendlicht, Nebelscheinwerfer, Nebelschlußleuchte sowie der Regler für die Scheinwerfer-Höheneinstellung sind auch in der neuen E-Klasse dort, wo Mercedes-Kunden sie suchen. Das Vierspeichen-Lenkrad der neuen E-Klasse hat einen Durchmesser von 390 Millimetern und fällt damit etwas kleiner aus als beim Vorgängermodell (400 Millimeter).

Der Arbeitsplatz des Fahrers entspricht neuesten Erkenntnissen der Ergonomie und Wahrnehmungspsychologie. Ein wichtiger Aspekt ist dabei die Vermeidung einer Reiz- und Informationsüberflutung: Der Autofahrer muß zwar stets über den technischen und fahrdynamischen Zustand seines Wagens sowie die jeweilige Verkehrssituation unterrichtet sein, doch eine zu große Vielfalt von Anzeigen und Cockpitinformationen sollte vermieden werden. Dies setzt eine höchst differenzierte Abstimmung des Systems „Fahrer – Fahrzeug" voraus. Bei der E-Klasse lösten die Ingenieure diese Aufgabe durch den Einbau eines übersichtlichen Kombi-Instruments, das im wesentlichen aus drei leicht ablesbaren Rundinstrumenten für Motordrehzahl, Geschwindigkeit, Kühlmitteltemperatur und Tankinhalt besteht. Die Anzeigen für Außentemperatur, Uhrzeit, Kilometerstand und Tageskilometeranzeige haben untergeordnete Bedeutung und sind als Flüssigkristalldisplays in die Rundinstrumente integriert. Weitere Informationen erhält der Autofahrer nur bei Bedarf: Die verschiedenen Kontroll- und Warnlampen sind dank des Durchlichtprinzips normalerweise nicht sichtbar und leuchten nur im Falle einer Betriebsstörung auf.

Neu ist die elektronische Steuerung des Tachometers, die im Gegensatz zu der herkömmlichen mechanischen Tachowelle eine größere Anzeigegenauigkeit ermöglicht. Das gilt vor allem für den unteren Geschwindigkeitsbereich: Herkömmliche Tachos zeigen das Fahrtempo erst ab 20 km/h an, das Instrument in der neuen E-Klasse arbeitet dagegen bereits ab 1 km/h und erleichtert somit das Ablesen niedrigster Geschwindigkeiten, wie sie beispielsweise in verkehrsberuhigten Bereichen oder Tempo-30-Zonen vorgeschrieben sind.
Zur Serienausstattung der E-Klasse-Limousinen mit Sechs- und Achtzylindermotor gehört außerdem eine Multifunktionsanzeige, auf der neben Kilometerstand, Uhrzeit und Außentemperatur auch Fehlerwarnungen erscheinen – im Klartext und als Symbol.

Testmannschaft:
Autofahrerinnen und Autofahrer mit unterschiedlicher Statur unterstützen die Mercedes-Ingenieure bei einer praxisgerechten Innenraumkonzeption. Zu den Probanden gehören 1,48 Meter große Frauen und Männer mit einer Körperhöhe von bis zu 1,99 Meter.

Die neue Dimension

Die Konzeption eines neues Automobils ist Maßarbeit. Viele Aspekte sind zu beachten, viele Zielkonflikte sind zu lösen. Vor allem im Innenraum. Formen, Farben und Materialien bilden das Ambiente, wecken Emotionen und prägen den Stil des Modells. Doch das allein genügt nicht. Was ebenso zählt sind die funktionalen Werte – meßbare Größen, die für Platzangebot, Ergonomie, Komfort und Sicherheit ausschlaggebend sind.

Bei der neuen E-Klasse von Mercedes-Benz ist der Fortschritt meßbar – das System „Mensch und Fahrzeug" hat hier eine neue Perfektion erlangt. Sämtliche Bedienelemente und Instrumente im Innenraum der neuen Limousinen sind so gestaltet und angeordnet, daß sie den Autofahrer entlasten, seine physische und psychische Kondition nicht beeinträchtigen (siehe auch Seite 90). Dies gelang den Entwicklungsingenieuren beispielsweise durch gute Sichtverhältnisse, durch ein angenehmes Raumklima, durch leicht bedienbare Schalter, durch ein niedriges Geräuschniveau oder durch selbsttätig arbeitende Systeme. Auch Raumgefühl, Bewegungsfreiheit und Sitzkomfort zählen zu den wichtigen Kriterien, die über Wohlempfinden und Behaglichkeit der Autoinsassen entscheiden.

Sitzung im Entwicklungslabor

Bei der Maßkonzeption eines Auto-Innenraums handeln die Mercedes-Ingenieure nach dem Grundsatz „Grau ist alle Theorie". Weil sich die Frage nach der idealen Kopf- oder Kniefreiheit, nach dem optimalen Schulter- oder Beinraum nicht nur in der Theorie beantworten läßt, sprechen sie mit den Menschen, die auch später Plus- oder Minuspunkte vergeben: den Kunden. Regelmäßig laden die Innenraumentwickler Autofahrer in ihre Labors ein und nehmen Maß. Ob Mann oder Frau, ob jung oder alt, ob groß oder klein, ob dick oder schlank – Menschen aller Kategorien sitzen für die Ingenieure Probe und geben ihnen Hinweise für die Maßkonzeption des Auto-Innenraums. Insgesamt haben die Ingenieure auf diese Weise bereits über 250 Autofahrerinnen und Autofahrer „vermessen" und können somit bei der Auslegung

Sitzung:
Bei den regelmäßigen Probesitzungen im Entwicklungslabor geben die Testpersonen den Ingenieuren konkrete Hinweise über Bewegungsfreiheit und Sitzkomfort in den Mercedes-Limousinen.

der Auto-Innenräume auf einen großen Bestand personenbezogener Daten und repräsentativer Statistiken zurückgreifen.

Menschen auf Expansionskurs

Bei diesen regelmäßigen „Sitzungen" finden wissenschaftliche Erkenntnisse ihre Bestätigung: Weltweit werden die Menschen von Generation zu Generation immer größer. Solche Tendenzen müssen die Automobilingenieure berücksichtigen, denn großgewachsene Menschen benötigen zwangsläufig auch im Auto mehr Platz. Immerhin: Riesen wie der sogenannte 20- bis 30jährige „95-Prozent-Mann", dessen Körperhöhe in Deutschland nur von fünf Prozent der männlichen Bevölkerung überragt wird, waren bereits im Jahre 1975 rund 1,86 Meter groß – bis zum Jahre 2005 wachsen sie bis auf über 1,93 Meter. Hinzu kommt, daß die Menschen auch in der Schulter- und Hüftbreite auf Expansionskurs sind. Die Beschäftigung mit dem Phänomen des Größenwachstums gehört deshalb zu den wichtigsten Aufgaben der Innenraumentwickler. Weil die neue E-Klasse auch noch morgen aktuell ist, müssen die Ingenieure bereits heute wissen, wo es in Zukunft eng werden könnte und den Wachstumstrend berücksichtigen.

Angesichts der Tatsache, daß die Menschen hinsichtlich ihrer Körpermaße auf Expansionskurs sind, setzten sich die Ingenieure zum Ziel, bei der neuen E-Klasse einen Innenraum zu entwickeln, in dem sich Menschen unterschiedlichster Statur wohlfühlen – heute und morgen. Daß dabei aber nicht allein Größe zählt, zeigt ein Blick in die Maßtabelle der Testpersonen: Neben groß- und breitgewachsenen Männern von bis zu 1,99 Meter Körperhöhe kommen auch zierliche Damen zu den „Sitzungen" ins Entwicklungslabor. Maßgebend ist hier die sogenannte „Fünf-Prozent-Frau", die bei den Maßkonzeptionen das Gegenstück zum „95-Prozent Mann" bildet. Nur fünf Prozent der Damen Europas sind noch kleiner als die 1,51 Meter große „Fünf-Prozent-Frau" der Statistiker.

Mehr Platz auf allen Plätzen

Doch selbst wenn ein 1,99-Meter-Mann seinen Fahrersitz in die richtige Position schiebt, bleibt im Fond noch genügend Platz für einen „kleinen" Mitfahrer. Auch dies ist das Ergebnis der neuen Maßkonzeption: Während die Limousine in den Außenabmessungen nur um die Länge einer Streichholzschachtel (50 Millimeter) zulegte, bietet sie im Innenraum deutlich mehr Bewegungsfreiheit als das Vorgängermodell. Einige Beispiele für die neuen Dimensionen:

- Die Ellenbogen- und Schulterbreite vergrößerte sich vorn um elf Millimeter. Im Fond stehen sogar 1 450 Millimeter Schulterbreite zur Verfügung – 34 Millimeter mehr als bei der bisherigen E-Klasse.
- Der Abstand zwischen den Frontpassagieren und den Mitfahrern auf den Rücksitzen beträgt jetzt 840 Millimeter und vergrößerte sich damit um 33 Millimeter.
- Die Kniefreiheit der Fondpassagiere verbesserte sich um 44 Millimeter.
- Der effektive Kopfraum auf den Vordersitzen nahm um 22 auf 997 Millimeter zu. Im Fond mißt er 970 Millimeter, was gegenüber dem Vorgängermodell einem Plus von zwölf Millimetern entspricht.

Mit dieser großzügigen Raumkonzeption bietet die E-Klasse ein deutlich verbessertes Maß an Komfort und Bewegungsfreiheit, das überdies zukunftsgerecht ist. Denn: Selbst in Limousinen mit Schiebedach wird der 1,93 Meter große „95-Prozent-Mann" des Jahres 2005 in unterster Sitzstellung noch 2,6 Zentimeter Kopffreiheit haben.

Viel Auswahl bei der Sitzeinstellung

Die aufwendig konstruierten Vordersitze bieten jetzt noch vielseitigere Einstellmöglichkeiten. So beträgt der Weg für die Längsverstellung insgesamt 290 Millimeter und liegt damit deutlich über dem Wert anderer Limousinen. Und die Sitzarretierung rastet dank einer sogenannten Multi-Sperrzahnverriegelung in jeder Stellung sicher ein, so daß Mercedes-Kunden keine Probleme haben, ihre individuelle Sitzposition zu finden. Das gleiche gilt für die Höheneinstellung. Sie erfolgt über eine Schrittmechanik, die in kleinen Abständen von jeweils 3,6 Millimetern einrastet und eine Höhenveränderung von insgesamt 52 Millimetern ermöglicht. Und weil sich die Höhe des Sitzkissens aus ergonomischen Gründen auch bei der Längseinstellung der Vordersitze verändert, beträgt die größtmögliche Höhenvariierung sogar insgesamt 92 Millimeter. Zum Vergleich: Bei den Vorgängermodellen der E-Klasse betrug der

Praxis-Tip

So sitzen Sie richtig

Der Fahrersitz eines Automobils ist ein Arbeitsplatz. Dem Fahrer wird eine gewisse Zwangshaltung vorgegeben, weil er ständigen Kontakt mit den Pedalen und dem Lenkrad halten muß. Gleichzeitig müssen für ihn verschiedene Schalter und Hebel jederzeit erreichbar sein. Um entspannt und wirbelsäulenschonend zu sitzen und Auto zu fahren, sollten Sie Ihren Sitz wie folgt einstellen:

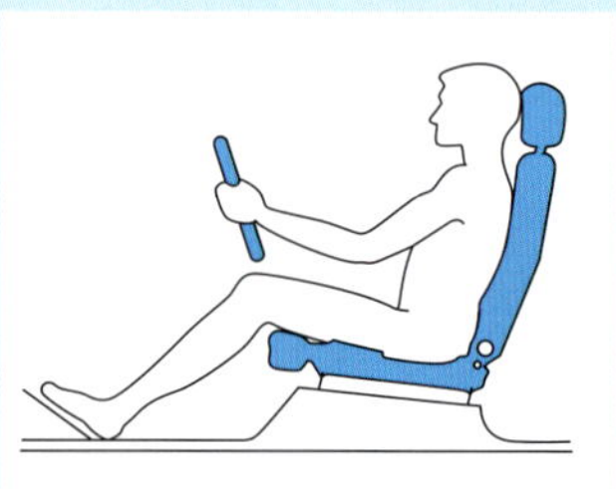

- Die Rückenlehne leicht nach hinten neigen (100 – 120 Grad zur Sitzfläche).
- Die Kopfstützen sollten zwei bis drei Zentimeter oberhalb der Augen-Ohren-Linie abschließen.
- Setzen Sie sich so, daß der ganze Rücken Kontakt zur Rückenlehne hat.
- Greifen Sie jetzt das Lenkrad am oberen Rand. Bei angelehnten Schultern sollte der Arm nicht ganz gestreckt sein.
- Wenn Sie jetzt Kupplung oder Bremse bedienen, sollte Ihr Bein nicht ganz gestreckt werden.
- Während der Fahrt sollten die Knie leicht angewinkelt sein.

Wenn Sie Ihre Sitzhaltung während der Fahrt öfters leicht variieren, kommen Sie entspannter ans Ziel:

- Schulter hochziehen oder leicht nach vorn/hinten kreisen.
- Den Rücken bewegen: abwechselnd leichter Katzenbuckel und Hohlkreuz, danach wieder Becken nach hinten schieben und die Schultern anlehnen.
- Muskulatur der Beine wechselseitig anspannen und wieder loslassen.

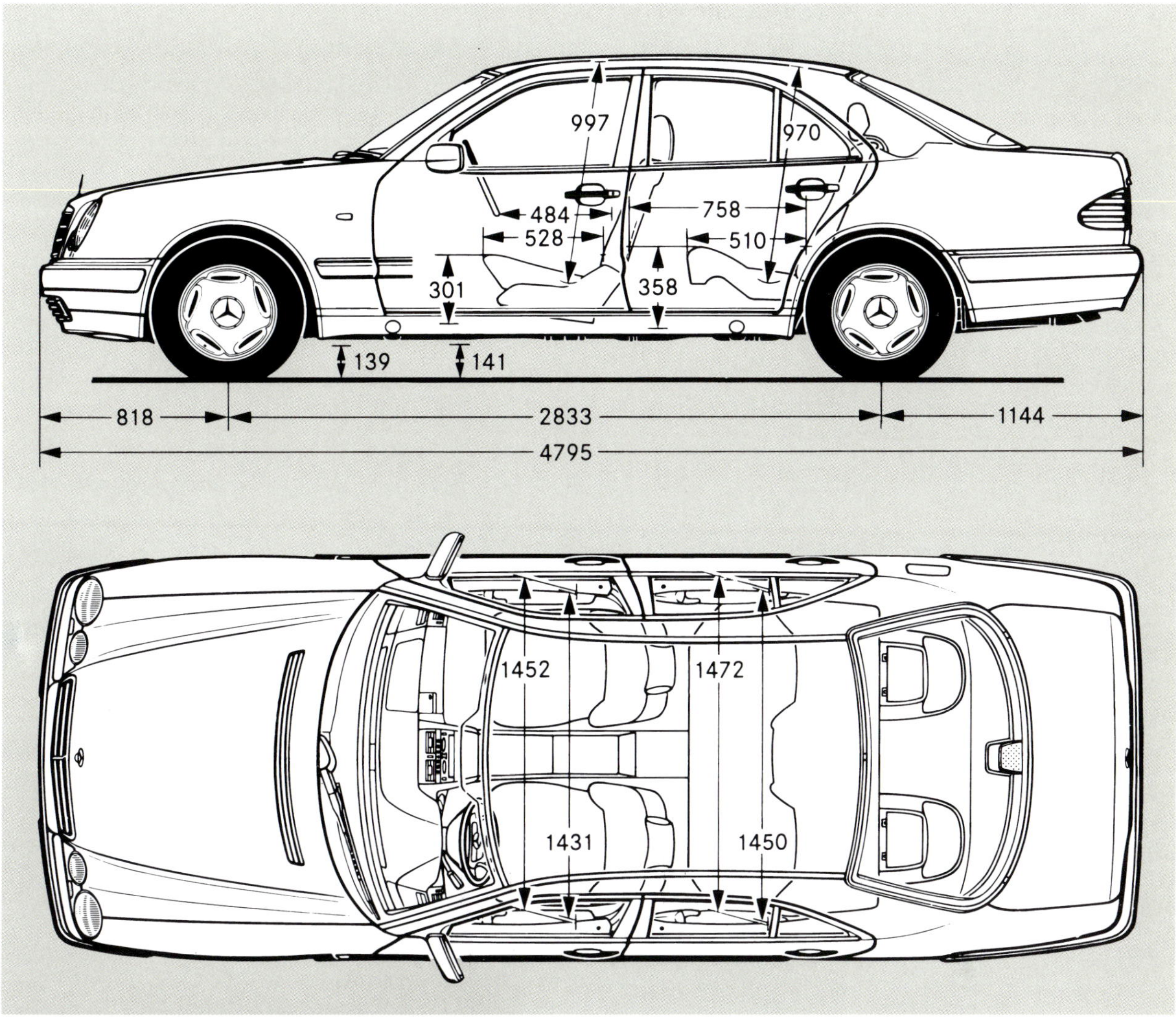

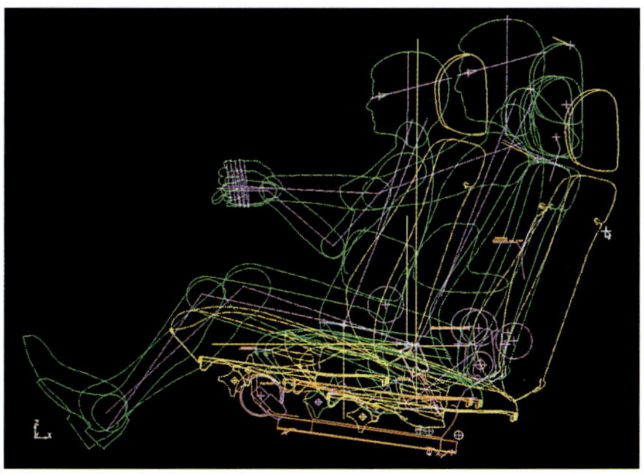

Maßarbeit:
Die E-Klasse bietet im Innenraum mehr Platz und Komfort als das Vorgängermodell. Schulterbreite und Kniefreiheit der Fondpassagiere verbesserten sich deutlich. Die moderne Computertechnik half bei der Abstimmung der Sitzposition (kleines Foto).

Verstellbereich der Sitzhöheneinstellung „nur“ insgesamt 55 Millimeter. Mittels Handrad können Fahrer und Beifahrer auch eine individuelle Neigungseinstellung der Vordersitze vornehmen, die unabhängig von der Sitzhöhe und dem Neigungswinkel der Sitzlehne funktioniert. Der Verstellwinkel beträgt 8,3 Grad.

Die elektrische Sitzeinstellung mit Memory-Schaltung, die für die E-Klasse erstmals auf Wunsch lieferbar ist, verbessert den Komfort zusätzlich. Sie wird mittels ergonomisch geformter Schalter in den Vordertüren bedient und bietet die Möglichkeit, drei verschiedene Sitzpositionen zu programmieren und zu speichern. Außerdem läßt sich an dem Bedienteil in der Fahrertür erstmals auch die Längs- und Höheneinstellung des Lenkrads variieren und speichern. Ein Knopfdruck genügt, um Sitz, Lenkrad und Außenspiegel automatisch in die gespeicherte Stellung zu bringen. Zur elektrischen Sitzeinstellung mit Memory-Schaltung gehört eine sicherheitstechnische Innovation, die man bei anderen Automobilen vergebens sucht: eine automatische Voreinstellung der Kopfstützen. Je nach Sitzposition bringt ein Elektromotor die Kopfstütze automatisch in eine Höhenposition, die im Falle eines Heckaufpralls optimalen Schutz bietet. Eine individuelle Feineinstellung der Kopfstützenhöhe ist wie bisher über die Schalter in den Vordertüren möglich.

Luftpolsterung:
Der Multikontursitz besteht aus vier aufblasbaren Polstern in der Sitzlehne, mit deren Hilfe sich die Sitzkontur auf die individuellen orthopädischen Bedürfnisse von Fahrer und Beifahrer abstimmen läßt.

Sitze mit Innenleben

Die Sitzspezialisten von Mercedes-Benz haben ihre Aufgabe, einen optimalen Sitz zu konzipieren, bei der neuen E-Klasse besonders ernst genommen. Der landläufigen Meinung, ein guter Sitz sei nur ein Vollschaumsitz, wollen sie sich nicht anschließen. Vollschaumsitze, die besonders einfach herzustellen sind, bieten ein paar signifikante Nachteile, die für einen Mercedes-Sitz unpassend wären: Sie haben nur einen beschränkten Federweg und eine starke Neigung zu klimatechnischem Unbehagen, sprich schweiß-treibendem Feuchtigkeitsgefühl. Die Federung der Sitzfläche wird nicht etwa dadurch gefördert, daß sie daunenweich ausgeführt wird. Ein komfortables Sitzgefühl stellt sich vielmehr dann ein, wenn der Mensch auf einer nicht allzu weichen Sitzfläche ruht, die unter Druck definiert nachgibt. Weiche Oberfläche und straffe Führung sind jedoch ein schwieriges Problem in der Abstimmung. Die Mercedes-Techniker haben es gelöst – durch aufwendige Sitzkonstruktion und sorgfältige Werkstoffauswahl.

Hinsichtlich der Materialien für die Sitzkonstruktion griffen die Fachleute auf den Rohstoffvorrat von Mutter Natur zurück: Kokosfasern, Tierhaare, Latex und Wolle sind die wichtigsten Komponenten eines mehrschichtigen Materialverbunds, der bei allen Witterungs- und Temperaturverhältnissen für ein angenehmes Sitzklima sorgt. Sichtbar sind davon lediglich die etwa drei Millimeter starken Bezugsstoffe, deren hoher Wollanteil für die Feuchtigkeitsaufnahme entscheidend ist. Darunter befindet sich ein nur etwa ein Millimeter starkes Vlies aus Viskose und Polyester, das auf einer Watteschicht aufliegt. Auch sie ist mit Wollfäden durchzogen, die Feuchtigkeit tief in das Gewebe transportieren und speichern. Ein offenporiger Polyurethanschaum und eine ebenso atmungsaktive Gummihaarpolsterung aus Kokosfasern, Tierhaaren und Latex-Imprägnierung sorgen dafür, daß von unten Luft durch die Gewebe strömen kann und daß die Passagiere deshalb auch bei längerer Fahrt nicht ins Schwitzen kommen. Zur Federung: Hier ging man keine Kompromisse ein und rüstete die Vordersitze der neuen E-Klasse mit einem Stahlfederkern aus, der nach Ansicht der Mercedes-Ingenieure die besten Voraussetzungen für optimale Schwingungseigenschaften und gute Seitenführung bietet. Außerdem tritt der Effekt der Schaumstoffsitzpolster, sich bei langer Benutzung zunehmend einzusitzen, hier nicht auf. Schaumstoffelemente aus Polyurethan stützen den Federkern zusätzlich ab und übernehmen weitere Dämpfungsaufgaben.

Die vorderen Sitzlehnen sind so gestaltet, daß Rücken und Wirbelsäule einen guten Seitenhalt und Abstützung erfahren. Noch individuellere Einstellmöglichkeiten bietet die Multikonturlehne, die auf Wunsch lieferbar ist. Das Komfort-Extra aus der S-Klasse besteht aus vier wechselweise aufblasbaren Luftpolstern in der Längs- und Querkontur der Sitzlehne, die eine noch besser dosierbare Lordosenabstützung und eine Anpassung der Sitzkissentiefe auf die Länge der Oberschenkel ermöglichen. Die Einstellung der Multikonturlehne erfolgt über eine seitlich am Sitzkissen angeordnete Bedieneinheit.

Komfort auch in der zweiten Reihe

Die großzügige Raumkonzeption der neuen Mercedes-Limousinen kommt im wesentlichen den Fondpassagieren zugute, die im Gegensatz zur bisherigen E-Klasse über deutlich mehr Kopf- und Kniefreiheit verfügen. Für ein ebenso hohes Maß an Sitzkomfort sorgt eine neuentwickelte Fondsitzbank, deren Unterbau aus einer Kombination von Polyurethanschaum und Naturmaterialien besteht. Neu ist die klappbare Armlehne in der Mitte der hinteren Sitzlehne, die mit einer speziellen Halterung für Getränkedosen ausgestattet ist und zusätzlich Stauraum für die Unterbringung einer Verbandtasche bietet. Ein Skisack mit Platz für zwei Paar Ski steht als Sonderausstattung zur Verfügung. Wie beim Vorgängermodell lassen sich die Fondkopfstützen der neuen E-Klasse mittels Knopfdruck an der Mittelkonsole abklappen. Auch Mitfahrer, die es sich auf dem mittleren Platz der Fondsitzbank bequem machen, müssen künf-

Zuwachs:
Gegenüber dem Vorgängermodell verbesserte sich die Kniefreiheit der Fondpassagiere in der neuen E-Klasse um 44 Millimeter.

tig nicht mehr auf Kopfstütze und Dreipunktgurt verzichten. Mercedes-Benz bietet diese Sicherheitsdetails ebenso als Sonderausstattung an wie die integrierten Kindersitze, die mittels Knopfdruck aus dem Sitzkissen der Fondsitzbank herausklappen (siehe auch Seite 198).

Technik-Info RAMSIS: Sitzprobe im Computer

Wie in anderen Entwicklungsbereichen hilft Kollege Computer neuerdings auch den „Raumplanern“ im Mercedes-Entwicklungszentrum. Er erzeugt einen imaginären Menschen namens RAMSIS, der viele menschliche Eigenschaften besitzt. Er kann gehen, stehen, jede gewünschte Sitzposition einnehmen, er kann Arme und Hände bewegen und die Füße lupfen. Noch besser: Auf Knopfdruck schlüpft der Computer-Mensch in jede beliebige Körperhülle. So ist RAMSIS einmal Zwerg und ein anderes Mal Riese. Einmal ist er „Fünf-Prozent-Frau“ und beim nächsten Test ganz „95-Prozent-Mann“ – so wie es die Entwicklungsingenieure wünschen. Das Akronym RAMSIS steht für „Rechnergestütztes Anthropologisch-Mathematisches System zur Insassensimulation“. Im Klartext: Die Computer-Software hilft bei der Abstimmung des Auto-Innenraums und macht deutlich, wie komfortabel eine Sitzposition ist oder welche ergonomischen Qualitäten ein neugestaltetes Cockpit besitzt. Schließlich unterstützt das Simulationsprogramm die Maßkonzeption des gesamten Fahrzeugs und ermöglicht Probe-Sitzungen am Computerbildschirm.

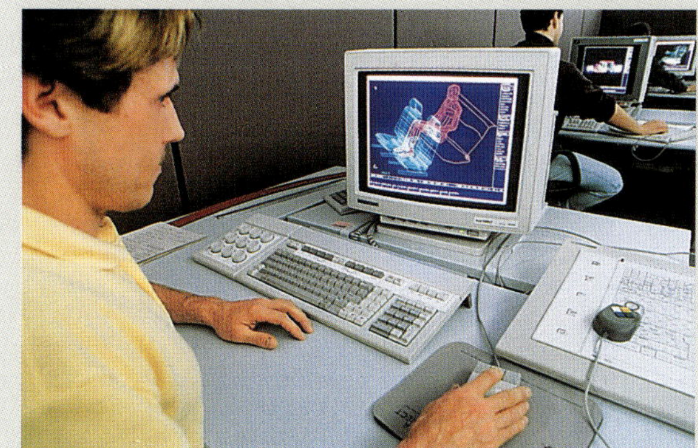

Tunneltest:
Bei Testfahrten durch Straßentunnels stellten die Mercedes-Ingenieure den neuen Luftgütesensor der E-Klasse auf eine besonders harte Probe. Meßsysteme an der Instrumententafel des Versuchswagens zeichneten die Schadstoffkonzentration der Außenluft und die Funktionsweise des Sensors per Computer auf.

Prima Klima

Stuttgart Innenstadt. 16.30 Uhr. Rush-hour. Jeden Tag das gleiche Bild: Autos von allen Seiten, Staus, Warteschlangen vor Ampeln, zähfließender Feierabendverkehr.

Zwischen den Autos, die im Schrittempo über die Straßen schleichen, fällt an diesem Nachmittag eine Limousine ganz besonders auf. Das liegt an den schwarzen Folien, die Scheinwerfer, Kotflügel und Motorhaube bedecken, und an den voluminösen Anbauteilen, die das Heck tarnen. Neugierige Blicke begleiten die seltsame Limousine, deren wahre Identität nur wenige erraten: Es ist ein Prototyp der neuen E-Klasse von Mercedes-Benz.

Testfahrt im Stau? Die beiden Mercedes-Ingenieure an Bord des Versuchswagens haben den Zeitpunkt ihrer Dienstfahrt bewußt in die Rush-hour gelegt. Im dichten Stadtverkehr probieren sie eine der vielen technischen Innovationen aus, die in der neuen E-Klasse Premiere feiern: Die Versuchsfahrt gilt dem neuartigen Sensor im Lüftungssystem, der die Umluftklappe automatisch schließt und so die Autoinsassen vor schadstoffhaltiger Außenluft schützt. Mercedes-Benz ist der erste Automobilhersteller, der einen solchen „Zwei-Komponenten-Sensor" in der Serie einsetzt. „Zwei-Komponenten-Sensor" – das bedeutet, daß der elektronische Schnüffler gleich zwei Abgasbestandteile aufspürt und deren Konzentration mit Hilfe eines Mikrocomputers bewertet: Kohlenmonoxid (CO) und Stickoxide (NO_X).

Der Sensor steckt unter der Motorhaube und ist Bestandteil der neuentwickelten Klimatisierungsautomatik, die Mercedes-Benz auf Wunsch in die Limousinen der neuen E-Klasse einbaut – beim V 8-Topmodell E 420 gehört sie zur Serienausstattung. Das aufwendige Klimatisierungssystem besteht nicht nur aus Klimaanlage, Luftgütesensor, Staubfilter und Umluftschaltung, sondern auch aus einem zusätzlichen Aktivkohlefilter, der gasförmige Schadstoffe adsorbiert.

Was dieses System leistet, demonstrieren die Ingenieure bei ihrer Testfahrt durch die Stuttgarter City. Die Tour beginnt auf dem Rotenberg, einem Weinberg hoch über dem Stadtteil Untertürkheim, wo die Luft rein ist. Hier werden die Meßgeräte an Bord des Prototyps kalibriert. „0,2 ppm CO" zeigt der Kontrollmonitor an der Instrumententafel an. Das bedeutet: Das Verbrennungsabgas Kohlenmonoxid ist hier mit herkömmlichen Meßgeräten nur in ganz geringen Konzentrationen nachweisbar. Die Abkürzung „ppm“ steht für die Maßeinheit „parts per million“ und gibt an, wie viele Teile eines Schadstoffs in einer Million Teile Luft enthalten sind. Für Kohlenmonoxid haben Umweltwissenschaftler strenge Grenzwerte festgelegt: Laut der VDI-Richtlinie 2310 darf die kurzzeitige Konzentration nur höchstens 45 ppm erreichen. Für Berufskraftfahrer beträgt die „maximale Arbeitsplatzkonzentration“ sogar nur 30 ppm.

Bei Mief Klappe zu

Schadstoffschnüffler: Der Zweikomponenten-Luftgütesensor befindet sich unmittelbar vor der Umluftklappe des Lüftungssystems. Bei geschlossener Umluftklappe erscheint auf dem Display des Klima-Bediengeräts der Hinweis „Smog“ (oben).

Nachdem alle Geräte und Fühler exakt justiert sind, geht's mit dem E-Klasse-Prototyp Richtung Innenstadt. Jetzt bekommt die Meßelektronik Arbeit: Mit zunehmender Verkehrsdichte steigen die CO-Werte langsam auf zwei bis vier ppm an. Das Meßsystem ist so abgestimmt, daß es sich an die jeweiligen Grundbedingungen anpaßt und nur bei einem überdurchschnittlichen Anstieg der ppm-Werte schaltet. Sonst wäre die Umluftklappe bei manchen Stadtfahrten ständig geschlossen.

Daß der elektronische Abgasschnüffler ein Gespür für außergewöhnliche Abgassituationen hat, kann er bereits an der nächsten Ampelkreuzung beweisen: Ein Uralt-Lastwagen pustet regelrechte Qualmwolken in die Luft. Die NO_X- Werte auf dem Kontrollmonitor steigen rapide an – zwei, fünf, acht ppm. Im Innenraum der neuen E-Klasse kommt von dem Lkw-Mief aber nichts an. Sensor sei dank: Sekundenschnell hat der Meßfühler die Situation erkannt und den Computer der Klimatisierungsautomatik informiert. Der handelte ebenso quick und schloß die Umluftklappe des Lüftungssystems. Die Folge: Die Schadstoffe bleiben draußen, und die Insassen können weiterhin tief durchatmen. Am Bediendisplay der Klimatisierungsautomatik kann der Autofahrer erkennen, ob und wann der Computer die Umluftklappe automatisch geschlossen hat. Dann erscheint dort nämlich der Hinweis „Smog“.

Trotz modernster Mikroelektronik und anderer technischer Finessen ist der Luftgütesensor in der E-Klasse kein Hellseher. Auch der Meßfühler kann abgasreiche Situationen nicht weit im voraus aufspüren und die Außenluftzufuhr entsprechend früh schließen. Das System arbeitet reaktiv: Erst nachdem der Sensor einen Anstieg der CO- oder NO_X-Werte erkannt hat, schließt er die Umluftklappe. Das dauert zwar nur ein paar Sekunden, doch in dieser Zeit kann ein Teil der Schadgase bereits bis ins Wageninnere vorgedrungen sein. Deshalb kombinieren die Mercedes-Ingenieure den neuen Luftgütesensor mit dem bewährten Aktivkohlefilter, den es bereits in der S-Klasse gibt. Dieser Filter hält Schadgase so lange zurück, bis der Sensor die Umluftklappe geschlossen hat.

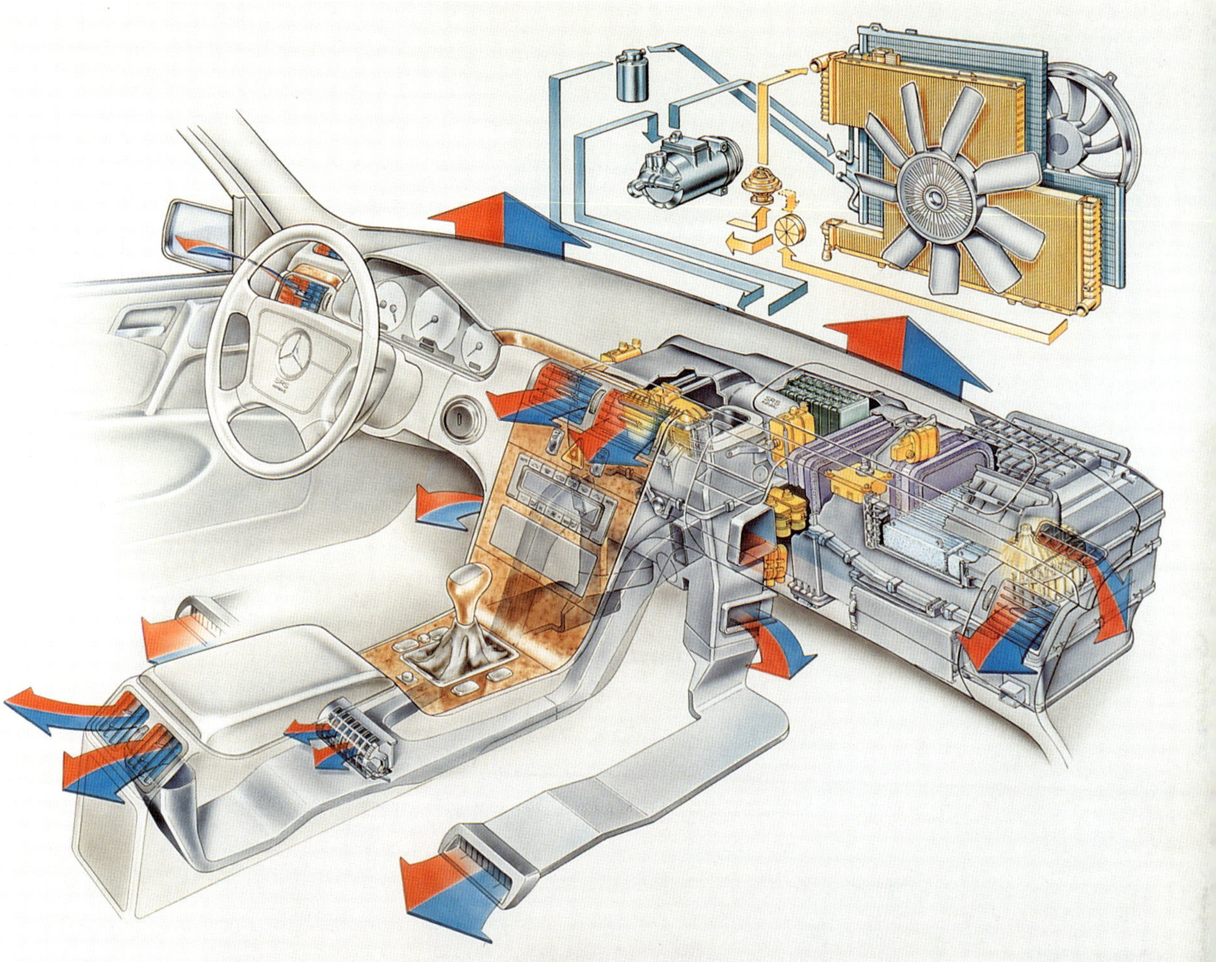

System:
Die Klimatisierungsautomatik der E-Klasse ist mit Luftgütesensor, Sonnensensor, Aktivkohle- und Staubfilter ausgestattet.

Sensor und Filter in Kombination

Durch diese Teamarbeit von Filter und Sensor ist sichergestellt, daß die Passagiere der neuen E-Klasse selbst bei hoher Luftverunreinigung stets in einer „Klima-Oase" sitzen. Der Aktivkohlefilter besteht aus einer großen Anzahl sogenannter Splitter-Adsorber, die gleichmäßig auf einer luftdurchlässigen Trägermatte verteilt sind, ständig Geruchs- oder Schadstoffe aufnehmen und sie nach einiger Zeit in sehr geringen Konzentrationen wieder abgeben. Durch diese kontinuierliche Teilregeneration hat der Filter eine lange Lebensdauer – er muß nur alle vier Jahre oder nach jeweils 120 000 Kilometer ausgewechselt werden. Übrigens: Wie viele Teile in der E-Klasse besteht auch die Trägermatte im Inneren des Filters aus einem natürlichen Rohstoff – Kokosschalen.

Doch zurück in die Stuttgarter City. Die beiden Mercedes-Ingenieure steuern den Prototyp in Richtung Autobahnzubringer Vaihingen und haben ein bestimmtes Ziel angepeilt, das stets eine Art Härtetest für Luftgütesensor und Aktivkohlefilter darstellt: den Heslacher Tunnel. Im Inneren der knapp

Luftreiniger: Die beiden Aktivkohlefilter der Klimatisierungsautomatik adsorbieren Schad- oder Geruchsstoffe.

drei Kilometer langen Röhre ist die Luft während der täglichen Rush-hour oft zum Schneiden dick. Deshalb bricht bei vielen Autofahrern regelmäßig Hektik aus, bevor sie in den Tunnel fahren: Licht an, Fenster und Schiebedach zu, Gebläse aus, Umluftschaltung ein – gleich mehrere Handgriffe sind notwendig, um sicher und ohne Geruchsbelästigung durch die Straßenröhre zu kommen. Die Klimatisierungsautomatik der neuen E-Klasse macht einen Teil dieser Bedienungsaufgaben überflüssig. Bereits einige Meter vor dem Tunnel registriert der Sensor einen überproportionalen Anstieg der CO- und NO_X-Konzentrationen und gibt den Befehl „Umluftklappe zu". Bis zu neun ppm Kohlenmonoxid spürt der elektronische Schnüffler in der Außenluft vor dem Tunnel auf und kommt auch während der nächsten Minuten nicht mehr zur Ruhe: 15, 18, 22, 26 – Werte von bis zu 50,8 ppm CO lesen die Testingenieure bei der Tunnelfahrt an ihrem Computermonitor ab. Der Vergleich mit dem Meßsignal des Kontrollsensors im Innenraum gibt den Passagieren im E-Klasse-Prototyp Gewißheit, daß ihr „Luftschutz" zuverlässig funktioniert: 0,2 ppm.

Sensor für die Sonne

Mit Luftgütesensor und Aktivkohlefilter gehört die Klimatisierungsautomatik der E-Klasse zweifellos zum Nonplusultra auf diesem Gebiet der Fahrzeugtechnik. Doch das aufwendige System hat noch mehr zu bieten:

- Die Motor-Restwärmeausnutzung mit Standlüftung ermöglicht es, das Auto auch bei abgeschalteter Zündung zu beheizen. Die Anlage nutzt dafür die restliche Wärme des Motors und führt sie über ein Standgebläse in den Innenraum.
- Der Solarsensor, der sich hinter der Frontscheibe befindet, mißt die Intensität der Sonneneinstrahlung. Aufgrund dieser Sensorinformationen steuert die Klimatisierungsautomatik die Gebläsedrehzahl und erhöht somit die Kühlleistung je nach Sonnenintensität.

Die Klimaanlage ist der „kleine Bruder" der Klimatisierungsautomatik. Auch sie arbeitet mit dem FCKW-freien Kältemittel R 134 a, das nach gegenwärtigem Stand der Wissenschaft keine schädlichen Auswirkungen auf die Ozonschicht in der Erdatmosphäre hat. Und ebenso wie beim Automatiksystem gehören auch bei der Klimaanlage eine Armauflage mit klimatisiertem Ablagefach und schwenkbaren Belüftungsdüsen für die Fondpassagiere zum serienmäßigen Lieferumfang. Die Belüftung des Ablagefachs läßt sich manuell abschalten. Die Klimaanlage ist ab Gebläsestufe 1 stets nach dem Starten des Motors betriebsbereit und arbeitet nach dem sogenannten „Reheat"-Prinzip. Im Klartext: Der Kältekompressor läuft immer oberhalb einer Außentemperatur von ein Grad Celsius und kühlt somit zunächst auch kalte Zuluft ab. Dieser Effekt dient in erster Linie dem Komfort, denn die Abkühlung bewirkt gleich-

Praxis-Tip

Prima Klima im Auto

Die klimatische Behaglichkeit im Auto wird durch viele Faktoren bestimmt. Lufttemperatur, Bewegung der Luft, Wärmestrahlung und relative Luftfeuchtigkeit sind an erster Stelle zu nennen. Aber auch die Zusammensetzung der Luft (Staub, Gase, Dämpfe), Luftdruck und elektrische Ladungen spielen eine große Rolle. Erschwerend kommt hinzu, daß jeder Mensch sehr individuell auf die unterschiedlichen klimatischen Bedingungen reagiert. Frieren und Schwitzen als Ausdruck der physiologischen Temperaturregulation setzt leider nicht bei jedem unter den gleichen klimatischen Bedingungen ein. Neben der unterschiedlichen Kleidung spielt auch hier die augenblickliche Verfassung von Fahrern und Passagieren eine große Rolle (fit, gesund, krank, nervös). Im Winter werden Temperaturen um 19 Grad Celsius und im Sommer um 24 Grad Celsius als angenehm empfunden. Diese Temperaturen sollten mit möglichst wenig Zugluft erreicht werden, da der Mensch auf zu starke Luftbewegungen meist empfindlich reagiert. Wichtig: Stellen Sie den Fußraum nicht zu kalt ein, und vermeiden Sie Luftzug im Bereich der Augen. Hier kann es zu Reizungen kommen (auch Austrocknen weicher Kontaktlinsen). Luftzug von hinten nach vorne ist besonders übel: Nackensteife, Kopf- und Schulterschmerzen sind dabei vorprogrammiert. Wenn Ihr Auto mit einer Klimaanlage ausgerüstet ist, sollten Sie die Fenster nicht öffnen.

Bei Stadtfahrten, im Stau und im Tunnel sollten Sie rechtzeitig auf Umluft schalten. So bleibt die Luftqualität im Auto am besten. Eine Klimaanlage schafft eine behagliche Umgebung für alle Insassen. Vor allem Herz-/Kreislaufkranke und Allergiker werden sie besonders zu schätzen wissen, da Hitze und Pollen durch die Klimaanlage wirksam vermieden werden können. Deshalb können Klimaanlagen von ärztlicher Seite sehr empfohlen werden. Wenn der Fahrer sich im Auto wohlfühlt, wird er weniger schnell müde. Konzentration, Reaktion und damit die Fahrkondition werden gefördert. So gesehen verbessert die Klimaanlage die Verkehrssicherheit.

zeitig eine Lufttrocknung, die wiederum eine wichtige Voraussetzung für ein angenehmes Raumklima ist. Nach dem Kühlprozeß wird die getrocknete Luft am Wärmetauscher auf die jeweils gewünschte Temperatur erwärmt. Die Temperaturregelung erfolgt über die für Fahrer- und Beifahrerseite getrennten Wählräder in der Mittelkonsole. Durch Druck auf die EC-Taste läßt sich die Kühlung abschalten.

Technik-Info Klimaanlage: Kühlschrank an Bord

Die Klimaanlage arbeitet wie ein Kühlschrank: Der vom Motor angetriebene Kompressor verdichtet das dampfförmige, umweltverträgliche Kältemittel (R 134 a), das sich dabei erhitzt und in den Kondensator geleitet wird. Dort kühlt das Medium ab und verflüssigt sich. Ein Verdampfungsventil spritzt die abgekühlte Flüssigkeit in den Verdampfer, der in seinem Aufbau einem Kühler entspricht und sich im Frischluftstrom befindet. Das Kältemittel verdampft darin. Durch diesen Verdampfungsprozeß wird der von außen über das Röhren- oder Wabensystem vorbeiströmenden Frischluft Wärme entzogen, so daß sie sich abkühlt. Die mitgeführte Luftfeuchtigkeit wird zu Kondenswasser, das ins Freie geleitet wird. Die Luft wird also auch getrocknet. Bei laufendem Motor und eingeschaltetem Gebläse kann dem Innenraum über verschiedene Austrittsöffnungen gekühlte Luft zugeführt werden. Die Intensität der Kühlung ist abhängig von der eingestellten Temperatur und von der Gebläseschalterstellung. Mercedes-Benz unterscheidet zwischen Klimaanlage und Klimatisierungsautomatik. Der Unterschied beider Anlagen liegt in der Steuerung und im Bedienungskomfort. Der wichtigste Vorteil der Klimatisierungsautomatik gegenüber der Klimaanlage ist die Automatikschaltung „Auto". Ist sie aktiviert, erfolgt die Regelung der Luftmenge und -verteilung vollautomatisch. Klimaanlage und Klimatisierungsautomatik der E-Klasse sind nach dem Starten des Motors stets eingeschaltet. Wer die Kühlung nicht wünscht, muß lediglich auf die Taste „EC" drücken. Zur Klimatisierungsautomatik der E-Klasse gehören ein Luftgütesensor und ein Aktivkohlefilter.

Klimatisierungsautomatik: Serienmäßig mit Staub- und Aktivkohlefilter

1 Staubfiltereinsatz (zweifach)
2 Aktivkohlefiltereinsatz (zweifach)

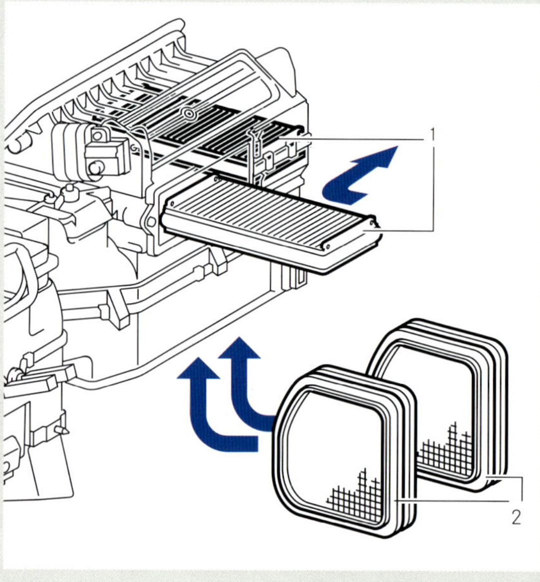

Sicherheitsfaktor Klimaanlage

Nach Ansicht von Verkehrsmedizinern ist eine Autoklimaanlage mehr als nur ein Komfort-Extra. Sie kann auch entscheidend zur Verbesserung der Konditionssicherheit beitragen, denn sie schafft ein „Optimalklima", dessen Luftfeuchtigkeit nur zwischen 25 und 30 Prozent beträgt. Die Autoinsassen fühlen sich dadurch frischer und entspannter, was sich positiv auf die Konzentrationsfähigkeit und das Leistungsvermögen des Autofahrers auswirkt (siehe auch Praxis-Tip auf Seite 169). Überdies sorgt eine Klimaanlage im Herbst und Winter für eine ungetrübte Rundumsicht, weil die getrockene Luft jene Feuchtigkeit aus dem Innenraum aufnimmt, die zum Beschlagen der Scheiben führen kann. Aus diesem Grund läßt sich auch die Dauer des Umluftbetriebs je nach Außentemperatur steuern: Bei über fünf Grad Celsius schaltet sich die Umluftschaltung der neuen E-Klasse erst nach 30 Minuten automatisch ab, während bei niedrigeren Außentemperaturen nur für etwa fünf Minuten auf Umluftzirkulation geschaltet wird.

Die Limousinen ohne Klima- oder Klimatisierungsautomatik verfügen über ein innovatives computergesteuertes Heiz- und Lüftungssystem, dessen Bezeichnung Heizmatik lautet. Sein Vorteil: Es hält die gewünschte Raumtemperatur konstant, so daß Fahrer oder Beifahrer nichts mehr nachregeln müssen. Modernste Mikroelektronik macht's möglich: Sensoren messen die Lufttemperatur am rechten und linken Wärmetauscher, während ein dritter Fühler die jeweilige Innenraumtemperatur ermittelt. Dieser Sensor steckt hinter einem Kunststoffgitter in der Bedieneinheit für die Innenraumbeleuchtung und ist mit einem Miniaturgebläse ausgerüstet, das für die Temperaturmessung ständig Luft aus dem Auto-Innenraum ansaugt. Ein Mikroprozessor vergleicht die verschiedenen Meßwerte mit der gewünschten Temperatur und regelt die Heizung bei Bedarf nach oder hält die jeweilige Einstellung konstant.

Diese Heizmatik kann die gewählte Innenraumtemperatur bis zu einer Außenwärme von etwa 15 Grad Celsius konstanthalten – bei höheren Außentemperaturen ist die Regelautomatik in Verbindung mit einer Klimaanlage möglich. Zur serienmäßigen Ausstattung aller Modelle der E-Klasse gehört auch ein mehrlagiges Elektret-Faservlies, das als Luftfilter fungiert und Staubpartikel oder Blütenpollen ab einer Größe von etwa fünf Mikrometer vollständig zurückhält – Allergiker können also in der neuen E-Klasse tief durchatmen. Bei starker Geruchsbelästigung genügt ein Druck auf die Umlufttaste in der Mittelkonsole, und die Außenluftzufuhr wird für die Dauer von etwa fünf Minuten unterbrochen. Ein längerer Umluftbetrieb ist vor allem bei naßkalter Witterung nicht empfehlenswert, da andernfalls die Scheiben beschlagen können. Weil sich das Staubfilter in dem Luftstrom hinter dem Frischluftgebläse befindet, ist es auch im Umluftbetrieb aktiv.

Wunderding:
Die Erfindung des Mikrochips machte den Siegeszug der Elektronik im Automobil möglich. Auf einem Quadratmillimeter vereint der Chip über 100 000 Transistorfunktionen.

Chips mit Grips

Ob ABS, Motor, Getriebe oder Airbag – ohne die Mikroelektronik funktioniert in modernen Automobilen fast nichts. Die Elektronik ist der Motor des technischen Fortschritts, verbessert die Sicherheit, verringert den Kraftstoffverbrauch und steigert den Fahrkomfort. Erst die rasante Weiterentwicklung der elektronischen Systeme und deren Vernetzung im Automobil machen zum Beispiel automatische Regeleingriffe im Motor, im Getriebe und in der Bremsanlage möglich, die beim Electronic Stability Program der neuen E-Klasse das Schleuderrisiko in Kurven oder auf glatten Fahrbahnen deutlich verringern.

Elektronische Steuergeräte sind heutzutage aber nicht nur für die Verbesserung der Fahrsicherheit unverzichtbar, nur mit ihrer Hilfe lassen sich auch die immer höheren Anforderungen an die Abgasemissionen, den Kraftstoffverbrauch und den Komfort moderner Personenwagen erfüllen. Einige Zahlen verdeutlichen den Siegeszug der Mikroelektronik im Automobil während der letzten Jahre: Betrug der Anteil dieser Technik an den Herstellungskosten eines Personenwagens vor 20 Jahren nur rund ein Prozent, so sind es heute bereits in der Grundausstattung je nach Modell zwischen zehn und 15 Prozent.

Mit dem Einsatz weiterer Assistenzsysteme, die das Autofahren noch sicherer und noch streßfreier machen, werden die Automobilunternehmen bis zur Jahrtausendwende etwa ein Fünftel der Herstellungskosten eines Personenwagens für elektrische und elektronische Bauteile aufwenden. An Bord der E-Klasse sind bereits in der Grundausstattung elf elektronische Steuergeräte im Einsatz. Rollt das Avantgarde-Modell mit allen lieferbaren Extras von der Montagelinie, erhöht sich diese Zahl sogar auf 31. Ein Leitungsnetz von rund 1,9 Kilometer Gesamtlänge sorgt für gute elektrische Verbindungen und überträgt die Schaltbefehle des Autofahrers an bis zu 41 Elektromotoren.

Mit der Erfindung des Transistors und seiner kontinuierlichen Weiterentwicklung zum leistungsfähigen Halbleiterelement begann der Siegeszug der Elektronik im Automobil. Das erste moderne Autoradio, die erste kontaktlose Zündanlage oder die erste Benzineinspritzung waren transistorgesteuert. Sie hielten gegen Ende der sechziger Jahre Einzug in die Personenwagen. Um verschiedene Schalt- und Steuerfunktionen zu realisieren, mußten die Techniker mehrere Halbleiterelemente auf Platinen zusammenfassen, die ihnen jedoch im Laufe der Zeit zunehmend Platzprobleme bereiteten. Denn je mehr Aufgaben die Elektronik übernahm, desto mehr dieser Leiterplatten mußten in den Gehäusen der Steuergeräte untergebracht werden. Damit wären die Grenzen des elektronischen Wachstums bald erreicht worden, hätte es nicht jenen Kunstgriff der Wissenschaft gegeben, der die Integration vieler Transistoren auf kleinstem Raum ermöglichte. Die Rede ist von der Herstellung integrierter Schaltungen – heute landläufig unter den Begriffen Mikrochip oder Mikroprozessor bekannt. Auf der Grundfläche weniger Quadratmillimeter vereint der Chip mehr als 100 000 Transistorfunktionen – einschließlich aller Verbindungsleitungen und aller zusätzlichen Bauelemente wie Widerstände und Dioden.

Inzwischen haben sich die Mikrochips zu kompletten Rechnerbausteinen entwickelt, die nicht nur schalten und steuern, sondern auch ganze Programme in ihrem elektronischen Gedächtnis speichern. Moderne Automobile wie die Mercedes-Benz E-Klasse sind mit Mikroprozessoren ausgerüstet, die bis zu 16 Millionen solcher programmgesteuerter Funktionen speichern. Das entspricht ungefähr 1 000 engbeschriebenen DIN-A4-Seiten.

Mit diesem hohen Integrationsgrad und seiner enormen Leistungsfähigkeit macht der Mikrochip Schaltungen möglich, die in der Automobiltechnik lange Zeit als unvorstellbar galten. Beispiel Antiblockier-Bremssystem, das Mercedes-Benz 1978 als erster Autohersteller in die Serienproduktion aufnahm: Die Idee, das Blockieren der Räder bei einer Vollbremsung zu verhindern, beschäftigte die Stuttgarter Ingenieure zwar schon Jahrzehnte vor der ABS-Markteinführung. Doch für die Realisierung eines solchen Systems fehlte ihnen ein Mikrocomputer, der sich nicht nur platzsparend unterbringen läßt, sondern auch eine so große Datenflut binnen kürzester Zeit verarbeitet und obendrein noch die richtigen Steuerbefehle gibt.

Das gleiche gilt auch für Gurtstraffer und Airbag, die im Prinzip schon in den sechziger Jahren konzipiert waren. Ihr Serieneinsatz scheiterte damals jedoch an einer zuverlässigen Steuereinheit, die binnen Millisekunden sowohl die Unfallschwere erfaßt als auch die Auslösung des Luftpolsters oder des Gurtstraffers sicherstellt. Als 1969 in den USA die ersten Mikroprozessoren einsatzbereit waren, sah Mercedes-Benz eine reelle Serienchance für solche Sicherheitssysteme und begann mit der Erprobung des Gurtstraffers. Zwei Jahre später – am 23. Oktober 1971 – meldete das Automobilunternehmen auch den Airbag zum Patent an. Die schnellen Fortschritte auf dem Gebiet der Mikroelektronik beschleunigten die Arbeit der Sicherheitsentwickler und führten innerhalb weniger Jahre zu konkreten Ergebnissen: 1981 war Mercedes-Benz weltweit der erste Automobilhersteller, der mit der Serienproduktion von Gurtstraffer und Airbag begann. Heute gehören beide Systeme zur Grundausstattung aller Personenwagen von Mercedes-Benz.

Die Mikrocomputer in der E-Klasse für ABS, Airbag, Kraftstoffeinspritzung, Antriebsschlupfregelung, Getriebesteuerung, Klimaregelung und Radio, die teilweise in leistungsfähiger 16-Bit-Technik ausgeführt sind, gehören zu

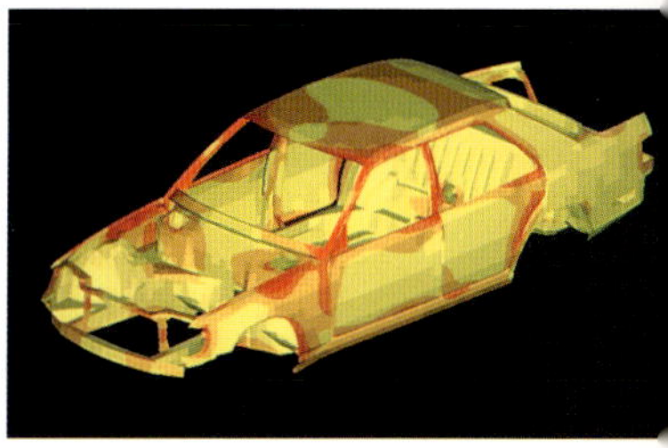

Strahlung:
In speziellen Testlabors und mit Hilfe der Computersimulation (kleines Foto) haben die Ingenieure die elektromagnetische Verträglichkeit der E-Klasse-Limousinen untersucht.

den leistungsfähigsten elektronischen Bauteilen für Personenwagen. Den Höhepunkt der Elektronikentwicklung markiert aber zweifellos das neue Electronic Stability Program (siehe auch Seite 84). Mit einer Speicherkapazität von 48 Kbyte ist die Komplexität des ESP-Steuergeräts viermal größer als die des Antiblockier-Bremssystems. ABS und ASR erfordern zusammen etwa die Hälfte des ESP-Softwareumfangs.

Störung ausgeschlossen

Doch der Siegeszug der Elektronik im Automobil bringt auch seine Probleme mit sich. Stichwort: Elektromagnetische Verträglichkeit. Darunter verstehen Fachleute die Wechselwirkung zwischen den verschiedenen elektrischen und elektronischen Systemen in den Automobilen sowie den Einfluß der elektromagnetischen Umwelt auf die Funktion der Fahrzeugelektronik. Denn Radiosender, Radarstation, Funktelefon, Staubsauger, Waschmaschine oder andere Geräte mit elektrischem oder elektronischem Innenleben senden elektromagnetische Wellen aus, die sich in unserer Atmosphäre zu einem Gewirr von Störsignalen vermischen und sich ihren Weg ins automobile Bordnetz bahnen. Sogar die Mikroprozessoren der elektronischen Steuergeräte zählen zu den EMV-Störern. Ihre Taktgeneratoren senden Hochfrequenzsignale von bis zu zehn Megahertz (10 Millionen Hertz) aus, die sich via Kabelbaum ausbreiten und andere Bauteile lahmlegen können.

Großer Testaufwand ist notwendig, um Automobile und ihre Bauteile gegen elektromagnetische Felder von innen und außen abzuschirmen und damit eine einwandfreie Funktion aller Elektronikkomponenten zu gewährleisten. Neben umfangreichen Messungen in speziellen EMV-Testlabors untersucht Mercedes-Benz als bisher einziger europäischer Automobilhersteller die elektromagnetische Verträglichkeit (EMV) von Personenwagen auch mit Hilfe der Computersimulation. Das neuentwickelte Berechnungsverfahren bot bei der Entwicklung der E-Klasse die Möglichkeit, die Störeinflüsse durch elektromagnetische Felder bereits in der Konzeptphase zu erkennen und zu beseitigen.

Das EMV-Simulationsprogramm bildet eine Fahrzeugkarosserie als Netzwerk aus Tausenden von Vierecken, Dreiecken oder Linienelementen nach. Lage und Anordnung des Kabelbaums, der elektrischen und elektronischen Fahrzeugkomponenten oder der Radioantenne lassen sich ebenfalls wirklichkeitsgetreu darstellen, so daß die Ingenieure beispielsweise den Verlauf von Störströmen innerhalb des Bordnetzes oder an der Karosserieoberfläche verfolgen können. Mehr noch: Die Computersimulation ermöglicht es nicht nur, Frequenz und Feldstärke der Störungen beliebig zu variieren, sondern auch verschiedene konstruktive Modifikationen hinsichtlich ihrer Auswirkungen auf die elektromagnetische Verträglichkeit zu testen. So finden die EMV-Fachleute beispielsweise bereits in einem frühen Entwicklungsstadium neuer Mercedes-Modelle den geeigneten Platz für elektronische Steuergeräte, für die Plazierung der Radio- oder Autotelefonantenne oder für die Verlegung von Kabeln.

Auch der Einfluß der Störemissionen von Rundfunk- oder Fernsehsendern auf die Bordelektronik läßt sich simulieren: Der Computer zeigt in Form einer Farbskala, wie sich der von der Störstrahlung erzeugte Strom an der Karosserieoberfläche verteilt und in das Fahrzeug einkoppelt. Auf diese Weise ist es möglich, den Verlauf der magnetischen oder elektrischen Feldstärken durch die gesamte Karosseriestruktur zu verfolgen und Stellen mit hohem oder niedrigem Störfeld zu lokalisieren. Dabei erkennen die Ingenieure am Computerbildschirm, wo die Karosseriebereiche mit den höchsten Feldkonzentrationen sind und wo deshalb keine Kabel oder elektronische Bauteile plaziert werden sollten. Die gegenseitige Beeinflussung benachbarter stromführender Kabel im Bordnetz eines Personenwagens erkennt das Simulationsprogramm ebenfalls. So untersuchen die Mercedes-Ingenieure zum Beispiel mögliche „Störfälle“ wie den Einfluß eines nachträglich eingebauten, aber nicht ordnungsgemäß verlegten Kabels auf benachbarte Leitungen.

Prozessoren mit Mehrfachfunktion

Neben der EMV-Verträglichkeit hatten die Mercedes-Ingenieure bei der Entwicklung der elektronischen Systeme an Bord der E-Klasse eine weitere Hauptaufgabe: die Systemintegration. Das bedeutet einerseits die räumliche Zusammenfassung der Steuergeräte zu zentralen Einheiten und andererseits die Bündelung verschiedener Funktionen in einer überschaubaren Anzahl von Mikrocomputern. Beides ist notwendig, um die Anzahl der Prozessoren zu reduzieren und noch mehr Funktionen in die immer komplexeren Mikrocomputer zu integrieren. Überdies wird auf diese Weise die Montage der elektronischen Systeme vereinfacht und der Datenaustausch zwischen den Bauteilen beschleunigt.

Box für Steuergeräte

Die räumliche Integration der Elektrik- und Elektronikkomponenten realisierten die Mercedes-Ingenieure auf verschiedene Art und Weise. Eine der wichtigsten Innovationen ist zweifellos die neuentwickelte Gerätebox im abgetrennten Aggregateraum unter der Motorhaube der neuen E-Klasse. In dem isolierten und mittels Lüfter gekühlten Kunststoffgehäuse finden vier Steuergeräte und das Relaismodul Platz, die bisher dezentral untergebracht waren und dadurch einen weitaus höheren Montageaufwand erforderten. Die Kühlung der Steuergeräte erhöht deren Zuverlässigkeit abermals.

Die neue Box bietet nicht nur der Motorelektronik und dem ABS/ETS-Computer, sondern auch der Getriebesteuerung sowie weiteren Elektronikkomponenten ein „Zuhause", sie dient zugleich als Sammelpunkt und Verteiler des bordeigenen Leitungsnetzes: Dank neuartiger modular aufgebauter

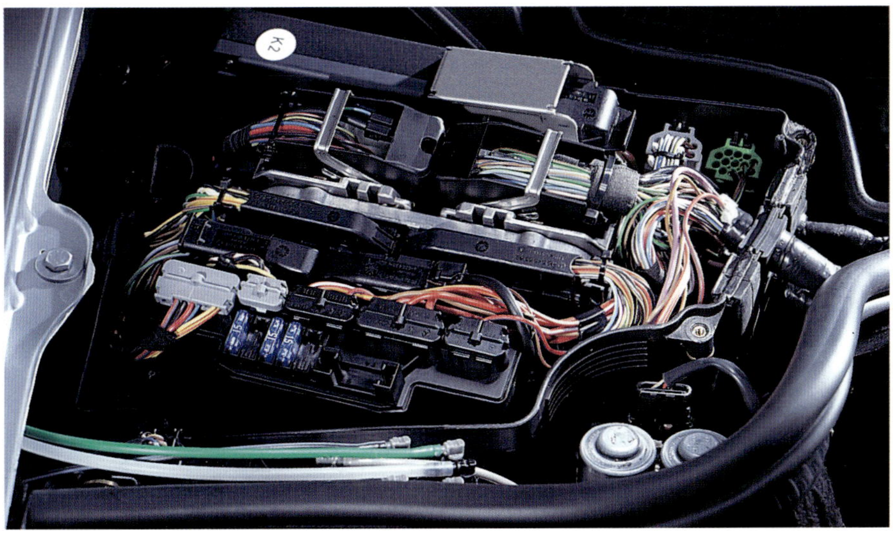

Integration:
In der belüfteten und gekühlten Kunststoffbox unter der Motorhaube finden verschiedene elektronische Steuergeräte und Relaismodule Platz.

Modultechnik:
Im Gehäuse des Lichtschalters sind auch die Sicherungen der Lichtanlage zusammengefaßt.

Stecker an den Steuergeräten führen die Kabel auf direktem Wege in die einzelnen Karosseriebereiche, so daß die Zahl der Trennstellen im Leitungsnetzwerk auf ein Minimum reduziert werden konnte. Auch dies bringt eine deutliche Zeitersparnis bei der Fahrzeugmontage mit sich und verbessert obendrein die Zuverlässigkeit des gesamten elektronischen Systems. Denn: Je weniger Trennstellen oder Verzweigungen im Kabelbaum, desto geringer ist das Risiko von Kontaktproblemen durch Feuchtigkeit oder Erschütterungen. Ein weiteres Beispiel für die sinnvolle modulare Zusammenfassung elektrischer Funktionen ist das neue Lichtschaltermodul der E-Klasse. Es vereint neben Drehschalter und Kontrolleuchten auch das elektronische System für die Kontrolle der Lichtanlage sowie deren Sicherungen. Auf diese Weise konnten die Ingenieure auf weitere Trennstellen im Leistungssatz verzichten.

Auch durch die Integration verschiedener Schalt- und Steuerfunktionen leisteten die Elektronikentwickler der neuen E-Klasse einen weiteren Beitrag zur Gewichtseinsparung und zur Verringerung des Montageaufwands. Beispiele:

- Die Motorsteuerung ist je nach Triebwerks- und Länderausführung für Kraftstoffeinspritzung, Zündung, Leerlaufregelung, elektronisches Gaspedal und das abgasrelevante Diagnosesystem zuständig.
- In einem zentralen Steuergerät sind die Funktionen für Blinker, Scheibenwischer, elektrische Fensterheber, Schiebedach, Heckscheibenheizung, Innenraumbeleuchtung, Spiegel- und Lenksäulenmemory sowie das zentrale Diagnosesystem für den Datenbus im Innenraum zusammengefaßt.
- Die Relaiseinheit mit integrierten Sicherungen übernimmt die Spannungsversorgung der Steuergeräte und ist zusätzlich für die Schaltfunktionen von Kraftstoffpumpe, Sekundärluftpumpe und Signalhorn zuständig.

Datenbus für den Innenraum

Steuergeräte und Systeme, die nicht zusammengefaßt werden können, tauschen ihre Daten auf einer digitalen „Datenautobahn“, dem sogenannten CAN-Bus (Controller Area Network), miteinander aus. Mercedes-Benz setzt diese Technik in der neuen E-Klasse nicht nur für das Motor-, Getriebe- und Antriebsmanagement, für das Fahrberechtigungssystem und den Tempomat ein, sondern hat à la S-Klasse auch für den Innenraum der neuen Modellreihe ein Datenbussystem entwickelt. Es verbindet das Zentralsteuergerät unter der Motorhaube mit der pneumatischen Steuereinheit der Schließanlage und den beiden Modulen für die elektrische Sitzeinstellung (Fahrer- und Beifahrerseite).

Der wesentliche Vorteil dieses Netzwerksystems ist die Datenübertragung zwischen den einzelnen Steuergeräten über einen gemeinsamen Kanal, den Datenbus. Dadurch stehen die Signale der verschiedenen Sensoren oder die errechneten Daten der Steuergeräte ohne weiteren Aufwand mehreren Systemen zur Verfügung. Im Prinzip genügt beim Datenbus nur ein Datenkabel für den gesamten Informationsaustausch. Aus Sicherheitsgründen setzt Mercedes-Benz jedoch sogenannte Zwei-Draht-Verbindungen ein, die sich im Falle einer Leitungsstörung ergänzen. Überdies ist der Innenraum-Bus der E-Klasse so gestaltet, daß sich jederzeit auch andere Steuergeräte in den Datenverbund integrieren lassen. Das ist für die Ausstattung der neuen Modellreihe mit zusätzlichen Extras wichtig, die andernfalls über separate Leitungen mit den jeweiligen Bedien- und Steuerelementen verbunden werden mußten.

Mit dem sogenannten „I-Bus“ (Innenraum-Datenbus) verfügt die neue E-Klasse über ein zukunftsgerechtes System, das als Vorstufe einer globalen Netzstruktur dient. So besteht zukünftig die Möglichkeit, die lokalen Bus-Systeme über eine spezielle Schnittstelle miteinander zu verbinden, so daß beispielsweise auch zwischen Innenraum und Motor ein schneller digitaler Datenaustausch zustandekommt und der Kabelbaumumfang noch weiter verringert werden kann. Diese nächste Ausbaustufe, bei der insgesamt 15 Steuergeräte per Datenbus vernetzt werden, befindet sich bei Mercedes-Benz bereits in der Entwicklung.

Technik-Info Datenbus: Autobahn für Daten und Informationen

Unter der Bezeichnung CAN (Controller Area Network) sind in der E-Klasse wichtige elektronische Steuergeräte miteinander vernetzt. Der CAN-Datenbus verbindet die Rechner der einzelnen Steuergeräte des Motor- und Antriebsmanagements über eine Datenleitung miteinander, so daß diese untereinander kommunizieren können. Ein wichtiger Pluspunkt des CAN-Datenbusses ist seine Schnelligkeit und seine Datensicherheit. Innerhalb einer Sekunde lassen sich bis zu einem Megabit per Kupferleitung übertragen – das entspricht dem Zeicheninhalt von 30 engbeschriebenen DIN-A4-Seiten plus anschließender Datenüberprüfung. Die Digitalisierung der Informationen macht es möglich: Für die Übertragung im Datenbus werden die verschiedenen, komplizierten Meßsignale in einfache binäre Kombinationen (Bits) übersetzt, die aus den Ziffern „1“ und „0“ bestehen. Die Kombination dieser Ziffern in achtstelligen Zahlenkolonnen ergeben einen Code. Mit acht Bits können die Elektronikspezialisten bereits 256 verschiedene Informationen codieren. Durch diese einfache, aber logische Sprache lassen sich die Signale und Daten der Meßsensoren und Steuergeräte schnell zusammenfassen und via CAN-Bus an die vernetzten elektronischen Systeme übertragen.

Schließlich erleichtert die Bus-Technik auch die Diagnose der einzelnen Fahrzeugsysteme. Über eine zentrale Diagnosesteckdose, die im Relais- und Sicherungskasten untergebracht ist, lassen sich bei der neuen E-Klasse Betriebsdaten aus den beiden Bus-Systemen für Motor und Innenraum sowie den anderen elektronischen Steuergeräten abrufen und somit auch etwaige Funktionsfehler schnell und sicher diagnostizieren.

Echolot an den Stoßfängern

Dank ihrer aufwendigen und leistungsfähigen Elektroniksysteme ist die E-Klasse von Mercedes-Benz ein „mitdenkendes" Automobil. Unter dem attraktiven Blechkleid verbergen sich Bauteile, die das Autofahren komfortabler, streßfreier und somit auch sicherer machen: elektronische Assistenten mit leistungsfähigen Mikrocomputern, Sensoren und Aktuatoren.

Zu diesen Assistenten gehört das neue Parktronic-System – eine Einparkhilfe, die nach dem Prinzip des Echolots funktioniert: Je nach Fahrtrichtung senden sechs Sensoren im vorderen Stoßfänger oder vier im hinteren Ultraschallsignale aus, die von anderen Fahrzeugen oder Hindernissen reflektiert werden. Aufgrund der Zeitdifferenz zwischen Sendung und Empfang der Signale berechnet die Elektronik den Abstand zu dem Hindernis. Die vorderen Ultraschallsensoren haben eine Reichweite von etwa 80 Zentimetern, an der Heckpartie reichen die Signale rund 1,20 Meter weit. Der Mindestabstand für die Messung zwischen Sensor und Hindernis beträgt 15 Zentimeter. Die Einparkhilfe schaltet sich ein, sobald der Autofahrer den Rückwärtsgang einlegt. Bei Geradeausfahrt bleibt das System bis zu einer Geschwindigkeit von zehn km/h aktiv. Anzeigedisplays im linken und mittleren Bereich der Instrumententafel sowie am hinteren Teil des Dachhimmels informieren den Autofahrer, wieviel Platz ihm beim Einparken oder Rangieren zur Verfügung steht. Die Anzeigen sind in sechs gelbe und zwei rote Segmente gegliedert: Rollt die E-Klasse-Limousine auf ein Hindernis zu, so leuchten nacheinander die gelben LCD-Segmente auf und zeigen die Verringerung des Abstands an. Beträgt die Distanz zu dem Hindernis weniger als 35 Zentimeter, setzt eine akustische Warnung ein und das erste der roten Displaysegmente leuchtet auf. Bei einem Abstand von weniger als 20 Zentimetern hört der Autofahrer beim Aufleuchten des zweiten roten Anzeigefelds einen Dauerton, der ihn unmißverständlich vor einer möglichen Kollision warnt.

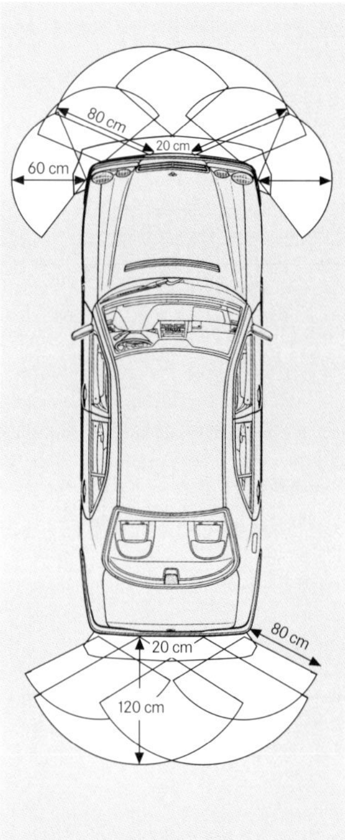

Echolot:
Die Ultraschallsensoren des Parktronic-Systems haben eine Reichweite von bis zu 1,20 Meter.

Wegweisung aus dem All

Als Orientierungshilfe für Stadt- und Überlandfahrten dient das Auto Pilot System (APS), das ab Mitte 1996 für die E-Klasse lieferbar ist und das Autofahrer in Deutschland an jeden beliebigen Ort führt. APS besteht aus

Auto Pilot System: Zielführung per elektronischer Landkarte und Satellitenortung

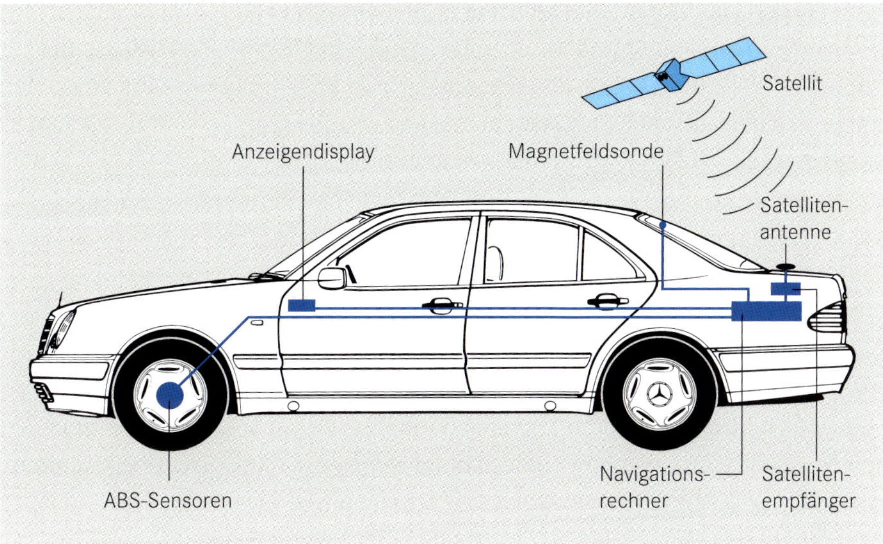

einem kombinierten Bedienteil für RDS-Autoradio und Navigationssystem, das in dem Normeinschub für das Autoradio Platz findet, einem Mikrocomputer im Kofferraum, einer Magnetfeldsonde an der Innenseite der Heckscheibe sowie einer Satellitenantenne. Zusätzlich können CD-Wechsler und Soundsystem angeschlossen werden. Das APS-Bedienteil in der Mittelkonsole unterscheidet sich durch ein großes Anzeigedisplay von herkömmlichen Autoradios. Hier erscheinen sowohl die Leithinweise als auch die Senderinformationen des Autoradios.

Vor Fahrtantritt gibt der Autofahrer das gewünschte Ziel (Ort und Straße) ein oder wählt eine von bis zu 80 individuellen Adressen aus, die er in dem Computer des Navigationssystems speichern kann. Anschließend bestimmt APS zunächst den genauen Standort des Fahrzeugs. Dies geschieht mit Hilfe des GPS-Systems (Global Positioning System), das auch Schiffs- und Flugzeugführern bei der Navigation hilft. GPS besteht aus insgesamt 24 geostationär positionierten Satelliten, die ständig Ortungssignale zur Erde funken. Mindestens drei verschiedene Satellitensignale sind für die Positionsberechnung notwendig. Per GPS läßt sich der Standort eines Automobils bis auf 100 Meter genau bestimmen. Das neuentwickelte Mercedes-Navigationssystem empfängt die GPS-Signale über eine Spezialantenne, die sich auf dem Kofferraumdeckel befindet.

Die per GPS ermittelten geographischen Standortdaten vergleicht der Computer sofort mit den Informationen einer digitalen Landkarte, die auf einer CD-ROM gespeichert sind. Auf diese Weise erscheint schon kurze Zeit nach der Positionsbestimmung der jeweilige Straßenname auf dem Anzeigedisplay in der Mittelkonsole. Gleichzeitig berechnet APS die kürzeste Strecke zum Ziel. Der Autofahrer kann die ausgewählte Route vor Fahrtbeginn überprüfen und bei Bedarf korrigieren. Unterwegs erfährt er per Anzeigedisplay und Sprachcomputer, wohin er fahren soll. Die akustischen Hinweise ertönen rechtzeitig vor jeder Kreuzung oder Abbiegemöglichkeit und enthalten aufeinander abgestimmte Empfehlungen wie „Bitte rechts einordnen“, „Bitte rechts abbiegen“ oder „Jetzt rechts“. Nach Druck auf die „INFO“-Taste am APS-Bedienteil wiederholt das System den letzten Hinweis. Kann der Autofahrer einem oder mehreren Streckentips nicht folgen, berechnet APS automatisch eine Alternativroute.

Während der Fahrt erfaßt das Mercedes-Navigationssystem mit Hilfe der ABS-Sensoren an den Vorderrädern und einer Magnetfeldsonde den Straßenverlauf (Streckenlänge, Kurvenradien, geographische Position) und vergleicht diese Werte mit dem auf der CD-ROM abgespeicherten digitalen Straßennetz. Bei Bedarf korrigiert APS die Karteninformationen. Außerhalb des digitalisierten Gebietes übernimmt der Satellitenempfänger die Standortbestimmung. APS zeigt dann auf dem Display an der Mittelkonsole die jeweilige Himmelsrichtung und Luftlinienentfernung zum Zielort an. Bei Rückkehr in das auf der digitalen Landkarte erfaßte Gebiet setzt der Navigationscomputer automatisch die streckenbezogene Wegweisung fort.

Verkehrslotse:
Das Bediengerät des Auto Pilot Systems findet im Normeinschub des Autoradios seinen Platz.

Die CD-ROM befindet sich in dem Navigationscomputer im Kofferraum des Mercedes-Modells und ist mit wenigen Handgriffen auswechselbar. Sie hat eine Speicherkapazität von 580 bis 600 Megabyte und enthält die Daten von insgesamt 650 000 deutschen Straßen- und Autobahnkilometern. Für zwölf bundesdeutsche Wirtschaftsräume mit insgesamt 44 Großstädten und ihren Vororten ist jede befahrbare Straße erfaßt. Darüber hinaus kann APS auf der digitalen Landkarte rund 90 000 kleinere Ortschaften mit ihren Durchgangsstraßen abrufen. In Zukunft wird das System auch europaweit funktionieren und Autofahrern auch jenseits der deutschen Landesgrenzen den Weg weisen.

Die digitale Landkarte für Deutschland enthält neben den Straßendaten auch einen Hotel- und Restaurantführer, der Autofahrer auf Wunsch zu den nächstgelegenen Gaststätten führt. Darüber hinaus sind auf dem Datenträger die Adressen der Mercedes-Niederlassungen gespeichert. Zu einem späteren Zeitpunkt werden auch CDs mit dem Straßennetz der europäischen Nachbarstaaten sowie touristische Reiseführer erhältlich sein.

Konzertsaal auf Rädern

Ob Klassik oder Jazz, Pop oder Volksmusik – in der neuen Mercedes-Benz E-Klasse kommen alle Musikfreunde voll auf ihre Kosten. An die bewährten Mercedes-Autoradios vom Typ Classic RDS, Special RDS und Exquisit RDS sind acht Lautsprecher angeschlossen, die für ein perfektes Klangerlebnis sor-

Soundcheck:
Mit Hilfe aufwendiger Meß-technik haben Mercedes-Ingenieure das Soundsystem der E-Klasse abgestimmt.

gen. Charakteristik und Plazierung der Lautsprecher basieren auf umfangreichen Messungen im Akustiklabor und während der Fahrt:

- Zwei Hochtöner befinden sich in den vorderen Spiegeldreiecken.
- Zwei Mittel-Tieftöner finden in den vorderen Türen Platz.
- Zwei Mittelhochton-Lautsprecher sind in den Fondtüren untergebracht.
- Zwei Tiefton-Lautsprecher sind in der Hutablage eingebaut.

Neu ist auch die Rundfunkantenne der E-Klasse: Anstelle einer herkömmlichen Stabantenne rollen alle Limousinen serienmäßig mit einer elektronisch verstärkten Heckscheibenantenne von den Montagelinien, die das Karosseriedesign nicht stört und überdies eine Reihe praktischer Vorteile bietet. Beschädigungen durch Vandalismus oder Waschanlagen sind ebenso ausgeschlossen wie störende Windgeräusche. Die Heckscheibenantenne besteht aus einem horizontal angeordneten elektrischen Leiter für den Mittel-, Lang- und Kurzwellenempfang sowie einem vertikalen Leiter für UKW, der mit der Heckscheibenheizung gekoppelt ist.

Noch perfekteren Musikgenuß garantiert das leistungsfähige Soundsystem, das die Mercedes-Ingenieure in Zusammenarbeit mit dem HiFi-Spezialisten Bose entwickelt und speziell auf die akustischen Verhältnisse im Innenraum der neuen E-Klasse abgestimmt haben. Dabei betrachteten die HiFi-Spezialisten Auto und Musiksystem als eine Einheit. Nur wenn beide Systeme optimal aufeinander abgestimmt sind, kommt jenes Klangerlebnis auf, das die Stereo-Experten als „lebensechte Musikwiedergabe" bezeichnen. Kurzum: Die Autoinsassen sollen das Gefühl bekommen, als wären sie inmitten eines Konzertsaals. Dafür ist vor allem die Plazierung der Lautsprecher entscheidend. Beim Soundsystem der E-Klasse sorgen insgesamt acht Lautsprecher, die in sechs Einheiten zusammengefaßt sind, für ein beispielhaftes Klangpanorama. Und zwar auf allen Sitzplätzen: Art und Abstrahlcharakteristik je-

Technik-Info Soundsystem: Konzertsaalatmosphäre auf allen Plätzen

Anzahl der Verstärker	6
Anzahl der Equalizer	5
Gesamtdauerleistung	210 Watt
Anzahl der Lautsprecher	8 in 6 Lautsprechermodulen
Türlautsprecher vorn	Koaxiallautsprecher mit integrierter Hochkalotte; 16,8 cm Durchmesser, Frequenzbereich 60 bis 20 000 Hz
Türlautsprecher hinten	Mittel-Hochtonlautsprecher; 9 cm Durchmesser, Frequenzbereich 120 bis 15 000 Hz
Lautsprecher in der Hutablage	Tieftonlautsprecher; 16,8 cm Durchmesser, Frequenzbereich 20 bis 80 Hz

des einzelnen Lautsprechers wurden nämlich so gewählt, daß sich das musikalische Live-Erlebnis sowohl auf den Vordersitzen als auch im Fond einstellt. Das bedeutet: Die für die akustische Ortung wichtigen Hoch- und Mitteltöne kommen in jedem Fall von vorne – wie beim Konzert. Zusätzlich bringen die beiden Tieftöner in der Hutablage die notwendige Klangfülle in den Innenraum.

Die geschickte Plazierung der Lautsprecher sorgt dafür, daß der Autofahrer in der neuen E-Klasse nicht nur den Lautsprecher in der linken Vordertür hört, sondern sich gleichzeitig auch in der Abstrahlachse des rechten Mittel-/Tieftöners befindet und daß er von beiden Lautsprechern die stets gleiche Lautstärke wahrnimmt. Von dem gleichen Balance-Effekt, der für einen optimalen Stereoklang wichtig ist, profitieren freilich auch Beifahrer und Rücksitzpassagiere.

Die Techniker lösen dieses Problem mit Hilfe der Elektronik. „Aktiver Frequenzgangausgleich" lautet die Aufgabe der Mikrochips in den Equalizern des E-Klasse-Soundsystems. Im Klartext: Durch einen vorgeschalteten Spezialverstärker werden die einzelnen Lautsprecher so angesteuert, daß Unregelmäßigkeiten im Frequenzgang automatisch kompensiert werden. Bei den neuen Mercedes-Limousinen nehmen die Fachleute diese Aufgabe des „Equalizings" besonders ernst. Immerhin: Das Soundsystem verfügt über fünf elektronische Frequenzweichen, die mit den sechs Endstufen gekoppelt sind. Insgesamt leistet die Anlage 210 Watt.

Die Abstimmung eines automobilen Musiksystems ist übrigens keine Geschmackssache einzelner Ingenieure. Sie basiert vielmehr auf den Ergebnissen intensiver Praxisforschung mit Autofahrerinnen und Autofahrern. Dabei zeigte sich, daß der Weg vieler HiFi-Spezalisten, mit schrillen Hochtonfrequenzen und dröhnenden Bässen für Aufmerksamkeit zu sorgen, buchstäblich in die Sackgasse führt. Solche Klangbilder wirken nämlich schon nach kurzer Zeit ermüdend, so daß Autofahrer früher oder später die Lautstärke drosseln oder die Anlage sogar ganz ausschalten.

Auch auf dem Gebiet der Musikwiedergabe im Auto geht die technische Entwicklung weiter. In der nächsten Generation werden statt Kabel Lichtwellenleiter für den Daten- und Informationsaustausch zwischen den verschiedenen Audiosystemen sorgen. Darüber hinaus entwickeln die Mercedes-Ingenieure zur Zeit digitale Signalprozessoren (DSP), mit deren Hilfe sich die Klangqualität der HiFi-Systeme nochmals deutlich – sprich hörbar – steigern läßt.

Diebstahlschutz per Infrarotlicht

Eine Drahtschlinge, einen Schraubenzieher, einen Plastikstreifen und ein bißchen Fingerspitzengefühl. Mehr brauchen versierte Ganoven nicht, um die Tür- und Zündschlösser mancher Autos zu überlisten. Oft dauert die Prozedur nur ein paar Sekunden, und schon sitzt der Dieb hinterm Lenkrad. Anfang der neunziger Jahre hatten die Autoknacker Hochkonjunktur. Noch nie zuvor wur-

Technik-Info Diebstahlschutz: Keine Chance für Langfinger

Das serienmäßige Fahrberechtigungssystem mit Wegfahrsperre der E-Klasse stellt derzeit ein äußerst wirksames technisches Mittel gegen Fahrzeugdiebstahl dar. Wer seinen Wagen zusätzlich gegen Einbruch schützen möchte, kann auf Wunsch eine leistungsfähige Einbruch/Diebstahl-Warnanlage (EDW), einen zusätzlichen Abschleppschutz sowie eine Innenraumsicherung ordern. Licht und Lärm sind noch immer die besten Maßnahmen zur Abschreckung von Einbrechern. Die Mercedes-Zusatzausstattungen gegen Fahzeugeinbruch reagieren daher auf jeden Einbruchversuch mit einem besonders intensiven Intervall-Hupton und auffälligem Blinken der Warnblinkanlage mit doppelter Frequenz. Das Alarmhorn ist so plaziert, daß es von außen nicht und selbst nach Öffnen der Motorhaube nur schwer zugänglich ist. Außerdem wird schon beim Versuch einer Manipulation Alarm ausgelöst. Die Einbruch/Diebstahl-Warnanlage wird beim Abschließen des Fahrzeugs über die Fernbedienung automatisch eingeschaltet. Sie löst Alarm aus, sobald eine der Fahrzeugtüren, der Kofferraumdeckel oder die Motorhaube geöffnet werden oder wenn der Versuch unternommen wird, Autoradio oder Zündschloß auszubauen. Außerdem gibt es beim Tritt aufs Bremspedal Alarm. Die Innenraumsicherung bildet einen unsichtbaren Infrarotlichtvorhang unmittelbar hinter den Seitenscheiben des Fahrzeugs. Sobald eine der Scheiben eingeschlagen wurde, wird unweigerlich Alarm ausgelöst. Auch wenn vergessen wurde, eine der Seitenscheiben oder das Schiebedach zu schließen, schützt die Innenraumsicherung vor Langfingern. Denn Alarm wird auch bei geöffneten Fenstern immer dann ausgelöst, sobald ein Eindringling den unsichtbaren Lichtvorhang unterbricht. Im Paket mit der Innenraumabsicherung liefert Mercedes-Benz auch einen Abschleppschutz, der auf Lageveränderungen des Fahrzeugs reagiert.

den in Deutschland so viele Personenwagen gestohlen wie nach der Grenzöffnung des Ostens. Doch das ist Schnee von gestern. Mittlerweile zeigt die Diebstahlentwicklung wieder einen deutlichen Trend nach unten – vor allem bei den Mercedes-Modellen. Der Grund: Als einer der ersten Automobilhersteller rüstete Mercedes-Benz seine Personenwagen bereits Ende 1993 serienmäßig mit einer Wegfahrsperre aus, die unbefugtes Starten des Motors wirksam verhindert. Und seit Ende 1994 ist dieses Schutzsystem noch perfekter: Es greift jetzt direkt in die elektronische Motorsteuerung ein und macht damit Manipulationen fast unmöglich. Auch die neue E-Klasse ist mit diesem intelligenten Fahrberechtigungssystem ausgerüstet – serienmäßig. Dessen Kernstück ist eine Wegfahrsicherung mit Infrarotfernbedienung, die den bisherigen Fahrzeugschlüssel weitgehend ersetzt. Wer den Motor des Wagens starten möchte, muß die Türen zuvor mit Hilfe der Fernbedienung entriegelt haben. Andernfalls bleibt die Motorsteuerung blockiert, und das Triebwerk springt nicht an. Die Technik: Der Infrarotsender im Fahrzeugschlüssel strahlt ein unsichtbares, mehrfach codiertes Lichtsignal aus, das ein spezieller Sensor im Gehäuse des Innenspiegels empfängt. Beim Abschließen des Fahrzeugs wird der Code vom Sensor an ein zentrales Steuergerät übertragen und gespeichert. Gleichzeitig kommuniziert der Mikrocomputer mit der Steuerungselektronik des Motors, wo automatisch sämtliche Funktionen gesperrt werden. Zum Öffnen der Türen verlangt das System von der Fernbedienung stets einen neuen Code, den das

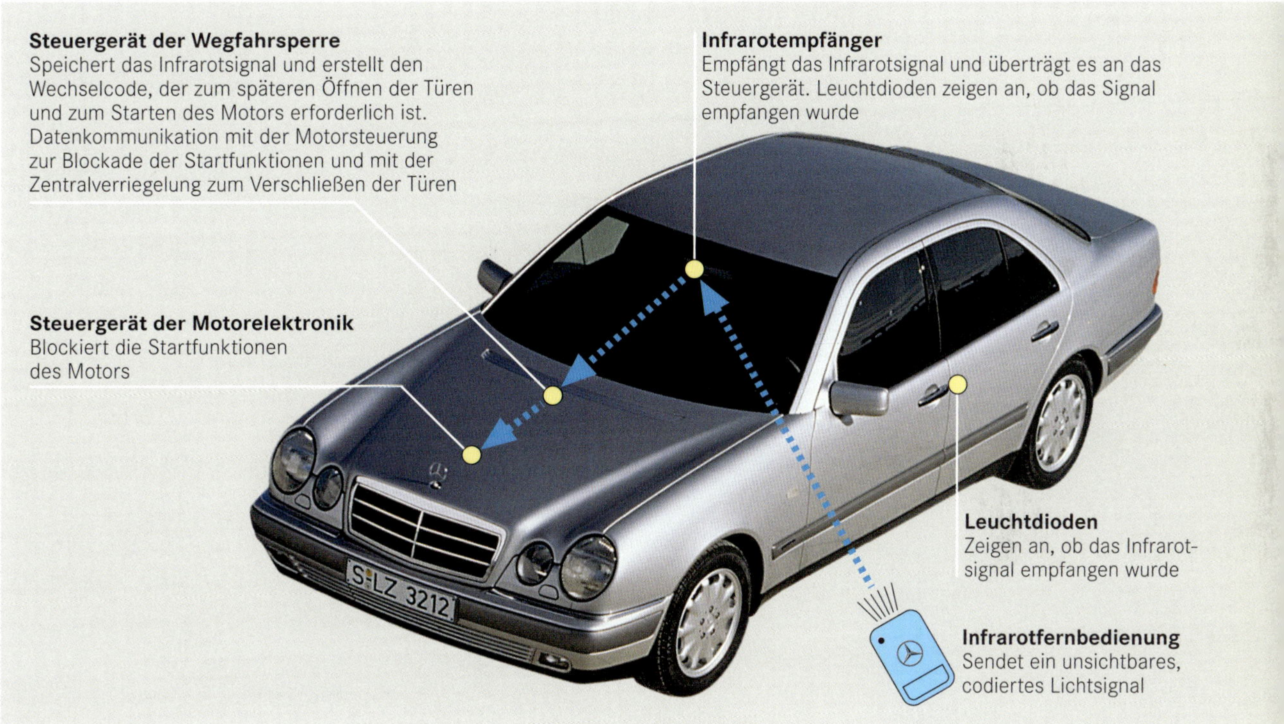

Lichtsignal:
Das Fahrberechtigungssystem der E-Klasse wird mit Hilfe der Infrarotfernbedienung aktiviert.

Steuergerät sofort auswertet. Nur wenn die Zahlenkombination mit den gespeicherten Werten übereinstimmt, lassen sich die Türen öffnen. Eine weitere Kontrolle erfolgt, sobald der Fahrer versucht, den Motor zu starten. Dann überprüft die Anlage nochmals, ob zuvor die Türen ordnungsgemäß mittels Fernbedienung geöffnet wurden. Ist dies nicht der Fall, bleibt die Sperre der Motorelektronik aktiv. Mit anderen Worten: Autoknacker, die das Fahrzeug aufbrechen oder auf anderem illegalen Weg ins Wageninnere vordringen und das Zündschloß manipulieren, können den Motor künftig nicht mehr starten. Auch wer nur im Besitz des Zündschlüssels ist, kann nicht wegfahren – dafür ist in jedem Fall die Infrarotfernbedienung erforderlich. Um Fehlbedienungen einzuschränken, wurde der Wirkungsbereich der Fernbedienung bewußt

Praxis-Tip

Bei Diebstahl Anruf

Mercedes-Benz erfaßt alle Fahrzeugdaten im hauseigenen Fahrzeug-Dokumentations-System (FDOK). In dieses System fließen auch Informationen über gestohlene Fahrzeuge ein. Bei der Ersatzteilbestellung werden alle diebstahlrelevanten Teile erfaßt und zum Teil erst nach Angabe der Fahrgestellnummer freigegeben. Alle Mercedes-Vertragswerkstätten sind außerdem aufgefordert, bei Verdacht sofort nachzuprüfen, ob das betreffende Fahrzeug als gestohlen gemeldet wurde. Außerdem sollten alle Informationen über gestohlene Fahrzeuge umgehend an die Abteilung VP/MAM 2 bei Mercedes-Benz in Stuttgart gemeldet werden – entweder direkt übers Datenterminal der Mercedes-Vertretung oder per Fax: 07 11/1 79 83 11.

Lichtsender:
Im Inneren der Infrarotfernbedienung befinden sich zwei Mini-Batterien. Mit dem Schlüssel lassen sich Kofferraum und Beifahrertür öffnen. Außerdem dient er als Zündschlüssel.

begrenzt. Das Fahrzeug kann also nur aus unmittelbarer Nähe verriegelt und geöffnet werden. Dabei ist es sinnvoll, die Fernbedienung gewissermaßen „aus der Hüfte" auf die Empfangseinheit im Innenrückspiegel zu richten. Über Quittungsdioden im Türgriff und am Innenrückspiegel wird angezeigt, ob das Signal angekommen ist und richtig verarbeitet wurde.

Fernbedienung am Schlüsselbund

Käufer der E-Klasse erhalten zwei Infrarot-Fernbedienungen mit integriertem Zündschlüssel. Dazu gibt es einen besonders flachen Notschlüssel, der in jeden Geldbeutel paßt und im Notfall zum Öffnen der Türen dient. Das Starten des Motors ist jedoch grundsätzlich nur mit Hilfe der Fernbedienung möglich. Die Fernbedienungen haben umfangreiche Tests durchlaufen und sind sehr robust. Auch das Herunterfallen überstehen sie normalerweise unbeschädigt. Allerdings sollten sie – wie jedes elektronische Gerät – keinen extremen mechanischen Belastungen ausgesetzt werden. Bei Verlust oder Defekt der Fernbedienung leisten alle Mercedes-Benz Servicestellen im In- und Ausland Hilfe (siehe Seite 219).

Zu dem Fahrberechtigungssystem gehört auch die praktische Zentralverriegelung mit Komfortschließung. Wenn der Betätigungsknopf der Fernbedienung länger gedrückt wird, schließen sich automatisch alle noch offenen Fenster und – soweit vorhanden – das Schiebedach. Um Verletzungen durch unbeabsichtigtes Einklemmen auszuschließen, ist es jedoch wichtig, daß der Schließvorgang unmittelbar neben dem Fahrzeug ausgelöst wird und eine direkte „Sichtverbindung" zwischen der Fernbedienung und dem Empfänger am Innenrückspiegel besteht.

Technik-Info Diebstahlschutz: Rundum abgesichert

Angriffspunkt	Diebstahlschutz	Lieferumfang
Kopieren des Schlüssels	Nicht möglich, da 2- bzw. 4-Bahnen-Schlüssel mit Kopierschutz; Ersatzschlüssel gibt es nur gegen Nachweis; für das Starten des Motors ist die Infrarotfernbedienung erforderlich	serienmäßig
Kopieren des Fernbedienungs-Codes	Nicht möglich, da Wechselcode-System	serienmäßig
Kurzschließen der Zündung	Keine Diebstahlmöglichkeit, wenn Wegfahrsperre aktiv	serienmäßig
Aufbrechen des Lenkradschlosses	Keine Diebstahlmöglichkeit, wenn Wegfahrsperre aktiv. Schloß mit Aufbohr- und Überdrehschutz	serienmäßig
Abschleppen des Fahrzeugs	Abschleppschutz löst Alarm aus	auf Wunsch
Änderung der Fahrgestellnummer	Mercedes-Modelle haben verschiedene Identifizierungsmöglichkeiten	serienmäßig
Einschlagen der Scheiben	Innenraumsicherung löst Alarm aus	auf Wunsch
Türöffnen mittels Drahtschlinge	Nicht möglich, da versenkte Sicherungsknöpfe, versenkte Türinnenbetätigung und vollständig abgedeckter Schließmechanismus	serienmäßig
Aufbrechen der Türen	Nur schwer möglich, da massiver Türrahmen und massiver Schließmechanismus. Einbruch/Diebstahl-Warnanlage löst Alarm aus	serienmäßig/ EDW auf Wunsch
Öffnen des Kofferraums beim Ampelstopp	Nicht möglich, wenn Schloß in 90-Grad-Stellung oder wenn Zentralverriegelungsschalter betätigt wurde	serienmäßig
Aufbrechen des Kofferraums	Nur schwer möglich, da zusätzliche Kofferraumsicherung. Einbruch/Diebstahl-Warnanlage löst Alarm aus	serienmäßig/ EDW auf Wunsch
Diebstahl des Autoradios	Sinnlos, da Radios mit Codessystem und fälschungssicherer Identifikation ausgestattet. Einbruch/Diebstahl-Warnanlage löst Alarm aus	bei MB-Radios serienmäßig/ EDW auf Wunsch
Diebstahl/Einbruch durch geöffnete Seitenscheiben	Innenraumabsicherung löst Alarm aus	auf Wunsch

Kälteschock:
Prototypen der E-Klasse spulten ein schonungsloses Erprobungsprogramm in allen Klimazonen der Erde ab. Im Norden Schwedens bestanden Motoren, Heizung und Elektrik bei Temperaturen von minus 20 Grad Celsius ihre Bewährungsprobe.

Tests im Zeitraffer

Bevor ein neues Mercedes-Modell fit für die Serie ist, hat es unzählige Tests und Erprobungen hinter sich, von denen viele im Zeitraffertempo ablaufen. Auf manchen Teststrecken ist die Beanspruchung nämlich so groß, daß 1 000 Testkilometer etwa 12 000 Kilometern im normalen Straßenverkehr entsprechen. Das ist notwendig, damit die Ingenieure binnen kürzester Zeit Erkenntnisse über die Dauerhaltbarkeit von Karosserie, Motoren oder Fahrwerk erlangen. Der 50 000-Kilometer-Dauervollgastest auf einem Hochgeschwindigkeitsoval im süditalienischen Nardo, die Versuchsfahrten in der Gluthitze des gefürchteten Death Valley Kaliforniens oder die Extremerprobung von Bremsen und Fahrwerk auf dem Grand-Prix-Kurs von Hockenheim zählen mit Abstand zu den härtesten Zeitraffer-Testdisziplinen der Mercedes-Modelle. Die neue E-Klasse hat diese und eine Vielzahl anderer Tests mit Bravour bestanden.

Anfang 1990 fiel der Startschuß für die Praxiserprobung der neuen Modellreihe. Sogenannte Erprobungsträger, die sich zwar äußerlich kaum von einer Limousine der alten E-Klasse unterschieden, unter ihrem Blechkleid jedoch bereits die Technik der neuen Modellreihe versteckten, dienten als rollende Versuchslabors für Motoren, Fahrwerk und andere Fahrzeugkomponenten. Bis zu 100 Testfahrer und Versuchsingenieure beteiligten sich an der schonungslosen Dauerlauferprobung, die im Schichtbetrieb rund um die Uhr lief.

Auto-Marter mit Methode

Noch während die Erprobungsträger ihre Testkilometer abspulten, entstanden im Werk Untertürkheim die ersten Prototypen der neuen E-Klasse. Handgefertigt und bis zur Unkenntlichkeit getarnt, rollten sie ab 1991 auf die Straßen und Versuchsgelände. Jeder Testkilometer lief nach strengen Prüfvorschriften ab. Es wurde in einem Testleitfaden genau vorgeschrieben, wie lange sich die Autos im Stop-and-Go-Verkehr, auf Landstraßen, Autobahnen oder an Bergstraßen zu bewähren hatten und welche zusätzlichen Belastungsproben zu bewältigen waren. Auf der Hochgeschwindigkeitsstrecke von Nardo wurden Motoren, Kühlsysteme und Katalysatoren aufs härteste beanspruht. In Hockenheim mußte das Fahrwerk rennmäßiges Tempo verkraften, auf den Naturstraßen im Norden Norwegens quälten Schotter, Schlaglöcher und Steine Karosserie und Fahrwerk gleichermaßen. Ebenso schonungslos war der sogenannte Anhänger-Dauerlauf: Bis an die zulässige Grenze beladene Prototypen der neuen E-Klasse zogen wochenlang Anhänger über steile Bergstraßen der Schwäbischen Alb – eine extreme Belastungsprobe für den Antriebsstrang der Limousinen.

Diagnose auf dem Prüfstand

Nach den subjektiven Fahrbeurteilungen und Messungen auf der Straße kehrten die Prototypen regelmäßig auf die Prüfstände zurück, wo die bis dahin ermittelten Werte mit neuen Meßergebnissen verglichen und die Fahrzeugtechnik Schritt für Schritt optimiert wurde. Räder und Radaufhängungen nahmen die Fachleute beispielsweise auf dem hochmodernen Fahrdynamik-Simulationsprüfstand unter die Lupe, in dessen Computer die Streckenprofile tatsächlicher Straßen gespeichert sind. So können die Ingenieure Kräfte und Momente über die Räder auf die Radaufhängung einleiten, die der Wirklichkeit des Straßenverkehrs entsprechen. Zum Meßprogramm zählen unter anderem die Federung (Radaufstandskraft abhängig vom Federweg), die Kinematik (Spurwinkel-, Sturz- und Spurweitenänderung abhängig vom Federweg) und die Elastokinematik (Spur-, Sturzwinkeländerung und Verschiebung des Rades in Längs- und Querrichtung). Auf diese Weise hat die neue E-Klasse ungezählte Kilometer schlechtester Wegstrecken aus der Retorte über sich ergehen lassen.

Teststation: Auf computergesteuerten Prüfständen wurden Achsen, Räder und Radaufhängungen aufs härteste beansprucht.

Eine weitere Teststation war der Flachbahn-Prüfstand, auf dem eine topfebene Fahrbahn simuliert wird. Hier fahren die Tester Geschwindigkeiten von mehr als 200 km/h und analysieren neben Lenkwinkel, Spur und Sturz auch das Verhalten der Reifen bei schneller Kurvenfahrt. Auch bei dieser Anlage sorgt die moderne Computertechnik dafür, daß Tests auf der Straße nachempfunden werden beziehungsweise auf dem Prüfstand bestätigt werden können.

Tests rund um den Globus

Bereits vier Jahre vor dem Serienstart der neuen E-Klasse fuhren getarnte Prototypen der E-Klasse um die Welt: Ob Italien, Skandinavien, Süd- und Nordamerika, ob in tropischer Hitze oder arktischer Kälte, den rund 70 Erprobungsträgern und Prototypen blieb nichts erspart. Die Zielsetzung war klar: Ein Auto, das überall in der Welt verkauft wird, muß auch unter allen Klima- und Straßenbedingungen einwandfrei funktionieren. Im Norden Schwedens, wo Motoren, Heizung oder Elektrik der Prototypen bei Dauerfrost von minus 20 Grad Celsius unter die Lupe genommen werden, ebenso wie in den Höhenlagen der Alpen, wo zwar ähnliche Niedrigtemperaturen herrschen, doch aufgrund der höheren Luftfeuchtigkeit andere Klimabedingungen als in Skandinavien herrschen. Das andere Temperatur-Extrem „erlebten“ die Prototypen der neuen E-Klasse unter anderem in Südamerika. Auch der Name Death Valley ist seit vielen Jahren ein fester Bestandteil des Hitzetestprogramms. Im „Tal des Todes“ herrschen Klimabedingungen, wie man sie an keinem anderen Ort der Erde vorfindet: 50 Grad Celsius und 100 Prozent Luftfeuchtigkeit.

Im Todes-Tal testen die Mercedes-Ingenieure schon seit 20 Jahren. In „Badwater“, dem mit 86 Metern unter dem Meeresspiegel tiefsten Punkt des Death Valley, lassen sie die Motoren regelmäßig minutenlang im Stand mit Vollgas laufen, stellen abschließend die Zündung ab, warten ein paar Minuten und starten die Triebwerke dann wieder aufs neue. Im Testfahrer-Jargon heißt diese Tortur schlicht „Warmstart“.

Abschlußprüfung unter kundennahen Bedingungen

Nach Tausenden von Versuchskilometern ging der Testmarathon der E-Klasse im Dezember 1994 seinem Höhepunkt entgegen: der sogenannten Klausurerprobung mit Limousinen aus der ersten Produktionsserie. Die Mercedes-Ingenieure haben diesen Test entwickelt, um neue Modelle kurz vor Serienanlauf noch einmal in kompletter und endgültiger Ausstattung auf die Probe zu stellen – unter kundennahen Einsatzbedingungen.

Klausurerprobung: Auf Marterstrecken im Hochland Brasiliens fand die Abschlußprüfung der E-Klasse statt. Bei 38 Grad Außentemperatur und 97 Prozent Luftfeuchtigkeit spulten die Limousinen rund 10 000 Testkilometer ab.

Die Abschlußprüfung der E-Klasse lief mit je drei Vorserienmodellen an vier Standorten: In Brasilien spulten die Limousinen auf 1700 Metern Höhe bei bis zu 38 Grad Celsius Außentemperatur, tropischem Regen und 97 Prozent Luftfeuchtigkeit jeweils 10000 Testkilometer ab. Zeitgleich begannen Mercedes-Testfahrer mit einem Programm, das sie vom tropisch-heißen Florida 3500 Kilometer quer durch die Vereinigten Staaten bis in den kalten Norden an der kanadischen Grenze führte. Hier herrschten minus 20 Grad Celsius. Und im Schwarzwald absolvierten drei weitere E-Klasse-Testwagen bei schwäbischem Nieselregen eine weitere Abschlußprüfung.

So verschieden die Bedingungen an den Standorten der Klausurerprobung auch waren, so unerbittlich gleich war der Tages- und Testablauf für Mensch und Technik: 10000 Testkilometer waren pro Fahrzeug und Standort abzuspulen. Pünktlich um 21 Uhr gingen täglich an den drei Standorten jeweils drei E-Klasse-Limousinen auf die Reise, morgens um 7 Uhr war die Nachtschicht zu Ende. In einer rund zweistündigen Nachbesprechung wurden die Beanstandungen ausgiebig diskutiert. Gegen 9 Uhr durften die Testfahrer dann zum Frühstück – und anschließend ins Bett. Die Männer von der Tagschicht gingen nun daran, die Fehlerursachen aufzuspüren und zu beseitigen. In der letzten Woche der fast dreiwöchigen Erprobung glühten die Fax-Leitungen in Richtung Heimat – Testergebnisse und Kommentare wurden aktuell übermittelt. In Deutschland wurden die Testprotokolle aus allen Standorten sofort ausgewertet.

Insgesamt legten die Pilotwagen der neuen E-Klasse im Rahmen der Klausurerprobung in Brasilien, USA und Deutschland über 100000 Kilometer zurück. Die Stunde der Wahrheit schlug schließlich bei der Präsentation der Testergebnisse im Mercedes-Entwicklungszentrum Sindelfingen, wo sich der Vorstand des Automobilunternehmens über die Ergebnisse der Klausurerprobung informierte und mit Zufriedenheit feststellte, daß alle Tests ohne größere Probleme abgelaufen waren.

Mercedes-Mitarbeiter als Testfahrer

Vor der Premiere vor großem Publikum hatten jedoch die Mitarbeiterinnen und Mitarbeiter von Mercedes-Benz das letzte Wort. Im Rahmen der kundennahen Fahrererprobung spulten sie Anfang 1995 mit weiteren 250 Vorserienmodellen noch einmal zehn Millionen Kilometer ab und stellten der E-Klasse nach diesem Alltagstest ein hervorragendes Reifezeugnis aus: „Die E-Klasse ist Extra-Klasse.“

Nachtfahrt:
Im Rahmen der Klausurerprobung legten die Versuchswagen im Nonstop-Betrieb an drei Teststandorten insgesamt rund 100 000 Kilometer zurück.

S LY 1653

Volles Programm

Mit den drei Design- und Ausstattungslines Classic, Elegance und Avantgarde bietet die neue E-Klasse Autofahrerinnen und Autofahrern Gelegenheit, ihren Wagen ab Werk ganz nach individuellem Geschmack und persönlichem Mobilitätswunsch auszustatten. Doch damit nicht genug: Wer sich noch mehr Individualität wünscht, findet in dem reichhaltigen Zubehörprogramm für die E-Klasse weitere Extras, mit denen sich die Limousine wechselnden oder wachsenden Ansprüchen anpassen läßt. So verwandeln Transportsysteme für Ski, Surfbrett oder Fahrräder das Auto in einen idealen Begleiter für den Freizeitsport, zusätzliche Rückhaltesysteme verbessern die Sicherheit von Kindern während der Fahrt, während Leichtmetallräder oder Anbauteile das dynamische Erscheinungsbild der neuen Mercedes-Modellreihe noch stärker betonen.

Für Sport und Freizeit

Die vielseitige Basis für den Dachtransport von Freizeitgeräten bildet der speziell für die neue E-Klasse entwickelte Grundträger aus eloxiertem Aluminium. Je nach Bedarf werden die verschiedenen Haltesysteme einfach eingeschoben: bis zu vier Fahrradhalter, der Surfbretthalter für ein oder zwei Boards samt Masten, die Skihalteraufsätze für bis zu sechs Paar Ski, zwei Bootshalter für alle gängigen Kajak- und Kanugrößen, ein oder zwei Dachcontainer mit einem Volumen von jeweils rund 300 Litern oder der Gepäckkorb für sperrige Lasten. In Kürze wird auch ein spezieller Halter fürs Snowboard lieferbar sein.

Neu ist auch ein Fahrradhalter, der am Fahrzeugheck befestigt wird. Er ermöglicht den Transport von bis zu drei Drahteseln, die besonders bequem auf- und abzuladen sind. Der Zugang zum Kofferraum wird durch diesen Heckträger übrigens nicht versperrt. Ein Handgriff genügt, und der Fahrradhalter läßt sich nach unten kippen, so daß der Kofferraumdeckel erreichbar wird.

Trägersystem:
Das vielseitige Aluminiumträgersystem eignet sich zum Transport von Fahrrädern, Surfbrettern oder Booten (links). Mit Hilfe eines neuartigen Trägers lassen sich am Fahrzeugheck drei Fahrräder befestigen (oben).

Für Kind und Kegel

Der Sicherheit der Fahrzeuginsassen widmet Mercedes-Benz seit jeher größte Aufmerksamkeit. Ingenieuren des Automobilunternehmens gelingt es immer wieder, auf diesem wichtigen Gebiet der Fahrzeugtechnik Maßstäbe zu setzen. Das gilt auch für die Kinderrückhaltesysteme in der neuen E-Klasse. Auch sie sind das Ergebnis aufwendiger Entwicklungsarbeit und Sicherheitsforschung, die von ungezählten Testreihen begleitet wird. Entsprechend Alter und Gewicht der Kinder berücksichtigen die Rückhaltesysteme sowohl anatomische als auch fahrzeugtechnische Aspekte. Das bedeutet: Sie sind einerseits genau auf die Körpergröße der kleinen Mitfahrer und andererseits exakt auf das Gurtsystem in der E-Klasse abgestimmt. Logisch, daß die Mercedes-Rückhaltesysteme für Kinder auch die Vorschriften der ECE-Norm erfüllen. Sie schreibt vor, daß Kindersitze bei einem simulierten Frontalaufprall von etwa 50 km/h gegen ein festes Hindernis geprüft werden müssen.

Praxis-Tip

Integrierte Sicherheit für Kinder

Verantwortungsbewußte Eltern kennen keine Ausnahme: Kinder gehören während der Fahrt in den Kindersitz – immer. Denn nur ein Kindersitz bietet den kleinen Mitfahrern im Falle eines Unfalls größtmöglichen Schutz. Für die neue E-Klasse hat Mercedes-Benz einen integrierten Kindersitz entwikkelt, der den sicheren Transport der kleinen Mitfahrer noch leichter macht: Das zusätzliche Sitzpolster befindet sich in der Rücksitzbank und klappt per Knopfdruck heraus. Es deckt den Altersbereich zwischen zwei und zwölf Jahren ab. Das Anschnallen erfolgt mit dem normalen Sicherheitsgurt: Dank der in der E-Klasse im Fond serienmäßigen automatischen Höhenanpassung schmiegt sich der Gurt immer optimal an. Bei der Konzeption des integrierten Kindersitzes war das wichtigste Kriterium der bestmögliche Schutz des kindlichen Körpers bei schweren Unfällen. Deshalb kommt auch beim Kinder-Integralsitz für die Zwei- bis Vierjährigen ein spezielles Tischpolster hinzu, das für diese Altersstufe eine optimale Rückhaltewirkung gewährleistet. Das Tischpolster stützt den Oberkörper großflächig ab und fängt ihn sicher auf, wodurch auch einer Überlastung der Halswirbelsäule entgegengewirkt wird.

Sitzprogramm:
Die Kindersitze im Mercedes-Zubehörsortiment sind exakt auf das Gurtsystem der E-Klasse abgestimmt und erfüllen härteste Crashtests.

Neben den integrierten Kindersitzen für die Fondsitzbank, die auf Wunsch als Sonderausstattung lieferbar sind, bietet Mercedes-Benz als Zubehör ein Kindersitzprogramm, das ebenfalls alle sicherheitstechnischen Anforderungen erfüllt. Es enthält im einzelnen:

- Baby-Safe: Für Neugeborene bis zu neun Monaten und bis etwa zehn Kilogramm Körpergewicht. Der Baby-Safe kann wahlweise in Sitz- oder in Liegeposition verstellt werden. Mit Hilfe der bereits integrierten Tragegurte kann das Baby bequem auch außerhalb des Fahrzeugs in dem Sitz getragen werden. Zwei Container am Untergestell des Baby-Safe eignen sich zur Aufbewahrung von Milchflaschen oder Windeln. Der waschbare Baumwollbezug ist abnehmbar.
- Peggy: Für Kleinkinder von neun Monaten bis vier Jahre, deren Körpergewicht neun bis 18 Kilogramm und deren Körperhöhe bis etwa 100 Zentimeter beträgt. Das Brustpolster dient gleichzeitig als Spieltisch. Die Befestigung des Kindersicherheitssitzes erfolgt mit Hilfe des normalen Zwei- oder Dreipunktgurtes, der durch den Spieltisch geführt wird.
- Vario: Für Kinder von dreieinhalb bis sieben Jahre mit einem Körpergewicht von 15 bis 25 Kilogramm. Dieser Kindersicherheitssitz bietet bei optimaler Schutzfunktion eine große Bewegungsfreiheit. Die Befestigung erfolgt über den normalen Fahrzeuggurt am Spieltisch des Sitzes, der gleichzeitig als Fangkörper fungiert. Der Baumwollbezug ist abwaschbar.
- Toppy: Für Kinder von dreieinhalb bis zwölf Jahre und einem Körpergewicht von 15 bis 36 Kilogramm. Toppy ist keine Sitzerhöhung, sondern ein vollwertiger Sicherheitssitz, der durch eine spezielle Stahleinlage in der Armlehne Aufprallenergie aufnehmen kann. Der Schräggurt verläuft durch die Sitzkonstruktion über die Schulter des Kindes und scheuert deshalb nicht

am Hals. Der Beckengurt wird durch eine Führung vom Bauch ferngehalten. Das Baumwollkissen ist atmungsaktiv und verfügt über spezielle Luftlöcher im Bodenteil.

Für Komfort und Kommunikation

Autofahrer, die sich im Innenraum noch mehr individuelle Behaglichkeit und noch mehr Luxus wünschen, finden im Mercedes-Zubehörsortiment viele Details, die das Interieur zusätzlich aufwerten. Dazu gehören unter anderem ein Lederlenkrad aus schwarzem Leder mit integriertem Airbag, eine Ablagebox aus Holz für die Mittelkonsole des Modells Classic sowie eine große Auswahl an Schalt- und Wählhebeln mit dekorativen Plaketten. Zu den Zubehör-Neuheiten gehört ein sogenannter Cupholder, mit dessen Hilfe sich Getränkedosen oder Trinkbecher sicher transportieren lassen. Der Cupholder wird in das Ablagefach vor dem Mitteldom der Lines Elegance und Avantgarde integriert und fährt auf leichten Druck mechanisch aus.

Telefonzelle:
Für die mobile Kommunikation bietet Mercedes-Benz verschiedene Autotelefone und Handys an. Die Telefonkonsolen passen farblich zur Innenraumgestaltung der E-Klasse.

Für die Sitze hat Mercedes-Benz Schonbezüge entwickelt, die den Sitzbezugstoff vor Verschmutzung, Ausbleichung und vorzeitigem Stoffabrieb schützen. Die Schonbezüge passen sich exakt der Form von Sitzen und Kopfstützen an, so daß sie erst auf den zweiten Blick als zusätzlicher Bezug erkennbar sind. Auch die Stoffdessins sind auf die jeweilige Farbgestaltung des E-Klasse-Innenraums abgestimmt. Zusätzlichen Sitzkomfort bieten auch die speziellen Komfortfelle aus hochwertigen Merino-Fellen. Sie sind in den Farben Anthrazit, Grau und Natur erhältlich.

Zu den Annehmlichkeiten automobilen Reisens gehört auch die Gewißheit, unterwegs erreichbar zu sein. Deshalb bietet Mercedes-Benz für die neue E-Klasse eine breite Auswahl moderner Autotelefone verschiedener Hersteller an. Dazu gehören sowohl festeingebaute Geräte als auch portable Handys, die in passenden Telefonkonsolen ihren Platz finden und mit einer Freisprecheinrichtung kombiniert werden. Die Telefonhalterungen sind farblich auf das Innenraumdesign der neuen Mercedes-Limousinen abgestimmt.

Für Urlaub und Reise

Für die E-Klasse gibt es ein spezielles Kofferset, das in Form, Farbe und Material zu der neuen Limousine aus dem Hause Mercedes-Benz paßt. Das Set besteht aus fünf Koffern – einem großen und einem mittleren Urlaubskoffer, einem Kleidersack, einer Reisetasche und einem Aktenkoffer. Alle Teile sind aus hochwertigem Lammnappaleder hergestellt und zeichnen sich durch gute handwerkliche Verarbeitung und funktionelle Details aus. Das Dessin der Innenfutter ist an die Sitzbezugstoffe des Avantgarde angelehnt, während die verchromten Tragebügel auf Wurzelnußapplikationen an die Ausstattung des Elegance erinnern. Noch besser: Das Koffer-Set ist auf die Maße des E-Klasse-Kofferraums zugeschnitten.

Kofferset:
Koffer, Reisetasche und Kleidersack für die E-Klasse bestehen aus Lammnappaleder.

Für Sportler und Individualisten

Leichtmetallräder geben jedem Automobil eine sportliche, dynamische Note. Für das Classic-Modell der neuen E-Klasse sind deshalb beispielsweise per Zubehörprogramm auch die serienmäßigen Leichtmetallräder der Lines Elegance und Avantgarde lieferbar:

- Das 10-Loch-Rad (15 und16 Zoll) des Elegance ist als Zubehör auch für den Classic erhältlich.
- Das 5-Loch-Rad (16 Zoll) des Avantgarde steht auch den Besitzern von Classic und Elegance zur Auswahl.

Radschlag:
Das 5-Speichen-Rad C 112 aus dem Zubehörprogramm (links) ist für der E-Klasse erhältlich. Das 5-Loch-Rad der Avantgarde-Line (rechts) gibt es ab Werk auch für die Modellvarianten Classic und Elegance.

Darüber hinaus enthält das Zubehörsortiment folgende Leichtmetallräder für die neue E-Klasse:

- Das 6-Loch-Rad in den Größen 6½ x 15 ET 37 und 7 x 15 ET 37 für die Modellvarianten E 220 DIESEL, E 290 TURBODIESEL, E 300 DIESEL, E 200 und E 230.
- Das 5-Speichen-Rad in den Dimensionen 6½ x 15 ET 37 und 7 x 15 ET 37 für die Modelle E 220 DIESEL, E 290 TURBODIESEL, E 300 DIESEL, E 200 und E 230.
- Einteilige Scheibenräder aus dem Hause AMG in den Formaten 7½ J x 17 ET 35, 8 J x 18 ET 31 oder 9 J x 18 ET 35 (nur für die Hinterachse).
- Ein neues Leichtmetallrad vom Typ C112, das von dem gleichnamigen Mercedes-Forschungsfahrzeug abgeleitet wurde. Es steht in 16-Zoll-Version für alle Motorvarianten der E-Klasse zur Auswahl.

Aus dem Hause AMG stammen auch eine Reihe anderer sportlicher Zubehörartikel für die neue E-Klasse:

- Optikpaket: Frontschürze mit Nebelscheinwerfern, Heckschürze und Seitenschwellerverkleidung (ab Werk als Sonderausstattung)
- Heckflügel mit integrierter Bremsleuchte (als Zubehör)
- Sport-Nachschalldämpfer (als Zubehör für Benzinermodelle)
- Sportfahrwerk (als Zubehör)

Praxis-Tip

Neuer Glanz für Leichtmetallräder

Kein Zweifel: Leichtmetallräder zählen zu den optischen Höhepunkten eines Automobils und prägen dessen Erscheinungsbild. Um diesen Effekt zu erhalten, ist jedoch eine regelmäßige Pflege notwendig. Weil Waschanlagen es kaum schaffen, Räder vom Bremsstaub und Straßenschmutz zu befreien, sollten Autobesitzer Hand anlegen und die Alu-Räder ihres Wagens wieder auf Hochglanz bringen. Spezielle Pflegemittel aus dem Sortiment von Mercedes-Benz helfen dabei. Auch wenn der Schmutz festsitzt, braucht man die Felgen oder Kunststoffradkappen nur mit diesem Reinigungsmittel einzusprühen und sie kurze Zeit später mit Wasser abspritzen. Ein Trockenreiben oder Nachpolieren ist nicht erforderlich – der Glanzeffekt stellt sich von alleine wieder ein. Mehr noch: Der Spezialreiniger schützt die Räder auch vor winterlichen Witterungseinflüssen und konserviert das edle Metall.

Schaustück:
Mit der Roadster-Studie SLK sorgte Mercedes-Benz 1994 gleich zwei Mal für Aufsehen. Der offene Zweisitzer wird 1996 in Serie gehen.

Auf neuen Wegen

Am Anfang der Produktplanung steht bei Mercedes-Benz stets die Meinung der Kunden. Weder futuristische Designer-Ideen noch utopische Techniker-Träume, sondern die praxisnahen Wünsche und Anforderungen der Kunden beeinflussen die Entwicklung der Mercedes-Modelle. Mit dieser Zielsetzung hat das Automobilunternehmen Anfang 1993 eine weitreichende Neuausrichtung seiner strategischen Produktpolitik bekanntgegeben. Neben den bisherigen Modellreihen in den Kernsegmenten der C-, E-, S-, SL- und G-Klasse wird Mercedes-Benz in Zukunft eine unterhalb der C-Klasse positionierte A-Klasse, einen weiteren Roadster, eine Großraumlimousine und ein Freizeitauto anbieten. Mehr noch: Zusammen mit der SMH (Schweizerische Gesellschaft für Mikroelektronik und Uhrenindustrie) will Mercedes-Benz ein zweisitziges Stadtauto produzieren.

Den konzeptionellen Vorläufer der zukünftigen A-Klasse stellte Mercedes-Benz 1993 der Öffentlichkeit vor. Sein Name: Studie A. Das Kompaktmodell ist die Mercedes-Antwort auf veränderte Kundenwünsche. Sie lauten:

- großer Fahrspaß
- kompakte Abmessungen
- großzügige Platzverhältnisse im Innenraum
- hoher Nutzwert und große Variabilität
- optimale Insassensicherheit
- gute Umweltverträglichkeit
- geringer Kraftstoffverbrauch
- alternative Antriebskonzepte

Die Verwirklichung dieser Kundenwünsche und die Konzeption eines Kompaktwagens mit Mercedes-Qualitäten erfordert ein Umdenken in vielen Bereichen der Automobilentwicklung. Völlig neue Zielkonflikte sind zu lösen: Wie läßt sich ein Auto mit den Dimensionen eines Kleinwagens und dem Platzangebot einer Mittelklasselimousine konstruieren? Wie könnte ein Fahrzeug aussehen, das für verschiedene Antriebsarten geeignet ist? Wie können die strengen, firmeninternen Sicherheitsvorschriften mit einer Kleinwagenkarosserie erfüllt werden?

Eines stand dabei für die Fachleute der Mercedes-Vorentwicklung von Anfang an fest: Mit einem Personenwagen herkömmlicher Konzeption lassen sich die gesteckten Ziele nicht realisieren. Deshalb waren neue Auto-Ideen gefragt – Ideen, die den Weg für eine völlig neue Fahrzeugklasse und ein völlig neues Marktsegment bahnen.

Karosserie auf zwei Ebenen

Mit einem innovativen, aber durchaus serienfähigen Fahrzeugkonzept verwirklichen die Entwicklungsingenieure sowohl die Kundenwünsche als auch technische Anforderungen: Mercedes-Benz hat bei der Studie A erstmals eine Pkw-Karosserie mit zwei übereinanderliegenden Ebenen entwickelt. Im unteren Bereich sind Motor, Getriebe, Fahrwerk und andere Nebenaggregate

**Kompaktwagen:
Mit der Studie A präsentierte Mercedes-Benz den Vorläufer der zukünftigen A-Klasse, die sich durch ein hohes Maß an Sicherheit und Raumökonomie auszeichnet.**

angeordnet. Ein ebenes Bodenblech, dessen stabile Längsträger vom Wagenbug bis zur Heckpartie reichen, trennt diesen Aggregateraum von der Fahrgastzelle. Die vier Passagiere nehmen also im oberen Teil der Karosserie Platz. Dieses neuartige Aufbaukonzept hat viele Vorteile. Die wichtigsten sind zweifellos die überaus ökonomische Raumaufteilung und das hohe Maß an Insassensicherheit. Weil die Motor-Getriebe-Einheit nicht vor, sondern unterhalb der Fahrgastzelle eingebaut ist, läßt sich der Vorbau der Karosserie deutlich verkürzen. Das gleiche gilt für die Heckpartie: Tank oder Antriebsbatterie sind ebenfalls nach dem Unterflurprinzip installiert, so daß sie keinen zusätzlichen Platz innerhalb der Fahrgastzelle beanspruchen. Und bei einem Frontalaufprall rutscht die Antriebseinheit unter den Passagierraum, so daß die gefährliche Intrusion der Aggregate verhindert wird.

Mini-Auto für den Stadtverkehr der Zukunft

Mit ihrem außergewöhnlichen Raumangebot unterscheidet sich die Studie A von einem anderen innovativen Zukunftsprojekt, das Mercedes-Benz in Zusammenarbeit mit der Schweizerischen Gesellschaft für Mikroelektronik und Uhrentechnik (SMH) entwickelt: dem Micro Compact Car (MCC). Dieser Zweisitzer ist mit einer Karosserielänge von rund 2,50 Metern gut einen Meter kürzer als die zukünftige A-Klasse und eignet sich somit in vorbildlicher Weise als Individualfahrzeug für den Stadtverkehr der Zukunft. Entsprechend sind auch die geplanten Motoren des Mini-Autos konzipiert: ein kleinvolumiger Ottomotor sowie ein Hybridantrieb, der aus Elektro- und Dieselmotor besteht.

Stadtmobil:
Das Micro Compact Car ist ein wendiger Zweisitzer für den Stadtverkehr der Zukunft. Der Serienstart soll 1998 erfolgen.

A-Klasse und Micro Compact Car im Konzeptvergleich

	A-Klasse	Micro Compact Car
Konzeption	Vollwertiges, fünftüriges Familienfahrzeug mit fünf Sitzplätzen, variablem Innenraum und Platz für das Reisegepäck einer Familie oder für Freizeitgeräte.	Zweitüriges Stadtautomobil mit zwei Sitzplätzen und Stauraum für Einkaufstaschen oder Getränkekisten. Idealer Zweit- oder Drittwagen.
Einsatzgebiet	Stadt- oder Überlandverkehr	Stadtverkehr
Abmessungen	Länge: ca. 3,50 Meter	Länge: ca. 2,50 Meter
Motorisierung	1,2-Liter-Ottomotor; 1,2-Liter-Dieselmotor mit Direkteinspritzung; Elektroantrieb	Kleinvolumiger Ottomotor; Hybridantrieb (Kombination von Elektro- und Dieselantrieb)
Hersteller	Mercedes-Benz AG	Gemeinschaftsunternehmen von Mercedes-Benz und SMH
Serienstart	1997	1997/1998

Ganz anders die zukünftige A-Klasse: Aufgrund ihres großzügigen Raumangebots und ihrer Motorisierung ist diese Mercedes-Modellreihe ein vollwertiges Automobil, das sowohl für den Einsatz im städtischen und stadtnahen Bereich als auch für Überlandfahrten geeignet ist. Ein typisches Reise- oder Langstrekkenfahrzeug ist der Vorläufer der Mercedes-Benz A-Klasse aber nicht – eher ein ideales Familienauto für moderne, anspruchsvolle Menschen, die ihre individuelle Mobilität ohne Verzicht auf Komfort und Sicherheit so umwelt- und sozialverträglich wie möglich gestalten wollen.

Roadster mit attraktivem Outfit

Mit zwei Roadster-Studien unternahm Mercedes-Benz 1994 einen weiteren Schritt in Richtung einer neuen Modellreihe der Zukunft. Der Name des Autoprojekts: SLK. Nachdem im April 1994 die erste, brillantsilber lackierte SLK-Studie bei der Automobilausstellung in Turin auf großes Interesse stieß, präsentierte Mercedes-Benz auf dem Pariser Automobilsalon eine weitere Version dieser kompakten, offenen Zweisitzer-Studie, diesmal in schimmerndem Dunkelblau, einem Leder-Interieur und einem schon seriennahen Vario-Dach. Dieses Dach verschwindet auf Knopfdruck in etwa 25 Sekunden vollautomatisch im Kofferraum, so daß die Fahrerinnen und Fahrer entweder offen wie in einem Roadster oder geschlossen wie in einem Coupé unterwegs sein können. Für die Insassensicherheit sorgen die starken A-Säulen und die integrierten Überrollbügel hinter den beiden Sitzen. Das Vario-Dach macht, im Gegensatz zum klassischen Roadster, aus dem offenen Roadster ein kompromißloses

Roadster:
Die beiden SLK-Studien, die Mercedes-Benz 1994 vorstellte, stießen auf großes Publikumsinteresse. Dank eines praktischen Vario-Dachs (links) verwandelt sich das Auto auf Knopfdruck vom Roadster zum Coupé.

Ganzjahres-Auto. Hinzu kommt größtmöglicher Komfort bei der Dachbedienung und der Geräuschentwicklung in geschlossenem Zustand bei gleichzeitiger, uneingeschränkter Sportlichkeit in Sachen Fahrdynamik.

Kompaktwagen für China

Außerhalb Europas engagierte sich Mercedes-Benz Ende 1994 mit einem speziell für den chinesischen Automobilmarkt konzipierten Kompaktwagen. Das Family Car China (FCC) unterscheidet sich grundlegend von herkömmlichen Personenwagen dieser Klasse und zeichnet sich durch eine zukunftsweisende Technik aus, die hinsichtlich Kraftstoffverbrauch, Umweltverträglichkeit, Sicherheit und Platzangebot deutliche Vorteile bietet.

Familienwagen:
Das Family Car China (rechts) hat Mercedes-Benz als Vorläufer einer zukünftigen Fahrzeuggeneration für die Volksrepublik China entwickelt. Vom Kastenwagen bis zur Großraumlimousine sind weitere Modellvarianten denkbar (oben).

Mercedes-Benz stellte das Family Car China als Vorläufer einer zukünftigen Fahrzeuggeneration vor und bot damit der Volksrepublik China seine Erfahrungen und sein Know-how bei der Produktion und beim Vertrieb eines familiengerechten Kompaktwagens an, der mit seiner modernen Technik und Konzeption auch international wettbewerbsfähig ist. Das FCC-Konzept zeichnet sich durch ein formschönes One-Box-Design aus, das hinsichtlich Komfort und Raumökonomie weitere Fortschritte ermöglicht. So nimmt das FCC nur etwa sechs Quadratmeter Verkehrsfläche in Anspruch und ist mit einer Gesamtlänge von 3,56 Meter kürzer als ein herkömmlicher Kleinwagen. Trotzdem bietet das Kompaktmodell – ebenso wie die Studie A – im Innenraum die Platzverhältnisse einer Limousine der gehobenen Mittelklasse.

Seine Vielseitigkeit beweist das Konzept des Family Car China vor allem bei der Entwicklung weiterer Modellvarianten. So lassen sich aus der viertürigen Grundversion mit fünf Sitzplätzen beispielsweise eine Großraumlimousine für sieben Passagiere, ein Pickup mit fünf Sitzen und kleiner Ladefläche für sperrige Lasten oder ein Kastenwagen mit zwei Sitzplätzen und geräumigem Transportabteil ableiten.

Wechselstation: Der Austausch der Dachmodule des Vario Research Car soll nach den Vorstellungen der Mercedes-Forscher in speziellen Servicestationen erfolgen.

Vier Autos in einem

Ein weiteres Zukunftsprojekt stellte Mercedes-Benz anläßlich des Genfer Automobilsalons 1995 vor: das Vario Research Car. Dieses Forschungsfahrzeug läßt sich mit wenigen Handgriffen beliebig vom Cabrio zur Limousine oder vom Pick-Up zum Kombi verwandeln. Autofahrer können ihren Wagen somit kurzfristig dem jeweiligen Einsatzzweck anpassen: Für Einkaufsfahrten eignet sich beispielsweise die geräumige Kombiversion, für den Wochenendausflug das viersitzige Cabrio und für die Fahrt zum Freizeitsport ein Pick-Up mit praktischer Ladefläche. Bei Messen und Publikumsveranstaltungen will Mercedes-Benz die Reaktion der Öffentlichkeit auf diese neue Auto-Idee testen und Hinweise für die weitere Konzeptentwicklung sammeln. Die Hinweise des Publikums werden zeigen, ob ein solches Vario-Konzept akzeptiert wird und ob der Forschungswagen eines Tages zum Serienauto avanciert.

Mit dem Vario Research Car folgt Mercedes-Benz Hinweisen der Marktforschung, wonach das Automobil in Zukunft neben den traditionellen Transportaufgaben auch bei der Freizeitgestaltung der Menschen eine immer größere Rolle spielen wird. Während herkömmliche Personenwagen je nach Karosseriekonzeption nur ein begrenztes Einsatzspektrum haben, erfüllt das Vario Research Car die verschiedensten Mobilitätswünsche in idealer Weise. Die Basiskarosserie beherbergt die gesamte Antriebs- und Fahrwerkstechnik ein-

**Multitalent:
Durch auswechselbare Dachmodule läßt sich das Vario Research Car mit wenigen Handgriffen vom Kombi zum Cabrio oder vom Coupé zum Pick-Up verwandeln.**

schließlich Frontscheibe, Türen, Instrumententafel und Sitzen. Dank intelligenter Designgestaltung fügen sich Basiskarosserie und der jeweilige Aufbau harmonisch ineinander, so daß die „Schnittstellen“ zwischen beiden Karosseriebereichen unsichtbar bleiben. Sie befinden sich unterhalb der seitlichen Gürtellinie, an den Seitenscheiben, im Heck sowie am oberen Rahmen der Frontscheibe. Der Umbau des Forschungswagens erfolgt binnen weniger Minuten und erfordert nur geringen technischen Aufwand. Dank Leichtbaumaterialien wie Kohlefaser und Aluminium wiegen die Aufbauten nur jeweils 30 bis 50 Kilogramm. Elektromagneten und spezielle Verriegelungssysteme sorgen für eine sichere Befestigung des Aufbaus an der Basiskarosserie.

Zur Vision des variablen Autos gehört ein ebenso variables Vertriebskonzept: Autofahrer müssen die verschiedenen Aufbauvarianten des Vario Research Car nicht kaufen, sondern können sie in speziellen Servicestationen mieten. Je nach Jahreszeit, persönlichem Wunsch oder Transportbedürfnis geben sie „ihren“ Aufbau wieder zurück und wählen eine andere Version aus.

Das Vario Research Car dient den Wissenschaftlern und Ingenieuren des Forschungsinstituts Mercedes-Benz als rollendes Labor, in dem sie neben dem innovativen Karosseriekonzept auch andere zukunftsweisende Systeme unter Praxisbedingungen testen werden. Dazu gehört unter anderem ein neuartiges Bedien- und Anzeigekonzept, das den Autofahrer entlastet. Wichtige Hinweise über die Einhaltung des jeweiligen Tempolimits oder des Sicherheitsabstands werden ihm in Form leichtverständlicher farbiger Symbole angezeigt.

Freizeitauto aus den USA

Mercedes-Personenwagen werden traditionell in Deutschland gefertigt. Ausländische Montagestandorte existieren aber schon seit vielen Jahren in Ländern des Fernen Ostens und in Südafrika. Die weltweite Präsenz als Anbieter von Personenwagen wird Mercedes-Benz nun auch verstärkt im Produktionssektor ausbauen. Die Erfahrungen mit der Montage von Personenwagen in Südafrika und jetzt auch in Mexiko zeigen, daß die Mercedes-Philosophie ohne Qualitätseinbußen ebenso außerhalb Deutschlands zu realisieren ist: „Made in Germany" wird sich in Zukunft zu „Made by Mercedes-Benz" weiterentwickeln. Das zeigen auch die Aktivitäten des Unternehmens in Südkorea und Indien. Ein weiterer Meilenstein in der Internationalisierungs-Strategie wird das neue Werk in den USA sein. In Tuscaloosa im Bundesstaat Alabama sollen von 1997 an jährlich etwa 60 000 Exemplare eines neuen allradgetriebenen Mercedes-Freizeitfahrzeugs hergestellt werden.

Für alle Fälle

Checkliste für den Tankstopp

Check	Hinweis
Kraftstoffsorte	Grundsätzlich bleifreies Superbenzin mit 95 ROZ bzw. 85 MOZ tanken. Nur in Ausnahmefällen unverbleites Normalbenzin verwenden. Beim E 200 unbedingt die Motoreinstellung von einer Mercedes-Werkstatt auf Betrieb von Normalbenzin anpassen lassen.
Scheiben	Gründlich reinigen. Bei starker Verschmutzung oder Schlierenbildung auf der Frontscheibe Mercedes-Fensterreinigungsmittel verwenden.
Außenspiegel	Gründlich reinigen, ggf. MB-Fensterreinigungsmittel verwenden.
Scheinwerfer	Für Reinigung nur weichen Lappen oder Schwamm benutzen. Nicht scheuern und nicht kratzen. Keine aggressiven Reinigungsmittel verwenden. Mercedes-Autoglasreiniger ist geeignet (siehe auch Seite 43).
Scheibenwischer	Wischergummis regelmäßig mit Mercedes-Autoglasreiniger abwischen und ein bis zwei Mal pro Jahr erneuern lassen.
Heckleuchten	Mit weichem Schwamm oder Lappen reinigen. Nicht scheuern und keinen harten Insektenschwamm verwenden.
Reifen	Luftdruck alle zwei Wochen überprüfen (siehe auch Seite 79). Die Abnutzung des Reifenprofils regelmäßig kontrollieren und die Pneus je nach Verschleißzustand von vorn nach hinten (oder umgekehrt) umsetzen. Reifen mit weniger als 2 mm Profiltiefe erneuern. Fehlende Staubschutzkappen am Reifenventil ersetzen.
Motorraum	Kurze Sichtprüfung auf etwaige Undichtigkeiten an Öleinfülldeckel, Ölfilter, Zylinderkopfdeckel und Kurbelgehäuse. Kühlmittelschläuche und Dichtung des Verschlußdeckels am Kühler kontrollieren. Bei Defekten Mercedes-Werkstatt aufsuchen.

Check	Hinweis
Motoröl	Vor der Ölstandkontrolle muß der betriebswarme Motor für rund fünf Minuten abgestellt werden. Deshalb: Erst tanken, dann Ölstand am Meßstab kontrollieren. Öl nur bis zur „Max“-Markierung nachfüllen und nur Qualitätsöle verwenden (siehe auch Seiten 108 und 111).
Scheibenwaschanlage	Flüssigkeitsstand am Behälter im Motorraum prüfen. Im Sommer auf 5,5 Liter Behälterinhalt 50 ml des Mercedes-Scheibenwaschmittel-Konzentrats „S“ beimischen. Im Winter 1,25 l des MB-Konzentrats „W“ und 25 ml des Konzentrats „S“ beimischen. Bedienungsanleitung beachten. Wichtig: Bei Scheinwerferreinigungsanlage nur Scheibenwaschmittel für Kunststoffstreuscheiben verwenden.
Kühlmittel	Kühlmittelstand am Ausgleichsbehälter im Motorraum kontrollieren. Bei heißem Motor darf die Kontrollmarke um etwa 1,5 Zentimeter überschritten werden. Vorsicht beim Öffnen des Verschlußdeckels - Verbrühungsgefahr! Kaltes Kühlmittel nur einfüllen, wenn auch der Motor kalt ist. Nur Qualitäts-Kühlmittel verwenden (siehe auch Seite 113).
Bremsflüssigkeit	Flüssigkeitsstand am Vorratsbehälter im Motorraum kontrollieren. Er soll zwischen der „Max“- und der „Min“-Markierung liegen. Nur von Mercedes-Benz geprüfte Bremsflüssigkeit nachfüllen - die Mercedes-Werkstatt gibt Auskunft und hilft weiter!
Leuchtweiteregulierung	Vor der Weiterfahrt den Leuchtweiteregler der Scheinwerfer einstellen (siehe Seite 44). Bei Limousinen mit Niveauregulierung und Sportfahrwerk Bedienungsanleitung beachten. Bei Limousinen mit Xenon-Scheinwerfer erfolgt die Leuchtweiteregulierung automatisch.
Sicherheitsgurte	Das Gurtband darf nicht verdreht oder beschädigt sein. Auf etwaige Scheuerstellen am oberen Umlenkpunkt und am Gurtschloß achten. Beschädigte Gurte oder schwergängige Aufrollautomaten austauschen lassen.

Die Mercedes-Benz E-Klasse ist mit intelligenten Systemen ausgestattet, die den Autofahrer entlasten und die sich selbst überwachen. Etwaige Störungen werden sofort durch Warnlampen im Kombi-Instrument angezeigt. Doch leuchtet eine der Kontrolleuchten während der Fahrt auf, besteht kein Grund zur Panik. Die wichtigsten elektronischen Steuergeräte haben Notfunktionen, die eine sichere Weiterfahrt bis zur nächsten Mercedes-Werkstatt gewährleisten. Trotzdem sollte man wissen, was die verschiedenen Kontroll- und Warnleuchten im Cockpit der E-Klasse bedeuten und was zu tun ist, wenn eine der Störungslampen während der Fahrt aufleuchtet.

Störungsdiagnose

Störungshinweis während der Fahrt	Möglicher Grund	Was tun?
Gelbe Kontrolleuchte „Warndreieck“	Eines der Antriebsräder hat seine Haftgrenze erreicht.	1) Beim Anfahren möglichst wenig Gas geben. 2) Langsam fahren. Unfallrisiko!
Rote Kontrolleuchte „SRS“	Das Airbag- und Sidebag-System ist gestört (SRS = Supplemental Restraint System).	Weiterfahrt ist möglich. Umgehend eine Mercedes-Werkstatt ansteuern!
Rote Kontrolleuchte „Batterie“	Die Batterie wird nicht mehr geladen. Mögliche Ursachen: defekter Generator oder gerissener Keilrippenriemen.	Sofort anhalten und den Keilrippenriemen überprüfen. Ist er gerissen, nicht weiterfahren. Ist der Keilriemen o. k., umgehend nächste Mercedes-Werkstatt ansteuern!
Gelbe Kontrolleuchte „ETS“	1) Leuchtet gleichzeitig das gelbe Warndreieck im Tachometer auf, hat sich das Elektronische Traktionssystem vorübergehend abgeschaltet, um eine Überhitzung der Bremsanlage zu verhindern. 2) Leuchtet nur die ETS-Kontrollampe auf, liegt ein Defekt des Traktionssystems vor.	1) Weiterfahrt ist möglich. Vorsicht bei eis- oder schneeglatter Fahrbahn: Die Traktionshilfe arbeitet nicht mehr. 2) Weiterfahrt ist ohne ETS-Regelung möglich. Baldmöglichst eine Mercedes-Werkstatt aufsuchen.
Gelbe Kontrolleuchte „ASR“	Die Antriebsschlupfregelung arbeitet nicht mehr einwandfrei oder hat sich völlig abgeschaltet.	Weiterfahrt ist möglich. Unbedingt nächstgelegene Mercedes-Werkstatt ansteuern!

Störungshinweis während der Fahrt	Möglicher Grund	Was tun?
Gelbe Kontrolleuchte „ABS“	1) ABS hat sich abgeschaltet, weil der Drehzahlunterschied zwischen Vorder- und Hinterrädern auf glatter Fahrbahn zu groß ist. 2) Nach einer automatischen ABS-Abschaltung bleibt der Fehler gespeichert, und die Kontrollampe leuchtet weiterhin auf. Beim nächsten Motorstart wird die Fehlermeldung gelöscht. 3) ABS hat sich abgeschaltet, weil die elektrische Bordspannung auf weniger als 10 Volt abgesunken ist. 4) ABS hat sich abgeschaltet, weil das System defekt ist.	1) Weiterfahrt ist möglich. Die Bremse funktioniert trotzdem. Vorsicht: Auch die Traktionssysteme ETS/ASR arbeiten jetzt nicht mehr! 2) Weiterfahrt ist möglich. Die Kontrollampe muß nach dem nächsten Motorstart erlöschen. 3) Weiterfahrt ist möglich. Die Bremse funktioniert trotzdem. Eventuell Generator und Batterie überprüfen. Bei höherer Bordspannung schaltet sich ABS wieder ein. 4) Weiterfahrt ist möglich. Die Bremse funktioniert trotzdem. Baldmöglichst eine Mercedes-Werkstatt aufsuchen.
Gelbe Kontrolleuchte „Kühlmittel“	Der Kühlmittelstand ist zu niedrig.	Umgehend Kühlmittel nachfüllen, da sonst eine Überhitzung des Motors droht (siehe auch Seite 113). Bei häufigem Kühlmittelverlust liegt eine Undichtigkeit vor.
Gelbe Kontrolleuchte „Ölstand Niveauregulierung/Lenkung“	Der Ölstand der Servolenkung oder der Niveauregulierung (Sonderausstattung) ist zu niedrig.	Weiterfahrt zur nächsten Mercedes-Werkstatt ist möglich. Vorsicht: Ein Ausfall der Servounterstützung ist möglich!
Gelbe Kontrolleuchte „Scheibenwaschanlage“	Der Wasserstand ist auf etwa ein Drittel des Behältervolumens abgesunken.	Weiterfahrt ist möglich. Scheibenwaschmittel beim nächsten Tankstopp nachfüllen.
Gelbe Kontrolleuchte „Motorölstand“	Der Motorölstand ist unter die untere Markierung des Meßstabes abgesunken.	Weiterfahrt bis zur nächsten Tankstelle möglich. Motoröl nachfüllen (siehe auch Seite 108 und 111). Motor auf etwaige Undichtigkeiten überprüfen.
Gelbe Kontrolleuchte „Bremsbeläge“	Die Bremsbeläge sind abgenutzt.	Weiterfahrt ist möglich. Vorsicht: Bremsanlage nicht stark belasten. Baldmöglichst eine Mercedes-Werkstatt ansteuern.

Störungshinweis während der Fahrt	Möglicher Grund	Was tun?
Gelbe Kontrolleuchte „Außenbeleuchtung“	Eine Glühlampe oder eine Sicherung ist defekt. Leuchtet die Anzeige beim Bremsen auf, ist das Bremslicht ausgefallen.	Weiterfahrt ist möglich. Defekte Glühlampe oder Sicherung an der nächsten Tankstelle auswechseln (siehe auch Seite 47).
Gelbe Kontrolleuchte „ADS“	1) Die Bordspannung war unterbrochen. 2) Das Adaptive Dämpfungssystem (Sonderausstattung) hat sich abgeschaltet.	1) Lenkrad von Anschlag zu Anschlag drehen. Die Kontrollampe erlischt. 2) Weiterfahrt ist möglich. Baldmöglichst eine Mercedes-Werkstatt aufsuchen.
Gelbe Kontrolleuchte „Bremse“	1) Die Feststellbremse ist angezogen. 2) Der Bremsflüssigkeitsstand ist zu niedrig.	1) Feststellbremse sofort lösen. 2) Sofort anhalten und eine Mercedes-Werkstatt benachrichtigen. Keine Bremsflüssigkeit nachfüllen. Vorsicht: Totalausfall der Bremsanlage ist möglich.
Gelbe Kontrolleuchte „EDC“	Die elektronische Dieseleinspritzung ist gestört. Der Motor arbeitet nicht mehr mit voller Leistung.	Weiterfahrt ist möglich. Baldmöglichst eine Mercedes-Werkstatt aufsuchen.
Gelbe Kontrolleuchte „Kraftstoffreserve“	Im Kraftstoffbehälter befinden sich nur noch etwa 8 Liter Kraftstoff. Beim E 280, E 320 und E 420 beträgt die Reserve 10 Liter, bei Modellen mit Skisack 9 Liter.	Nächstgelegene Tankstelle ansteuern.
Rote Warnanzeige „Einparkhilfe“	Die roten Displaysegmente der Einparkhilfe (Sonderausstattung) leuchten auf, und ein Warnsignal ertönt für drei Sekunden: 1) Einer der Sensoren an den Stoßfängern ist verschmutzt. 2) Die Einparkhilfe ist defekt.	1) Zündung ausschalten, Sensoren reinigen und Zündung wieder einschalten. 2) Weiterfahrt ist möglich. Baldmöglichst eine Mercedes-Werkstatt aufsuchen.

Mercedes-Benz ist immer für Sie da – im In- und Ausland. Auch nach Feierabend, am Wochenende oder an Feiertagen. Anruf genügt. Die Notdienst-Leitstellen sind rund um die Uhr besetzt und organisieren im Falle einer Fahrzeugpanne schnelle Hilfe.

Bitte machen Sie auf jeden Fall folgende Angaben:

- Derzeitiger Standort Ihres Fahrzeugs
- Festgestellter Schaden
- Fahrgestellnummer Ihres Fahrzeugs
- Ihre Telefonnummer für etwaige Rückfragen

Notdienst-System

Land	Telefonnummer im Inland	Telefonnummer vom Ausland
Belgien	02/7 20 05 13	Landesvorwahl + 2/7 20 05 13
Dänemark	48 22 55 55	Landesvorwahl + 48 22 55 55
Deutschland	01 30/50 05	Landesvorwahl + 7 11/54 11 54
Finnland	94 00/42 09 35	Landesvorwahl + 4 00/42 09 35
Frankreich	05 24 24 30	Landesvorwahl + 88 72 00 94
Griechenland	01/3 47 11 37	Landesvorwahl + 1/3 47 11 37
Großbritannien	08 00 80 06 44	Landesvorwahl + 19 08/24 59 99
Italien	16 78/6 10 63	Landesvorwahl + 6/8 16 33 33
Irland	18 00 20 32 03	Landesvorwahl Großbr. + 9 22/64 77 44
Luxemburg	4 42 12 12 00	Landesvorwahl + 4 42 12 12 00
Niederlande	0 30/41 41 11	Landesvorwahl + 30/41 41 11
Norwegen	67 90 83 00	Landesvorwahl + 67 90 83 00
Österreich	00 49/7 11/54 11 54	00 49/7 11/54 11 54
Portugal	tagsüber: 01/9 15 09 65 nachts: 9 36 45 25 89	tagsüber: Landesvorwahl + 1/9 15 09 65 nachts: Landesvorwahl + 9 36 45 25 89
Schweden	0 20/79 00 01	Landesvorwahl + 7 71/79 00 01
Schweiz	1 55 22 22	Landesvorwahl + 1/4 44 92 01
Spanien	9 00/26 88 88	Landesvorwahl + 49/26 88 88
Ungarn	06/30 42 43 33	Landesvorwahl + 30 42 43 33

Mercedes-Benz E 200

Motor

Zylinderzahl/-anordnung		4/Reihe, 4 Ventile pro Zylinder
Hubraum	cm^3	1 998
Bohrung x Hub	mm	89,9 x 78,7
Nennleistung	kW (PS)	100 (136) bei 5 500/min
Nenndrehmoment	Nm	190 bei 4 000/min
Höchstdrehzahl	1/min	6 200
Verdichtungsverhältnis		9,6 : 1
Gemischaufbereitung		Mikroprozessorgesteuerte Benzineinspritzung mit Heißfilm-Luftmassenmessung

Kraftübertragung

Kupplung	Einscheiben-Trockenkupplung
Getriebe	5-Gang-Schaltgetriebe oder 4-Gang-Automatik

Fahrwerk

Vorderachse	- Führung	2 Dreiecksquerlenker, Bremsmomentabstützung
	- Federung	Schraubenfedern, Gasdruckstoßdämpfer, Stabilisator
Hinterachse	- Führung	Mercedes-Benz Raumlenkerachse, Anfahr- und Bremsmomentabstützung
	- Federung	Schraubenfedern, Gasdruckstoßdämpfer
Bremsanlage		Hydraulische Zweikreisbremse mit Unterdruckverstärker, Stufenhauptbremszylinder, Scheibenbremsen, Bremsbelag-Verschleißanzeige, Feststell-Trommelbremse hinten, ABS
Lenkung		Zahnstangen-Servolenkung, Lenkungsstoßdämpfer
Räder		6 ½ J x 15
Reifen		195/65 R 15 91 H

Maße und Gewichte

Radstand	mm	2 833
Spurweite vorn	mm	1 548
hinten	mm	1 542
Gesamt - Länge	mm	4 795
Gesamt - Breite	mm	1 799
Gesamt - Höhe	mm	1 433
Wendekreis	m	11,3
Kofferraumvolumen max.	m^3	0,52
Gewicht fahrfertig nach EU	kg	1 440
Nutzlast	kg	500
Zulässiges Gesamtgewicht	kg	1 940
Dachlast	kg	100
Tankinhalt	l	65
davon Reserve	l	8,0

Fahrleistungen

		5-Gang-Schaltgetriebe	4-Gang-Automatik
Beschleunigung			
0-100 km/h	s	11,4	11,8
Höchstgeschwindigkeit	km/h	205	202
Kraftstoffverbrauch			
im Stadtzyklus	l/100 km	10,9	10,9
bei 90 km/h	l/100 km	6,1	6,9
bei 120 km/h	l/100 km	7,6	8,5
Kraftstoffart	Super		

Mercedes-Benz E 230

Motor

Zylinderzahl/-anordnung		4/Reihe, 4 Ventile pro Zylinder
Hubraum	cm^3	2 295
Bohrung x Hub	mm	90,9 x 88,4
Nennleistung	kW (PS)	10 (150) bei 5 400/min
Nenndrehmoment	Nm	220 bei 3 800/min
Höchstdrehzahl	1/min	6 200
Verdichtungsverhältnis		10,4 : 1
Gemischaufbereitung		Mikroprozessorgesteuerte Benzineinspritzung mit Heißfilm-Luftmassenmessung

Kraftübertragung

Kupplung	Einscheiben-Trockenkupplung
Getriebe	5-Gang-Schaltgetriebe oder 4-Gang-Automatik

Fahrwerk

Vorderachse	- Führung	2 Dreiecksquerlenker, Bremsmomentabstützung
	- Federung	Schraubenfedern, Gasdruckstoßdämpfer, Stabilisator
Hinterachse	- Führung	Mercedes-Benz Raumlenkerachse, Anfahr- und Bremsmomentabstützung
	- Federung	Schraubenfedern, Gasdruckstoßdämpfer, Stabilisator
Bremsanlage		Hydraulische Zweikreisbremse mit Unterdruckverstärker, Stufenhauptbremszylinder, Scheibenbremsen, Bremsbelag-Verschleißanzeige, Feststell-Trommelbremse hinten, ABS
Lenkung		Zahnstangen-Servolenkung, Lenkungsstoßdämpfer
Räder		6½ J x 15
Reifen		195/65 R 15 91 V

Maße und Gewichte

Radstand	mm	2 833
Spurweite vorn	mm	1 548
hinten	mm	1 542
Gesamt - Länge	mm	4 795
Gesamt - Breite	mm	1 799
Gesamt - Höhe	mm	1 433
Wendekreis	m	11,3
Kofferraumvolumen max.	m^3	0,52
Gewicht fahrfertig nach EU	kg	1 450
Nutzlast	kg	500
Zulässiges Gesamtgewicht	kg	1 950
Dachlast	kg	100
Tankinhalt	l	65
davon Reserve	l	8,0

Fahrleistungen

		5-Gang-Schaltgetriebe	4-Gang-Automatik
Beschleunigung			
0-100 km/h	s	10,5	10,3
Höchstgeschwindigkeit	km/h	215	212
Kraftstoffverbrauch			
im Stadtzyklus	l/100 km	11,3	10,9
bei 90 km/h	l/100 km	6,1	6,9
bei 120 km/h	l/100 km	7,5	8,5
Kraftstoffart	Super		

Mercedes-Benz E 280

Motor

Zylinderzahl/-anordnung		6/Reihe, 4 Ventile pro Zylinder
Hubraum	cm^3	2 799
Bohrung x Hub	mm	89,9 x 73,5
Nennleistung	kW (PS)	142 (193) bei 5 500/min
Nenndrehmoment	Nm	270 bei 3 750/min
Höchstdrehzahl	1/min	6 400
Verdichtungsverhältnis		10,0 : 1
Gemischaufbereitung		Mikroprozessorgesteuerte Einspritzanlage

Kraftübertragung

Kupplung		Einscheiben-Trockenkupplung
Getriebe		5-Gang-Schaltgetriebe oder 4-Gang-Automatik

Fahrwerk

Vorderachse	- Führung	2 Dreiecksquerlenker, Bremsmomentabstützung
	- Federung	Schraubenfedern, Gasdruckstoßdämpfer, Stabilisator
Hinterachse	- Führung	Mercedes-Benz Raumlenkerachse, Anfahr- und Bremsmomentabstützung
	- Federung	Schraubenfedern, Gasdruckstoßdämpfer, Stabilisator
Bremsanlage		Hydraulische Zweikreisbremse mit Unterdruckverstärker, Stufenhauptbremszylinder, Scheibenbremsen, Bremsbelag-Verschleißanzeige, Feststell-Trommelbremse hinten, ABS
Lenkung		Zahnstangen-Servolenkung, Lenkungsstoßdämpfer
Räder		$7^1/_2$ J x 16
Reifen		215/55 R 16 93 W

Maße und Gewichte

Radstand	mm	2 833
Spurweite vorn	mm	1 543
hinten	mm	1 534
Gesamt - Länge	mm	4 795
Gesamt - Breite	mm	1 799
Gesamt - Höhe	mm	1 438
Wendekreis	m	11,3
Kofferraumvolumen max.	m^3	0,50
Gewicht fahrfertig nach EU	kg	1 570
Nutzlast	kg	530
Zulässiges Gesamtgewicht	kg	2 100
Dachlast	kg	100
Tankinhalt	l	80
davon Reserve	l	10

Fahrleistungen

		5-Gang-Schaltgetriebe	4-Gang-Automatik
Beschleunigung			
0-100 km/h	s	9,1	8,7
Höchstgeschwindigkeit	km/h	230	227
Kraftstoffverbrauch			
im Stadtzyklus	l/100 km	14,6	12,4
bei 90 km/h	l/100 km	7,5	8,0
bei 120 km/h	l/100 km	9,0	9,6
Kraftstoffart	Super		

Mercedes-Benz E 320

Motor

Zylinderzahl/-anordnung		6/Reihe, 4 Ventile pro Zylinder
Hubraum	cm^3	3 199
Bohrung x Hub	mm	89,9 x 84,0
Nennleistung	kW (PS)	162 (220) bei 5 500
Nenndrehmoment	Nm	315 bei 3 850
Höchstdrehzahl	1/min	6 400
Verdichtungsverhältnis		10,0 : 1
Gemischaufbereitung		Mikroprozessorgesteuerte Benzineinspritzung mit Heißfilm-Luftmassenmessung

Kraftübertragung

Kupplung		Drehmomentwandler
Getriebe		4-Gang-Automatik oder 5-Gang-Automatik

Fahrwerk

Vorderachse	- Führung	2 Dreiecksquerlenker, Bremsmomentabstützung
	- Federung	Schraubenfedern, Gasdruckstoßdämpfer, Stabilisator
Hinterachse	- Führung	Mercedes-Benz Raumlenkerachse, Anfahr- und Bremsmomentabstützung
	- Federung	Schraubenfedern, Gasdruckstoßdämpfer, Stabilisator
Bremsanlage		Hydraulische Zweikreisbremse mit Unterdruckverstärker, Stufenhauptbremszylinder, Scheibenbremsen, Bremsbelag-Verschleißanzeige, Feststell-Trommelbremse hinten, ABS
Lenkung		Zahnstangen-Servolenkung, Lenkungsstoßdämpfer
Räder		$7^1/_2$ J x 16
Reifen		215/55 R 16 93 W

Maße und Gewichte

Radstand	mm	2 833
Spurweite vorn	mm	1 543
hinten	mm	1 534
Gesamt - Länge	mm	4 795
Gesamt - Breite	mm	1 799
Gesamt - Höhe	mm	1 438
Wendekreis	m	11,3
Kofferraumvolumen max.	m^3	0,50
Gewicht fahrfertig nach EU	kg	1 600
Nutzlast	kg	530
Zulässiges Gesamtgewicht	kg	2 130
Dachlast	kg	100
Tankinhalt	l	80
davon Reserve	l	10,0

Fahrwerte

		4-Gang-Automatik	5-Gang-Automatik
Beschleunigung			
0-100 km/h	s	7,8	7,8
Höchstgeschwindigkeit	km/h	235	235
Kraftstoffverbrauch			
im Stadtzyklus	l/100 km	12,9	13,1
bei 90 km/h	l/100 km	8,3	7,6
bei 120 km/h	l/100 km	9,9	9,0
Kraftstoffart	Super		

Mercedes-Benz E 420

Motor

Zylinderzahl/-anordnung		8/V, 4 Ventile pro Zylinder
Hubraum	cm^3	4 196
Bohrung x Hub	mm	92,0 x 78,9
Nennleistung	kW (PS)	205 (279) bei 5 700/min
Nenndrehmoment	Nm	400 bei 3 900/min
Höchstdrehzahl	1/min	6 000
Verdichtungsverhältnis		11,0 : 1
Gemischaufbereitung		Mikroprozessorgesteuerte Einspritzanlage

Kraftübertragung

Kupplung		Drehmomentwandler
Getriebe		5-Gang-Automatik

Fahrwerk

Vorderachse	- Führung	2 Dreiecksquerlenker, Bremsmomentabstützung
	- Federung	Schraubenfedern, Gasdruckstoßdämpfer, Stabilisator
Hinterachse	- Führung	Mercedes-Benz Raumlenkerachse, Anfahr- und Bremsmomentabstützung
	- Federung	Schraubenfedern, Gasdruckstoßdämpfer, Stabilisator
Bremsanlage		Hydraulische Zweikreisbremse mit Unterdruckverstärker, Stufenhauptbremszylinder, Scheibenbremsen, Bremsbelag-Verschleißanzeige, Feststell-Trommelbremse hinten, ABS
Lenkung		Zahnstangen-Servolenkung, Lenkungsstoßdämpfer
Räder		$7\,^1/_2$ J x 16
Reifen		215/55 R 16 93 W

Maße und Gewichte

Radstand	mm	2 833
Spurweite vorn	mm	1 543
hinten	mm	1 534
Gesamt - Länge	mm	4 795
Gesamt - Breite	mm	1 799
Gesamt - Höhe	mm	1 438
Wendekreis	m	11,3
Kofferraumvolumen max.	m^3	0,50
Gewicht fahrfertig nach EU	kg	1 690
Nutzlast	kg	530
Zulässiges Gesamtgewicht	kg	2 220
Dachlast	kg	100
Tankinhalt	l	80
davon Reserve	l	10

Fahrleistungen

		5-Gang-Automatik
Beschleunigung 0-100 km/h	s	7,0
Höchstgeschwindigkeit	km/h	250
Kraftstoffverbrauch		
im Stadtzyklus	l/100 km	14,1
bei 90 km/h	l/100 km	8,2
bei 120 km/h	l/100 km	9,7
Kraftstoffart	Super	

Mercedes-Benz E 220 DIESEL

Motor

Zylinderzahl/-anordnung		4/Reihe, 4 Ventile pro Zylinder
Hubraum	cm^3	2 155
Bohrung x Hub	mm	89,0 x 86,6
Nennleistung	kW (PS)	70 (95) bei 5 000/min
Nenndrehmoment	Nm	150 bei 3 100 - 4 500/min
Höchstdrehzahl	1/min	5 450
Verdichtungsverhältnis		22 : 1
Gemischaufbereitung		Verteilereinspritzpumpe, EDC

Kraftübertragung

Kupplung		Einscheiben-Trockenkupplung
Getriebe		5-Gang-Schaltgetriebe oder 4-Gang-Automatik

Fahrwerk

Vorderachse	- Führung	2 Dreiecksquerlenker, Bremsmomentabstützung
	- Federung	Schraubenfedern, Gasdruckstoßdämpfer, Stabilisator
Hinterachse	- Führung	Mercedes-Benz Raumlenkerachse, Anfahr- und Bremsmomentabstützung
	- Federung	Schraubenfedern, Gasdruckstoßdämpfer
Bremsanlage		Hydraulische Zweikreisbremse mit Unterdruckverstärker, Stufenhauptbremszylinder, Scheibenbremsen, Bremsbelag-Verschleißanzeige, Feststell-Trommelbremse hinten, ABS
Lenkung		Zahnstangen-Servolenkung, Lenkungsstoßdämpfer
Räder		$6\,^1/_2$ J x 15
Reifen		195/65 R 15 91 T

Maße und Gewichte

Radstand	mm	2 833
Spurweite vorn	mm	1 548
hinten	mm	1 542
Gesamt - Länge	mm	4 795
Gesamt - Breite	mm	1 799
Gesamt - Höhe	mm	1 433
Wendekreis	m	11,3
Kofferraumvolumen max.	m^3	0,52
Gewicht fahrfertig nach EU	kg	1 460
Nutzlast	kg	500
Zulässiges Gesamtgewicht	kg	1 960
Dachlast	kg	100
Tankinhalt	l	65
davon Reserve	l	8,0

Fahrleistungen

		5-Gang-Schaltgetriebe	4-Gang-Automatik
Beschleunigung 0-100 km/h	s	17,0	17,4
Höchstgeschwindigkeit	km/h	180	177
Kraftstoffverbrauch			
im Stadtzyklus	l/100 km	8,3	8,4
bei 90 km/h	l/100 km	5,0	5,7
bei 120 km/h	l/100 km	6,5	7,2
Kraftstoffart	Diesel		

Mercedes-Benz E 290 TURBODIESEL

Motor

Zylinderzahl/-anordnung		5/Reihe, 2 Ventile pro Zylinder
Hubraum	cm^3	2 874
Bohrung x Hub	mm	89,0 / 92,0
Nennleistung	kW (PS)	95 (129) bei 4 000/min
Nenndrehmoment	Nm	300 bei 1 800 - 2 400/min
Höchstdrehzahl	1/min	4 200
Verdichtungsverhältnis		19,5 : 1
Gemischaufbereitung		Verteilereinspritzpumpe, EDC, Turbolader

Kraftübertragung

Kupplung		Einscheiben-Trockenkupplung
Getriebe		5-Gang-Schaltgetriebe

Fahrwerk

Vorderachse	- Führung	2 Dreiecksquerlenker, Bremsmomentabstützung
	- Federung	Schraubenfedern, Gasdruckstoßdämpfer, Stabilisator
Hinterachse	- Führung	Mercedes-Benz Raumlenkerachse, Anfahr- und Bremsmomentabstützung
	- Federung	Schraubenfedern, Gasdruckstoßdämpfer, Stabilisator
Bremsanlage		Hydraulische Zweikreisbremse mit Unterdruckverstärker, Stufenhauptbremszylinder, Scheibenbremsen, Bremsbelag-Verschleißanzeige, Feststell-Trommelbremse hinten, ABS
Lenkung		Zahnstangen-Servolenkung, Lenkungsstoßdämpfer
Räder		7 J x 15
Reifen		205/65 R 15 94 H

Maße und Gewichte

Radstand	mm	2 833
Spurweite vorn	mm	1 544
hinten	mm	1 538
Gesamt - Länge	mm	4 795
Gesamt - Breite	mm	1 799
Gesamt - Höhe	mm	1 437
Wendekreis	m	11,3
Kofferraumvolumen max.	m^3	0,52
Gewicht fahrfertig nach EU	kg	1 540
Nutzlast	kg	500
Zulässiges Gesamtgewicht	kg	2 040
Dachlast	kg	100
Tankinhalt	l	65
davon Reserve	l	8,0

Fahrleistungen

		5-Gang-Schaltgetriebe
Beschleunigung		
0-100 km/h	s	11,5
Höchstgeschwindigkeit	km/h	200
Kraftstoffverbrauch		
im Stadtzyklus	l/100 km	7,8
bei 90 km/h	l/100 km	4,6
bei 120 km/h	l/100 km	6,2
Kraftstoffart	Diesel	

Mercedes-Benz E 300 DIESEL

Motor

Zylinderzahl/-anordnung		6/Reihe, 4 Ventile pro Zylinder
Hubraum	cm^3	2 996
Bohrung x Hub	mm	87,0 x 84,0
Nennleistung	kW (PS)	100 (136) bei 5 000/min
Nenndrehmoment	Nm	210 bei 2 200 - 4 600/min
Höchstdrehzahl	1/min	5 450
Verdichtungsverhältnis		22 : 1
Gemischaufbereitung		Verteilereinspritzpumpe, EDC

Kraftübertragung

Kupplung		Einscheiben-Trockenkupplung
Getriebe		5-Gang-Schaltgetriebe oder 4-Gang-Automatik

Fahrwerk

Vorderachse	- Führung	2 Dreiecksquerlenker, Bremsmomentabstützung
	- Federung	Schraubenfedern, Gasdruckstoßdämpfer, Stabilisator
Hinterachse	- Führung	Mercedes-Benz Raumlenkerachse, Anfahr- und Bremsmomentabstützung
	- Federung	Schraubenfedern, Gasdruckstoßdämpfer, Stabilisator
Bremsanlage		Hydraulische Zweikreisbremse mit Unterdruckverstärker, Stufenhauptbremszylinder, Scheibenbremsen, Bremsbelag-Verschleißanzeige, Feststell-Trommelbremse hinten, ABS
Lenkung		Zahnstangen-Servolenkung, Lenkungsstoßdämpfer
Räder		7 J x 15
Reifen		205/65 R 15 94 H

Maße und Gewichte

Radstand	mm	2 833
Spurweite vorn	mm	1 544
hinten	mm	1 538
Gesamt - Länge	mm	4 795
Gesamt - Breite	mm	1 799
Gesamt - Höhe	mm	1 437
Wendekreis	m	11,3
Kofferraumvolumen max.	m^3	0,52
Gewicht fahrfertig nach EU	kg	1 560
Nutzlast	kg	500
Zulässiges Gesamtgewicht	kg	2 060
Dachlast	kg	100
Tankinhalt	l	65
davon Reserve	l	8,0

Fahrleistungen

		5-Gang-Schaltgetriebe	4-Gang-Automatik
Beschleunigung			
0-100 km/h	s	13,0	13,0
Höchstgeschwindigkeit	km/h	205	203
Kraftstoffverbrauch			
im Stadtzyklus	l/100 km	10,0	9,5
bei 90 km/h	l/100 km	5,3	5,8
bei 120 km/h	l/100 km	6,8	7,3
Kraftstoffart	Diesel		

Register

A

B

C

D

E

F

G

H

I

J

K

L

T

U

V

W

X

Z